设施园艺作物栽培与管理技术

◎ 徐少南　严露露　李　帅　主编

中国农业科学技术出版社

图书在版编目（CIP）数据

设施园艺作物栽培与管理技术 / 徐少南，严露露，李帅主编. -- 北京 : 中国农业科学技术出版社，2024. 10. -- ISBN 978-7-5116-7137-0

Ⅰ. S62

中国国家版本馆 CIP 数据核字第 2024M7K266 号

责任编辑 任玉晶
责任校对 马广洋
责任印制 姜义伟 王思文

出 版 者 中国农业科学技术出版社
北京市中关村南大街 12 号 邮编：100081
电 话 （010）82106641（编辑室） （010）82106624（发行部）
（010）82109709（读者服务部）
网 址 https：//castp.caas.cn
经 销 者 各地新华书店
印 刷 者 中煤（北京）印务有限公司
开 本 180 mm × 260 mm 1/16
印 张 17.25
字 数 405 千字
版 次 2024 年 10 月第 1 版 2024 年 10 月第 1 次印刷
定 价 48.00 元

编委会

主　编

徐少南　严露露　李　帅

副主编

缑一杰　张紫阳　靳　伟

参　编

朱青霞　周雪平　李永金
蔡思彤　杨晓龙　张东杰
刘　聪　闫国苍　马文林
王新权　王晓蒙　李燕飞
赵红梅　张燕燕　朵玉玲
王显花　冶福春

前 言

设施农业作为现代农业的主要表现形式，是指在相对可控的环境条件下，采用工程技术手段、工业化生产与管理措施，实现动植物高效生产的可持续发展的一种现代超前农业生产方式。它具有标准化的技术规范，集约化、规模化的生产经营管理方式。它集成现代生物技术、农业工程技术、环境控制技术、管理技术、信息技术等学科知识，以物联网控制技术作为现代化农业设施的依托，具有科技含量高、产品附加值高、土地产出率高和劳动生产率高的特点，是我国农业新技术革命的跨世纪工程。设施农业大体分为设施种植业和设施养殖业两大类。由于设施内种植的大多为蔬菜、果树和花卉等园艺作物，设施种植业也被称为设施园艺。

设施园艺涵盖了建筑、材料、机械、环境、自动控制、品种、育苗、栽培和管理等多学科和多种系统，科技含量高，其发达程度往往是一个国家或地区农业现代化水平的重要标志之一。设施园艺是多学科、多领域、多行业的交融与集成，目前已出版的教材大多数均为设施园艺科学与工程本科类专业教材，理论性强、内容较为庞杂，知识点相对较为专业，而针对专科生的教材还较少。因此，由青海农牧科技职业学院牵头，联合杨凌职业技术学院、信阳农林学院共同编写了本教材。该教材既可以满足高职院校学生的课堂学习和课外实训，也可以用于从事设施园艺作物栽培技术与管理人员的学习和应用。

本教材共设八个项目，涵盖了设施园艺作物栽培与管理相关的主要内容，包括国内外设施园艺的发展现状及前景、作用与意义，设施园艺涉及的主要园艺设施的类型与特点，主要园艺设施的建造、使用和维护，设施园艺作物育苗原理与技术，设施园艺作物的栽培技术，设施园艺作物常见病虫害的识别和防治技术，设施园艺作物的高级栽培模式——植物工厂等内容。

在本教材的编写过程中，编者参考和引用了大量设施园艺方面国内外先进技术及案例，在此谨向各位专家表示衷心感谢！

由于时间仓促，水平有限，不当之处在所难免，恳请读者批评指正，以便今后修改完善。

编 者

2024 年 5 月

目 录

项目一 走进设施园艺

项目导读

设施园艺又称设施栽培，是指在不适宜园艺作物（菜、花、果）生长发育的季节（寒冷或炎热）或地区，利用保温、防寒或降温、防雨设施、设备，人为地创造适宜园艺作物生长发育的小气候环境，不受或少受自然季节的影响，以生产优质、高产、稳产的蔬菜、花卉、水果等园艺产品的一种环境可控制农业。设施园艺是一种高端的农业产业模式，集成了工程装备技术、生物技术及环境技术等，具有技术密集、集约化及商品化程度高的特点，可有效提高土地产出率、资源利用率及劳动生产率，提高农产品质量、效益及竞争力，从而推动农业产业结构的优化调整。

我国设施园艺发展历史悠久，基本涵盖了满足设施园艺作物栽培所需的所有设施类型，自20世纪末期，我国设施园艺面积就已位居世界各国首位。设施园艺在我国部分区域已成为农业的支柱产业，也成为现代农业的重要标志。世界其他各国也均以设施园艺作为发展现代高效农业的切入点，现基本形成了以欧洲、亚洲和北美洲为主的设施园艺生产先进发展区域及相应发展模式。

园艺设施，顾名思义，是指人工建造的、用于栽培设施园艺作物的各种建筑物及一系列拥有控温调气、控光调水肥等特定功能的设施和设备的总称。我国虽然拥有所有的园艺设施类型，但是和其他国家，尤其是西方发达国家相比，在设施质量、高科技应用及有效管理等方面还存在着明显差距。

本项目内容分为两个任务。任务一主要了解我国及其他国家设施园艺的发展史，任务二则是了解主要园艺设施的类型。

知识目标

①了解我国设施园艺发展历程、现状及前景。

②了解设施园艺在我国农业发展中所起的作用和意义。

③了解国外设施园艺发展现状。

④了解我国主要园艺设施的类型及特点。

⑤了解国外园艺设施的优点。

技能目标

①能够自主查阅所需的相关资料并分析总结。
②能够识别区分不同的园艺设施类型。
③能够掌握不同园艺设施的性能和特点。
④能够根据不同园艺设施的性能和特点，判断其使用场景。

素质目标

①能够认真主动学习掌握本项目知识内容。
②能够与同学团结协作、充分讨论交流。
③能够独立思考、敏锐发现问题并快速解决问题。

思政目标

通过了解我国及其他国家设施园艺的发展史、我国园艺设施相比其他国家存在的差距，以及设施园艺快速发展对推动我国农业实现现代化的重要性，加深对我国必然要走农业现代化之路国策的理解，思考我国农业现阶段存在的现实问题，探寻解决这些问题的途径，展望我国农业发展的未来，树立关怀农业、热爱家乡、奉献祖国的情怀。

任务一　设施园艺的发展史

任务导入

某同学利用暑期放假到北京旅游。一日，他到北京植物园参观那里举办的“郁金香展览”。在植物园内游览期间，他被满园五颜六色、品类众多的郁金香震撼到了。于是，他便好奇地询问现场工作人员这些郁金香都是从哪儿来的，他在自己的家乡从来没见过。当得知绝大多数郁金香品种来自荷兰，是通过荷兰当地先进的园艺设施栽培出来时，该同学顿生羡慕之情。现场工作人员告诉他，荷兰可是世界花卉生产大国，设施园艺发达，培育出了很多赏心悦目的有名花卉品种。

该同学此番北京植物园之游后，对设施园艺产生了浓厚的兴趣，他想搞清楚设施园艺在我国发展得怎样，到了什么程度；国外设施园艺发展是什么现状；我国设施园艺的发展与国外相比存在哪些不足；我国设施园艺未来的发展方向和前景。

由于此前从未接触过这方面的知识，请你帮助他查阅相关资料、整理分析这些问题的答案。

任务工单

班级：________________　姓名：________________　学号：________________

<table>
<tr><td>任务名称</td><td colspan="4">了解设施园艺的发展史</td></tr>
<tr><td>任务描述</td><td colspan="4">根据实际情况，填写本任务的内容、目的、流程和方法。
任务内容：

任务目的：

任务流程：

任务方法：</td></tr>
<tr><td>获取信息</td><td colspan="4">要完成任务，需要掌握相关的知识。请收集资料，回答以下问题。
1. 设施园艺的发展有什么作用？

2. 我国设施园艺发展分为哪几个阶段？

3. 国外设施园艺发展的特点是什么？

4. 我国设施园艺的发展和国外相比存在哪些差距？

5. 我国设施园艺未来发展的趋势是什么？</td></tr>
<tr><td>制订计划</td><td colspan="4">根据本项目任务，制订相应的工作计划。</td></tr>
<tr><td rowspan="7">任务实施</td><td colspan="4">按照预先制订的工作计划，完成本任务，并记录任务实施过程。</td></tr>
<tr><td>序号</td><td>完成的任务</td><td>遇到的问题</td><td>解决办法</td></tr>
<tr><td></td><td></td><td></td><td></td></tr>
<tr><td></td><td></td><td></td><td></td></tr>
<tr><td></td><td></td><td></td><td></td></tr>
<tr><td></td><td></td><td></td><td></td></tr>
<tr><td></td><td></td><td></td><td></td></tr>
</table>

任务准备

一、知识准备

（一）我国设施园艺的发展阶段

总体而言，以 20 世纪 50 年代为分水岭，我国设施园艺的发展历程大致可以分为两个阶段，一个是 20 世纪 50 年代以前的中国传统设施园艺发展阶段，另一个是 20 世纪 50 年代以后的中国设施园艺快速发展阶段。在第一阶段，我国传统意义上的设施园艺通常被称为“保护地栽培”，指在露地不适于作物生长的季节或地区，采用保护设备，创造适于作物生长的环境，以获得稳产高产的栽培方法，是摆脱自然灾害影响的一种先进农业技术。这种叫法在我国有较长的使用历史。在第二个阶段中国设施园艺才算真正意义上的设施园艺。

1. 20 世纪 50 年代以前的中国传统设施园艺

（1）保护地栽培技术的萌芽（公元前 3 世纪至公元 10 世纪）

我国最早的保护地栽培技术，可以追溯到秦朝时期（公元前 246 年至公元前 210 年）。据汉代学者卫宏所撰《诏定古文官书序》载：“秦既焚书……密令冬种瓜于骊山坑谷温处。瓜实成，诏博士诸生说之，人人不同……”西汉《汉书补遗》的《巡史传》记载：“大官园秘冬生葱韭菜茹，覆以屋庑，昼夜燃蕴火，待温气乃生，信豆以为此皆不时之物。”这段记载比较详细地说明了生产场所、加温方式和种植作物，证明我国最迟在汉代已经有了保护地栽培技术的开端。唐朝，在今陕西省西安市一带，就有记载，在早春利用天然温泉促成栽培瓜类，阴历二月即可采收的实例。

（2）保护地栽培技术的缓慢发展（公元 10 世纪至公元 19 世纪末）

宋朝时，城市经济发展很快，汴京（今河南开封）“万姓交易”“州桥夜市”，热闹非凡，市民观赏花卉成为社会风气，不论贵贱无不爱好，花卉成了重要的商品。园艺市场贸易已达一定规模。这种园艺消费的社会需要，大大促进了这一时期花卉业的发展，花卉栽培技术趋于精细，创造了许多促成栽培新技术，如利用遮光促使菊花早开放和利用湿热蒸汽促使梅花早开放。其中最有名的，是南宋临安（今杭州）马塍所创造的堂花法：“凡花之早放者名曰堂花。其法以纸饰密室，凿地作坎，鞭竹置花其上，粪土以牛溲硫黄，然后置沸汤于坎中，少候，汤气熏蒸，则扇之以微风，盎然盛春融淑之气，经宿则花放矣。”这也是目前所见最早、最详细地利用纸窗温室进行反季节栽培的记载。

元朝定都北京后，作为全国的政治、经济、文化中心的北京，社会各部门的上层代表云集于此，形成了各种较大的公、私消费需求，推动了城郊园艺栽培的发展。蔬菜栽培技术又有新的突破，创造了土温室囤韭和风障阳畦植韭技术，其产品已开始作为商品出售。

明清时期，随着商品经济进一步发展以及都城的繁荣，传统的反季节栽培技术在京郊得到更多的应用和不断提高。宋代出现的堂花术在北京更是极胜一时，应用十分普遍，出现了专为宫廷提供鲜花的专业养花地区，如丰台草桥附近的碧霞元君庙，“居人以种花为业，冬则蕴火喧之，十月中牡丹已进御矣”。

北京地区利用火室、火坑、风障畦种菜也较普遍，出现了一些园艺栽培技术能手。由于火室、火坑的推广应用，使土温室栽培技术水平提高很快，产品数量增多，不仅可以供应富室，在街头的酒楼饭馆也能见到，京师各市“……至酒楼饭馆张灯列烛猜拳行令夜夜元宵，非他处所及也，极重非时之物，如严冬之白扁豆生黄瓜……”

这时土温室生产的非时之物，只是供王室富户享用的奢侈品，市场不大，农民为了自身的利益，对这项技术也是秘不外传，虽然技术上可行，但规模很小，不过仍然可以看出，包括地面覆盖、风障、阳畦、温床和土温室等多种类型在内的简单的保护地栽培和供应体系在此时期已经出现端倪。

（3）近代实验农学影响时期（19 世纪末至 20 世纪 50 年代）

1894 年中日甲午战争，清军战败，人们认识到农业是发展工业和商业的基础，是使中国强盛起来的前提，倡导学习西方农工技术之风开始高涨。1895 年，康有为在上清帝第二书中，提到西方保护地栽培技术：“……电气可以速长成，沸汤可以暖地脉，玻罩可以御寒气……”随着 19 世纪末 20 世纪初的“西学东渐”，西方近代实验农学被介绍到中国并开始影响设施园艺技术的发展，园艺设施建造技术和栽培技术都有了很大进步。并出现了专门用于生产经营的温室，如上海真如“加拿大温室”、上海浦东杨恩桥农场温室。

2. 20 世纪 50 年代以后的中国设施园艺

（1）传统保护地栽培技术的总结推广（20 世纪 50 年代至 60 年代）

中华人民共和国成立后，设施园艺的发展开始转变为一种有目标、有组织、有计划的推进过程。发展保护地蔬菜栽培，解决城市居民淡季蔬菜供应在这个时期成为一项重要的政治任务，保护地蔬菜栽培成为城市特别是大城市农业生产中不可缺少的部分，政府开始介入并成为设施园艺发展的重要推动力量。设施园艺生产以补充淡季蔬菜供应为主要目的，设施建造、栽培技术在向全国迅速推广的基础上有了全面提高，进入稳步推进时期，初步形成了以春早熟、秋延后栽培为主要生产目的，由简易覆盖、风障、冷床、温床、塑料小拱棚和少量玻璃温室组成的保护地蔬菜栽培体系。

（2）设施园艺生产体系初步形成（20 世纪 70 年代至 80 年代）

作为政府行为的设施园艺相关学科的研究开始加强，政府仍然是我国设施园艺发展的主要推动力量，但市场机制的作用也开始显现，尤其是改革开放后，我国不仅引进了大量的国外先进农业技术和管理方式，更重要的是引进了现代市场经济的意识和观念，改变了传统的农业发展模式的小农意识，为农业的现代化和产业化打下了基础。此阶段，我国设施园艺的生产目的由上一阶段的补充淡季供应发展成为解决周年均衡供应，园艺设施的数量和质量都有较大提高，开始了对大型现代化温室的探索，生产适应性大大增强，设施栽培面积迅速扩大，产品在全国的流通量大增。到 20 世纪 80 年代末，我国设施园艺逐渐形成了以塑料拱棚为主体，与风障畦、地膜覆盖、温室等设施相互配套的设施园艺生产体系，它与储藏加工方式配合，基本可以实现蔬菜周年均衡供应。

（3）具有中国特色的设施园艺生产体系形成（20 世纪 90 年代以后）

进入 20 世纪 90 年代，我国设施园艺生产的目标，由满足数量型转向质量效益型，向符合中国国情、节本、节能的，具有中国特色的方向发展。具体体现在以下三个方面：一是设施园艺栽培面积发展迅猛，设施的规模进一步提高，日光温室、塑料大棚等大型设施的比重明显加大，科技含量高的设施类型应用增多；二是设施栽培空间上向南方发展，时间上向夏季延伸，以中小塑料棚、遮阳网、防虫网和防雨棚等为主的夏季设施栽培面积在南方广大地区迅速发展；三是设施栽培整体布局表现出一定特色。此外，设施栽培的种类更加多样化，科学研究不断深入，形成了北方以塑料大棚和高效节能日光温室栽培为主，南方以塑料中小棚、遮阳网、防虫网栽培为主的新的具有中国特色的设施园艺栽培体系。

（二）我国设施园艺发展的作用和意义

1. 设施园艺在解决“三农”问题中的重要作用

我国“三农”问题的核心是农村人口多、农业资源匮乏、农业劳动者素质低、农业劳动生产率低下。因此，要想从根本上解决中国的“三农”问题，需要减少农业人口，增加农业资源，提高农业劳动者素质和农业劳动者生产效率。然而要达到此目的，除了通过发展第二和第三产业、加快农村小城镇建设来大量转移劳动力外，更重要的是提高农业生产效益。因为设施园艺是高投入、高产出的高效农业，是资源高效益利用的农业，而且是劳动密集型的产业，因此，发展设施园艺产业不仅可以安排大量就业，吸纳农村剩余劳动力，促进农村社会稳定，而且也可以提高农业的整体效益，并通过设施园艺的实施，使农业劳动者科技水平得到提高，劳动生产率得到提高，从而为彻底解决“三农”问题提供重要途径。

首先，设施园艺产业的发展促进农业结构的调整与整个农村产业结构的提升。具体来说，设施园艺产业的发展促进了农业种植结构、品种结构、技术结构的调整，使农业生产要素得到更合理的配置，农业生产力得到提高，促进了以农业生产资料的生产、销售和农业技术推广等为主体的农业生产性服务业结构的调整，为流通网络、流通设施及信息化的建立提供了广阔的空间，同时也使得农业社会化服务体系的建立成为一种必不可少的手段。设施园艺的发展，有利于农业的结构性调整。在经济发达地区，农村城镇化和乡镇工业化进程非常迅速，农村耕地和劳动力大量向非农业转移，农业的经济地位下降并萎缩，传统农业已经受到严峻挑战。因此，发展以集约化、规模化、轻型化、工厂化、高效、优质为特征的现代化设施园艺，是确保经济发达地区农业振兴与可持续发展的新出路，是农业结构性调整的一个重要组成部分。

其次，设施园艺的发展提高了经济和社会效益。我国设施园艺虽然设施简易，但其经济效益较高，农民取得了实惠，增加了收入，已成为许多地区农村富民工程的支柱产业，也是繁荣我国农村经济、增加农民收入的一条投资少、见效快的捷径。据调查，20 世纪 90 年代初期，每亩（1 亩 ≈ 667 m^2，15 亩 =1 hm^2，全书同）日光温室可获产值 1.5 万 ~4.0 万元，扣除成本，净利润可达 0.7 万 ~2.5 万元（含人工费）。这一效益是大田作物的 70~250 倍，是露地蔬菜的 10~15 倍。尽管从 20 世纪 90 年代后期到 21 世纪初，日光温室生产的经济效益有所下降，但仍然是农业产业中效益较高的产业。

最后，设施园艺的发展增加了农民的就业途径。设施园艺是高投入高产出的产业，也是劳动密集型产业，与大田作物相比，每亩温室园艺作物生产所需的劳动力可增加数十倍。此外，它还可以带动建材、塑料薄膜、种苗、肥料、农药、环境控制设备、小型农业机械、保温材料等行业的快速发展，又可以安置百万以上的农村劳动力就业。

2. 设施园艺在实现农业产业化和现代化中的重要地位

设施园艺产业发展加速了我国农业产业化和现代化的进程。设施园艺的发展摆脱了原始农业的束缚，强化了对植物生长要素的调控力度，推动了我国农业生产步入一个可持续发展的新领域。在传统农业生产条件下，耕作制度对植物生活要素的调控仅局限于对“土地因素”的调控，难以实施对“环境因素”的调控。而设施园艺反季节的生产方式，依托农业工程技术和生物科学技术的进步，以可控的技术手段，将部分园艺作物生长环境条件置于人工调控之下，强化了植物生长要素的调控力度，能够对植物生长要素进行全方位调控，使一个受自然因素影响最大的农业，摆脱了传统农业靠天、靠地、靠自然发展的模式，使传统农业逐步摆脱自然的束缚，传统农业的季节性生产和产品季节性供应被打破，实现农产品反季节上市。农产品的供应周期将逐步缩短，传统农业生产模式将进一步被打破，如全封闭的高度自动化控制的“蔬菜工厂”“花卉工厂”“苗木工厂”等植物工厂，由于能免受外界不良环境影响，一年中可实现多茬栽培，如生菜、菠菜栽培期较露地缩短 1/4~1/2 的时间，实现一年多茬次连续生产；再如温室无土栽培西瓜，不到两个月就可以收获上市，单位土地面积上的产出获得了突破性进展。总之，设施园艺产业的发展过程体现了现代农业的发展进程，或者说，设施园艺业的发展从某种程度上对我国现代农业的发展起到了促进作用。

3. 设施园艺的发展有助于资源利用效率的提高

农业的发展在于不停地克服生物生活要素中的限制因素，持续增进有限资源的生产潜力，并使有限资源的潜在生产力转化成为现实生产力。我国北方冬季严寒，冬季长达 4 个月，有些地区冬季甚至长达 6 个月，以传统的生产方式，这么长的冬季都不能正常进行园艺作物的生产。而设施园艺发展所采取的可控的工程技术措施，既能持续增进温、光、水、肥和气等资源的利用率，又利于充分发挥农业生物内在的生产潜力，使反季节栽培、多熟种植、周年生产成为可能，是充分利用光能和土地资源的产业，极大地提高了土地利用效率和季节利用效率。

利用塑料大棚、温室等设施开展设施园艺作物的栽培，由于薄膜的阻隔，将田间传统生产条件下的大气范围的“三水循环”，约束于设施内成为小范围的“三水循环”，水分利用效率显著提高；由于设施范围内的水、热状况好，在矿质营养不成为限制的条件下，植物的光合作用时间长，光合效率高，极大地提高了土地生产率。在沈阳等北方地区，塑料日光温室在冬季不加温条件下可实现黄瓜、番茄、青椒和茄子等果菜品种的生产。可见，设施园艺在可控条件下生产，“得心应手”地实施植物生活要素全面调控，使土地生产力比传统生产条件下提高了几倍、十几倍乃至几十倍，大大缓解了粮食作物与经济作物、蔬菜及其他特种植物争地矛盾。

4. 设施园艺在解决我国北方地区园艺产品市场供应中的重要地位

设施园艺的发展较好地解决了我国北方地区园艺作物产品周年生产和供应问题，满足了社会增长中的需求，促进了人民生活水平的提高。蔬菜、花卉和水果等园艺产品是人民生活中不可缺少的副食品。但是，我国地域广阔，北方的气候严寒，南方夏季炎热，露地难以实现园艺作物周年生产；或者虽可实现园艺作物冬季南方露地生产，夏季北方露地生产，也由于我国人口众多与运力条件不足等原因，而难以完全解决北方冬季和南方夏季园艺产品，特别是蔬菜产品的周年均衡供应问题；加之我国耕地资源短缺，如果将冬季南方大面积土地用来生产园艺产品，势必减少粮食作物生产面积而影响粮食生产。因此，在我国发展设施园艺尤为重要。近 20 年来的设施园艺发展实践证明，我国通过发展设施园艺生产，彻底解决了我国北方广大地区冬淡季蔬菜的均衡供应问题，不仅丰富了菜篮子，也丰富了果盘子、花瓶子。有关资料显示，全国设施蔬菜的人均占有量，1980—1981 年度只有 0.2 kg；1998—1999 年度增加到 59 kg；目前年人均占有量已达到 588 kg。由此可见，设施园艺在解决我国北方地区园艺产品市场供应中占据了重要地位。

5. 设施园艺在国际市场上的比较优势

设施园艺产业作为劳动密集型产业，不仅是我国农业产业中具有比较优势的产业，而且在国际竞争中也具有强大的生命力。世界发达国家由于农业生产劳动力少、成本高，多数国家蔬菜的种植面积越来越少，蔬菜生产的自给率比较低，因此蔬菜等园艺产品就需要大量的进口。有数据表明，亚洲地区蔬菜总产量的年递增率明显高于非洲、中美洲、南美洲和大洋洲。其中，加拿大、英国、瑞士、德国等发达国家的蔬菜生产不能自给，完全需要进口。而中国由于农村有大量富余农业劳动力，而且劳动力价格较低，为劳动力集约型的设施园艺产业发展提供了条件，使优质蔬菜、花卉和果品等农产品的生产和出口在国际上更具有竞争力。

（三）国外设施园艺发展的特点

近 10 年来，国外设施园艺发展迅速，已经达到了自动化、智能化和网络化的发展水平，代表着世界设施园艺的发展方向。发达国家设施园艺的发展特点可归为以下 8 个方面。

1. 设施园艺现代化水平高

（1）温室骨架材料坚固

大多数发达国家的温室结构，其骨架材料多采用轻钢和铝合金。玻璃温室的骨架，均采用双层钢骨架，塑料薄膜温室则多采用圆弧拱顶结构。为了改善通风条件，有的骨架将部分拱顶开作天窗。法国瑞奇公司甚至将半个拱顶开作天窗。除日本塑料温室骨架比较低矮外，其他国家的温室骨架顶高多在 5~6.5 m。由于温室几乎常年在高湿环境下工作，骨架材料不仅要有足够的强度，还要有较强的耐腐蚀能力。因此，发达国家的温室骨架一般都有较大的断面尺寸，直径和厚度都较大。主拱架和立柱直径多在 50~75 mm，壁厚一般为 3 mm 以上，而且结构件均要进行很好的防腐处理。美国庞龙公司的温室骨架钢管有三层防护层（镀锌、铬化和高分子涂层），因而有较长的使用寿命，可达 30 年。法国瑞奇公司宣称他们的温室使用寿命可达 40~50 年。

（2）覆盖材料功能强大

设施园艺建筑材料可分为骨架材料和覆盖材料。发达国家温室覆盖材料一般分为两层，即外覆盖材料和内覆盖材料，外覆盖材料为透明覆盖材料。透明覆盖材料又可分为塑料和玻璃两大类，此外还有少量的玻璃纤维加强聚酯板和聚碳酸酯板等透明材料，基本上以双屋面的结构为主。内覆盖材料可分为保温帘（用于冬季或夜间提高保温性能）、遮阳网或各种降温降湿材料（用于夏季降低温室内的温度和湿度）。发达国家的温室覆盖材料都具有高透光性、高保温性、防尘、无滴、抗老化、使用期长等特点。近年来，日本、美国开发的设施园艺功能膜还具有光谱选择、降温、杀菌、防虫等特点。

（3）环境控制能力自动化

国外先进温室对温室内外的气温、风力、降雨等气象情况，温室内空气温湿度、土壤温度和含水量、光照强度、二氧化碳（CO_2）浓度、营养液的酸碱度（pH 值）、电导率（Electrical Conductivity，EC）和温度等环境与生产要素，均可利用计算机自动进行监测并实施自动控制。有的环境监控系统还可自动监测叶面积指数、叶温、蒸腾量和长势等生物活体信息，对生物体的重量、大小、形态等进行非接触式和非破坏性监测，从而实现对温室灌溉、施肥、加热、降温、补光、保温、遮阳、CO_2 浓度、加湿、除湿等作业进行综合自动控制。

（4）生产过程机械化

发达国家由于农业劳动力成本较高，近 20 年来，各国温室的蔬菜生产过程的机械化作业技术十分发达，已普遍实现了播种、育苗、定植、管理、收获、包装、运输等作业的机械化、自动化。如美国、荷兰、日本等国的温室栽培从整地施肥、育苗移植、中耕除草、防病虫管理、收获加工等全部或部分实现了机械化或半机械化，如穴盘育苗播种机、定植机、整地与土壤消毒机、整地作畦覆膜机、嫁接机器人、全自动移栽机，中耕管理机、植保机具、各种作物收获机具，以及采后清选、分级、加工包装机具等全部配套。美国的移苗机器人甚至能辨别苗的好坏，把不好的苗抛到一边，只移栽好的种苗，具有人工智能。

2. 设施园艺类型适应自然环境资源

发达国家设施园艺生产过程根据各自国家的气候环境特点，主要是解决制约本国农业生产中的自然环境资源利用的突出问题，弥补本国的劣势环境条件，如光照、水、土地不足等，形成了各具特色的设施园艺类型。荷兰由于国土面积小，地理气候单一，且纬度高，光照弱，温差小，因此，温室结构的设计主要考虑采光和保温，所以发展了 Venlo 型连栋玻璃温室。日本国土面积狭小、气候温和，受台风等天气影响较大，发展了以塑料覆盖为主的连栋温室，占到温室总面积的 90% 以上，而造价昂贵的玻璃温室面积只占很小的比例，这些塑料温室可以减少雪压、风力对温室的破坏。以色列土地和水资源稀缺，发展了结构高大、坚固的塑料温室和先进的节水灌溉技术。温室可抵抗 150 km/h 以上的强风。新型温室顶高达 5~7 m，这样设计是由于以色列气温较高，顶部空间大有利于通风降温。法国、西班牙等位于地中海温暖气候带，温室以塑料覆盖的连栋温室为主。

3. 作物栽培模式实现了规范化和标准化

（1）专用品种

发达国家均将温室专用品种的选育作为实现园艺产品高产和优质的主要途径。荷兰、日本、以色列、韩国等国非常重视温室用品种选育，为温室提供专用的耐低温、高温、寡照、高湿，具有多种抗性，优质高产的种苗。因此，发达国家设施园艺的单产水平很高，最低的每年每平方米产量达到 40 kg，最高的荷兰可达到 60 kg。荷兰每公顷温室一季可生产番茄 300~500 t，黄瓜 400 t，月季花 177 万枝左右，相当于露地栽培产量 10 倍以上；温室黄瓜种植的最高产量可达 600 t/hm^2，相当于陆地生产量的 8 倍。以色列每公顷温室可生产番茄 300 t、茄子 120 t、草莓 60 t、甜瓜 80 t 以上。以色列最高水平的番茄产量每公顷可达 500 t，创造出每公顷温室每年收获 400 万枝玫瑰的高产量。

（2）工厂化育苗

发达国家的工厂化育苗包括穴盘工厂化育苗和组培快繁育工厂化育苗两种。为了能够达到设施园艺作物最高产量和最好质量，国外专业化的种苗产业非常发达。以荷兰为例，全国有 130 个种苗专营公司，在蔬菜与花卉种苗的脱毒、快繁等方面居于世界领先地位。穴盘工厂化育苗技术在欧、美等发达国家已经普及。目前，商品苗生产量第一位的是美国，其次是意大利、法国、西班牙、荷兰，20 世纪 90 年代，澳大利亚、日本、韩国、以色列等国家穴盘育苗就已经形成了一定的规模。

（3）无土栽培技术的普及

无土栽培具有产量高、品质好、节水节肥、避免连作障碍等优点，已成为发达国家设施园艺高度自动化控制生产体系的重要基础。在荷兰、加拿大、比利时、英国、法国、意大利、西班牙、德国等发达国家的设施园艺生产中，大部分设施内均进行无土栽培，而且无土栽培比例有增加趋势，如荷兰超过 80%，加拿大超过 50%，比利时达 50%，美、日等发达国家的无土栽培发展也十分迅速，成为主要栽培方式。无土栽培不仅产量高，而且可向人们提供健康、营养、无公害、无污染的有机食品，营养液循环利用能节省投资，保护生态环境。

4. 设施园艺生产实现了高度专业化和规模化

设施园艺技术先进的国家，农业企业大多都采用集约化、规模化、专业化和产业化的生产方式。这种现代化的生产方式有利于设施园艺生产的专业化配置、降低生产成本、提高产品质量并形成规模效益，同时促进了设施园艺专业领域的研究，使设施园艺企业有长足的发展后劲，也为企业赢得良好的国际园艺产品市场份额提供基础。如荷兰园艺业无论是蔬菜还是花卉，都实现了专业化生产。通常每一个农户只栽培一种蔬菜或花卉品种，这有利于种植者积累经验、提高技术，保证园艺产品产量与品质的提高。此外。国外发达国家园艺生产的专业化也拉动了温室设施设备、种子种苗、农药化肥等产业专业化与规模化发展。如荷兰维斯特兰德朗市的番茄种植公司专业生产番茄，与其他五家专营企业垄断了荷兰 90% 的番茄市场。位于布莱斯维克市的红掌公司专门研究和种植红掌花卉，从育种、种苗生产和出售到红掌的销售，全部由该公司全程生产运作。公司研制开发并经营的红掌品种就有 40 多个，享誉全球。

5. 采用高能耗、高投入、高产出生产方式

世界发达国家设施园艺的生产方式都采取了高能耗、高投入、高产出生产方式。以温室园艺发达的荷兰为例，由于其光照、温度常年不足。因此需要大量补光升温，以维持其优质、高产的持续生产。所以，荷兰的温室产业是一种高能耗产业。据统计，荷兰每年温室消耗的天然气达 42 亿 m^3，占全国天然气耗量的 12.6%，占全国总能耗量的 6.1%。因此，荷兰的温室园艺产业是一个能源、资金、技术密集，高产值、高效益的设施园艺产业。

6. **市场与服务体系完备**

完善的市场运作机制是发达国家设施园艺良性、持续发展的关键。例如，荷兰的市场以专业化服务体系闻名世界，完善的市场机制及社会化服务体系是荷兰农业走向世界非常重要的因素。荷兰蔬菜、鲜花等的生产成立了相应的专业合作社，合作社下设拍卖市场、银行等服务机构，为社员提供服务。荷兰依靠发达的港口优势，建立了一套与拍卖市场相连接的销售服务队伍，包括运输、植物检疫、海关检查等多项服务，因此，早上在荷兰拍卖的鲜花等产品在傍晚即可到达世界各地。这是荷兰可以保证 60% 以上的鲜花出口的原因，而这种高额的出口比例又是推进荷兰设施园艺产业可持续发展的根本动力。

7. **生产者的整体素质高**

发达国家非常重视设施园艺生产者的科学技术素质和教育。以设施园艺发达的荷兰为例，政府每年投入 30 多亿荷兰盾的经费用于农业科研、推广和教育，其中 25% 用于发展农业教育，每年达 8 亿荷兰盾以上。此外对于初级农业教育也非常重视，其经费约占整个农业教育经费的 51%，培养具有一定农业理论知识和实际操作技能的新型农民，不断提高农民素质，提高农民接受新技术的能力是荷兰农业教育的显著特点，也是荷兰设施园艺高新技术广泛应用的基础。

8. **产后加工处理提高产品商品价值**

发达国家往往把设施园艺产品采后的商品化处理作为设施园艺生产中十分重要的环节。设施栽培的果菜产品全部要进行清选、整理、称重、分级、包装并贴上商标，注明产地、日期等，可全部净菜上市。为使果蔬新鲜，除了要经过低温预冷外，从采收、加工、运往批发市场，到零售店的时间要求在 24 h 内完成，以此确保果蔬鲜嫩、卫生、无污染。叶菜通过机器自动包裹塑料薄膜、切割、称重、分级、入箱后进入预冷库，运往批发市场。而所有这些环节均实现了机械化作业。在美国、荷兰和日本，有的设施园艺产品经机械采收后导入流动的水道流向预冷间进行处理，在此过程中就完成了清选分级。

（四）我国设施园艺产业的发展趋势

1. **园艺设施向大型化方向发展**

我国设施园艺产业发展的总体水平有了明显提高，园艺设施类型逐步向固定化、大型化发展，小型简易设施比例逐步下降。

2. **栽培模式向规范化标准化生产方向发展**

为了促进设施园艺的安全无公害生产与可持续发展，我国一直非常重视栽培模式的规范化与标准化研究与应用。首先，我国设施园艺专用品种的培育受到重视，并选育出一批设施蔬菜、花卉和果树新品种。其次，设施蔬菜的栽培技术水平有了很大的提高，表现在设施蔬菜单产水平有了大幅增加，日光温室番茄和黄瓜每公顷产量已分别达到 30.0 万 kg 和 27.0 万 kg 以上，接近或达到设施园艺比较发达的国家的水平。最后，设施温室条件下生态型无土栽培技术、营养液循环利用技术等已得到大面积应用；设施温室条件下使用的生防制剂、天敌以及植物疫苗的研究开发工作已经取得进展，为实现无害化生产积累了宝贵的经验。

3. 覆盖材料向多功能、高性能方向发展

新型覆盖材料的研制开发进展迅速，多功能塑料薄膜、厚型无纺布、物理发泡片材以及复合保温材料不断推向市场，使得园艺设施内环境的调控能力增强，设施内的光、温、湿、气环境不断改善，为作物高产、优质、高效奠定了基础。特别是新型保温覆盖材料的出现，取代传统的蒲席、稻草苫，有利于机械化、自动化卷帘，为促进日光温室管理的机械化、自动化与现代化，迈出可喜的一步。

4. 设施园艺向节省农业资源方向发展

设施园艺产业总体布局更加合理，充分注意利用光热资源，因地制宜发展。如我国日光温室主要集中在北纬 33°~38° 地区，而遮阳网则集中在长江流域以南的广大地区。多数地区在发展中体现了以节能为中心、低投入高产出的中国特色。研究表明，每公顷日光温室可比大型连栋温室节煤炭 750 t 左右（北纬 35° 地区 450~600 t，北纬 40° 地区 600~750 t，北纬 45° 地区 900~1 050 t）。这样，每亩温室就可节省燃料费 2 万元以上，46.7 万 hm^2（700 万亩）日光温室每年可节约燃料费 1 000 多亿元。尤其是面对能源日益相对短缺的当今社会，充分利用太阳能，大量节省不可再生能源，是我国农业发展的方向选择。

二、材料准备

1. 查阅有关我国设施园艺发展史相关的文献资料

文献资料主要围绕我国设施园艺的发展阶段、作用和意义，发展特点和趋势等方面。

2. 查阅有关国外设施园艺发展特点的相关文献资料

查阅资料时可以围绕国外设施园艺发展的整个产业链上的各个环节，比如园艺设施建造技术、设施栽培品种和管理技术、病虫害防控技术、市场化运作体系等。

三、工具准备

多媒体设备、书本、网络等。

四、人员准备

人员分组，每组 4 人。明确职责分工。

人员分工

任务角色	任务内容
组长：	任务：
组员 1：	任务：
组员 2：	任务：
组员 3：	任务：

任务实施

步骤一：通过沟通、交流、讨论、查阅资料等方式，了解我国设施园艺的发展史及国外设施园艺发展的特点。

步骤二：实地调研学校周边农业园区及合作社，了解青海设施园艺发展的现状。

步骤三：根据调研内容，了解了我国及青海省内设施园艺发展的现状后，对比国外分析其发展的不足之处，查阅资料寻找解决办法。

步骤四：通过学习国内外设施园艺发展的基本情况，分析预测我国设施园艺未来的发展趋势。

任务检测

请扫码答题。

任务评价

工作任务完成过程评价

班级：________________　组别：________________　姓名：________________

项目	评分标准	分值	自我评价	小组评价	教师评价
基本素质	学习态度良好，学习积极性高	10			
	积极主动与老师、同学交流，相互尊重、理解。与老师、同学间能保持多向、丰富的信息交流	10			
理论知识	了解我国设施园艺发展史、作用及意义等	10			
	了解国外设施园艺发展特点	10			
	了解我国设施园艺未来的发展趋势	10			
实操技能	能够有效利用网络、图书资源查找有用的相关信息，能将查到的信息有效地运用到学习中	10			
	能够在老师的带领下，按照预先准备的问题完成农业园区的实地调研	10			
	能够通过查阅的资料和调研的结果对比分析出我国设施园艺发展的不足之处和解决方法	10			

（续表）

项目	评分标准	分值	自我评价	小组评价	教师评价
思政表现	能从全局上筹划相关事项或行动的具体安排	10			
	能够对设施园艺产生较为浓厚的学习兴趣	10			
合计		100			
自我评价与总结					
教师点评					

任务二　主要园艺设施类型

任务导入

某工科类职业技术学院需要建造一个园艺设施进行草莓鲜果的生产，这样就可以让广大师生能够吃到自己种的鲜草莓。但是，学院负责策划建造的老师对园艺设施不了解，不知道该选择怎样的设施。请你查阅相关资料，结合实际为该学院选择较为合适的园艺设施。

任务工单

班级：________________　姓名：________________　学号：________________

任务名称	了解设施园艺的发展史
任务描述	根据实际情况，填写本任务的内容、目的、流程和方法。 任务内容：

（续表）

<table>
<tr><td>任务描述</td><td colspan="4">任务目的：

任务流程：

任务方法：</td></tr>
<tr><td>获取信息</td><td colspan="4">要完成任务，需要掌握相关的知识。请收集资料，回答以下问题。
1. 我国设施园艺产业发展涉及的主要园艺设施有哪些？

2. 这些园艺设施都有什么结构上的特点？

3. 这些园艺设施都有哪些性能？

4. 这些园艺设施主要应用在哪些场景？</td></tr>
<tr><td>制订计划</td><td colspan="4">根据任务内容，制订相应的工作计划。</td></tr>
<tr><td rowspan="6">任务实施</td><td colspan="4">按照预先制订的工作计划，完成本任务，并记录任务实施过程。</td></tr>
<tr><td>序号</td><td>完成的任务</td><td>遇到的问题</td><td>解决办法</td></tr>
<tr><td></td><td></td><td></td><td></td></tr>
<tr><td></td><td></td><td></td><td></td></tr>
<tr><td></td><td></td><td></td><td></td></tr>
<tr><td></td><td></td><td></td><td></td></tr>
</table>

任务准备

一、知识准备

随着我国设施园艺产业不断向前发展，各种新技术、新材料、新设备不断被研发突破和应用，我国园艺设施的主要类型由过去的简易园艺设施、地膜覆盖、塑料薄膜中小棚，发展到如今的塑料薄膜大棚、温室、植物工厂等不同技术层次的园艺设施，应用较多的主要有塑料薄膜大棚、高效节能日光温室和连栋温室，也有少量采用先进工程技术的智能型温室。现有的园艺设施主要用于反季节蔬菜生产，少部分用于花卉和水果生产。设施栽培面积最大的省份是山东、河北、河南、辽宁，江苏和新疆，高效节能日光温室应用面积最大的为河北、山东、辽宁等省，塑料薄膜大棚主要分布在长江中下游、华北、东北和西北地区；塑料薄膜中小棚分布较广，结构形式多样简便，是园艺设施中发展最快、面积最大的园艺设施。

（一）简易园艺设施

简易园艺设施主要包括地面简易覆盖和近地面覆盖两类。地面简易覆盖包括砂田覆盖、秸秆和草粪覆盖、瓦盆和泥盆覆盖、浮动覆盖等。近地面覆盖包括风障畦、阳畦、朝阳畦、温床等类型。简易园艺设施多为较原始的保护地栽培设施类型，其取材容易、价格低廉、操作简单，在一些地区仍在应用。

1. 地面简易覆盖

（1）砂田覆盖

源于我国甘肃中部，主要分布在我国西北的甘肃、青海、宁夏、陕西及新疆等地。

①覆盖方式。砂田一般分为旱砂田和水砂田，旱砂田主要分布于高原和沟谷中，以种植粮食为主。水砂田分布在水源充足的地方，以种植蔬菜和瓜果为主。砂田覆盖方式为用大小不等的卵石和粗砂分层覆盖在土壤的表面。旱砂田的铺沙厚度一般为 10~16 cm，可使用 40~60 年。水砂田的铺沙厚度一般为 5~7 cm，可使用 4~5 年。

②砂田的性能。一是保水，减少地表径流、防止水分蒸发。二是增温，可增加受热面积、减少散热损失。三是保肥，减少肥料冲刷、有机质分解较慢、减少杂草危害。

③砂田的应用。低温干旱地区可利用水砂田栽培喜温的果菜类蔬菜。

（2）秸秆覆盖

①覆盖方式。在畦面上或垄沟及垄台上铺一层农作物秸秆。

②作用特点。一是保持土壤水分稳定，减少浇水次数。二是保持土壤温度稳定。三是防止土壤板结和杂草滋生。四是减少土传性病害的发生。

③应用。我国南方夏季蔬菜种植和北方越冬蔬菜种植应用较多。

（3）草、粪覆盖

①覆盖方式。在初冬大地封冻之前，日最低气温降至 –5 ℃时，在浇过封冻水的地面见干时，在畦面上铺一层 4~5 cm 厚的碎草或土粪，待春天日最低气温回升至 –5 ℃时撤除。

②作用特点。一是减少土壤水分蒸发。二是防止冻害。

③应用。我国北方越冬蔬菜栽培上应用较多。

（4）瓦盆和泥盆覆盖

①覆盖方式。早春夜间将瓦盆和泥盆覆盖在定植幼苗的北侧。

②作用特点。防风、防霜，减少地面辐射，提高夜温。

③应用。早春蔬菜定植时应用。

（5）浮动覆盖

①覆盖方式。将无纺布、遮阳网等覆盖材料直接覆盖在作物的表面。

②作用特点。防风、防霜、提高温度。

③应用。应用于耐寒或半耐寒蔬菜的露地栽培，蔬菜的生长期可提前或延迟 20~30 d。

2. 近地面覆盖

（1）风障畦

①结构。风障是设置在菜田栽培畦北面的防风屏障物，由篱笆、披风及土背三部分组成。篱笆一般用芦苇、高粱秸秆或竹竿等架设，高 1 m 左右的为小风障，高 1.5~2.5 m 的为大风障。披风用稻草、山茅草、苇席、草包片或废薄膜等材料，一般高 1~2 m。在我国，风障多在畦的北侧，呈东西走向，与地平面的夹角在冬春季为 70°~75°，夏季为 90°。

②性能。一是防风，一般可减弱风速 10%~50%，风速越大，防风效果越好。二是增温，可提高畦气温和地温，以有风的晴天最显著，阴天不太显著。三是减少冻土层深度，由于其防风、增温作用，障前冻土层深度明显比露地浅。

③应用。多应用于我国北方晴天多及多风的地方，主要用于蔬菜栽培，可用于耐寒性蔬菜越冬栽培和春菜提早定植。

（2）阳畦

阳畦又称冷床、秧畦，它利用太阳光来保畦温。其保温防寒性能优于风障畦，可分为普通阳畦和改良阳畦两类。

①结构。普通阳畦由畦框、风障、玻璃（薄膜）窗、覆盖物（稻草、蒲席）等组成；改良阳畦由土墙（后墙、山墙）、棚架（柱、柁）、土屋顶、玻璃窗或塑料薄膜棚面、保温覆盖物（稻草、蒲席）等组成。一般后墙高 1 m，厚 0.5 m，山墙脊高和中柱高 1.5 m，土棚顶宽 1.0~1.2 m，玻璃窗与地面夹角 40°~45°。

②性能。一是温度季节性变化，阳畦温度随着外界气温的变化而变化，保温性能好的畦内外温差可达 13~15 ℃，但保温性差的畦内冬季最低温可出现 −4 ℃以下温度，而春季则又可出现畦内 30 ℃以上的高温。二是畦内受天气影响大，晴天畦内温度较高，而阴天畦内温度与外界则差别不大。三是畦内昼夜温度、湿度差异大，昼夜温差可达 10~20 ℃，一般白天空气相对湿度为 30%~40%，而夜晚为 80%~90%。四是畦内存在局部温差，上午和中午时刻中心部位温度较高，四周温度稍低；下午距北框近的下部地方温度高，南框和东西两侧温度稍低。

③应用。应用于蔬菜和花卉育苗、蔬菜秋延后和春提早栽培、假植栽培等。

（3）酿热温床

①结构。在阳畦的基础上，在床下铺设酿热物来提高温床内的温度。酿热温床的畦框结构和覆盖物与阳畦一样，一般温床长 10~15 m、宽 1.5~2 m，并且在温床底部挖成鱼脊形，以求温度均匀。酿热物有新鲜的马粪、新鲜厩肥、各种饼肥、牛粪、猪粪以及作物的秸秆等。

②性能。同阳畦，但其优势在于消除了阳畦不同部位的温度差异，还通过酿热物来提高地温，可以弥补日光升温的不足。

③应用。用于早春果菜类蔬菜育苗，也可用于花卉扦插或播种，或秋播草花或盆花的越冬，也可在日光温室冬季育苗中为提高地温而应用。

（4）电热温床

①结构。一般温床宽 1.3~1.5 m，长度依需要而定，温床的底深 15~20 cm。电热线铺

设时，先在育苗床的表土下面铺设两层隔热层，阻止热量向下传导。

②性能。利用电热线把电能转变为热能进行土壤加温，可以自动调节温度，且能保持温度均匀，可同时进行空气加温和土壤加温。

③应用。电热温床主要用于冬春季园艺作物的育苗。

（二）地膜覆盖

地膜覆盖是塑料薄膜覆盖的简称，是用很薄的塑料薄膜紧贴在地面上进行覆盖的一种栽培方式。

1. 地膜覆盖的方式

地膜种类较多，应用最广的是聚乙烯地膜。地膜覆盖的方式有下面几种。

（1）平畦覆盖

在原栽培畦的表面覆盖一层地膜，可以是临时的也可以是全生育期的覆盖。平畦规格与普通露地生产用的规格相同。

（2）高垄覆盖

在菜田整地施肥后，按 45~60 cm 宽、10 cm 高起垄，每垄或两垄覆盖一条地膜。

（3）高畦覆盖

在菜田整地施肥后，将其做成宽 100~110 cm、高 10~12 cm、畦面宽 65~70 cm、灌溉沟宽 30 cm 以上的高畦，然后每畦上覆盖地膜。

（4）沟畦覆盖

沟畦覆盖又叫改良式高畦地膜覆盖，俗称天膜。是把栽培畦做成沟，在沟内栽苗，然后覆盖地膜。当幼苗长至将接触地膜时，把地膜割成十字孔将苗引出，使沟上地膜落到沟内地面上。故将此种覆盖方式叫作“先盖天，后盖地”。

2. 地膜覆盖的效应

（1）对环境条件的影响

①对土壤环境的影响：一是提高地温；二是提高土壤保水能力，减少蒸发；三是提高土壤肥力，温、湿度适宜，微生物活动旺盛，养分分解快，氮（N）、磷（P）、钾（K）元素的含量比露地高；四是改善了土壤的理化性状，减少土壤板结；五是防止地表盐分集聚，减少土壤水分蒸发从而减少盐分被带到土壤表面。

②对近地面小气候的影响：增加光照，降低空气相对湿度。

（2）对园艺作物生育的影响

①促进种子发芽出土及加速营养生长。

②促进作物早熟。

③促进植株发育和提高产量。

④提高产品质量。

⑤增强作物抗逆性。

（3）其他效应

去除杂草，节省田间作业劳动力，节水抗旱。

3. **地膜覆盖的技术要求**

地膜覆盖的整地、施肥、作畦、盖膜要连续作业，不失时机，以保持土壤水分，提高地温。整地时，要深翻细耙，畦面要平整细碎，灌水沟不可过窄。作畦时要施足有机肥和必要的化肥，后期要适当追肥。在膜下软管滴灌或微喷灌的条件下，畦面可稍宽、稍高；若采用沟灌，灌水沟要稍宽。

4. **地膜覆盖的应用**

地膜覆盖可用于大棚、温室果菜类蔬菜、花卉和果树的栽培，提高地温，降低地面的空气湿度，一般在秋、冬、春栽培中应用较多；可用于园艺作物的播种育苗，特别是南方的春季蔬菜的育苗栽培。

（三）塑料薄膜中小棚

塑料薄膜中小棚是指以塑料薄膜作为透明覆盖材料的拱形或其他形式的棚，一般小棚高度多在 1~1.5 m，中棚覆盖面积和空间介于小棚与大棚之间。

1. **塑料薄膜小棚**

塑料薄膜小棚根据外观可分为拱圆形、半拱圆形和双斜面形。目前生产上应用较多的是拱圆形，在我国面积很大，约占园艺设施面积的 40%，大部分以栽培蔬菜为主。

塑料薄膜小棚一般高度为 1~1.5 m，宽 1~3 m，长度根据地形而定。拱架主要用竹竿、竹片、直径 6~8 mm 的钢筋等能弯成弓形，且具有一定强度的材料做成。在拱架上面覆盖薄膜即做成塑料薄膜小棚。其特点是结构简单、取材方便、成本低、搭建简便、便于覆盖，同时又能与其他设施配套使用。因此，在园艺生产中广泛应用，但由于空间较小使棚内作业不方便。

目前塑料薄膜小棚主要用于蔬菜等作物的早春育苗，也可为露地栽培的春茬蔬菜、花卉、草莓等育苗；还可用于蔬菜栽培，由于小棚可以防寒覆盖，因此与露地栽培相比，早春可提前栽培，晚秋可延后栽培，而耐寒的蔬菜可以用小棚保护越冬生产。

2. **塑料薄膜中棚**

塑料薄膜中棚的面积和空间比塑料薄膜小棚大，人可在棚内进行直立操作，是小棚和大棚的中间类型，生产上常用的是拱圆形结构。

拱圆形中棚一般跨度为 3~6 m。在跨度为 6 m 时，拱圆形中棚以高度为 2.0~2.3 m、肩高 1.1~1.5 m 为宜；在跨度为 4.5 m 时，以高度为 1.7~1.8 m、肩高 1.0 m 为宜；在跨度为 3 m 时，以高度为 1.5 m、肩高 0.8 m 为宜。长度可根据实际需要及地块长度确定。另外，拱圆形中棚可根据其跨度的大小和拱架的材料的强度来确定是否设立柱。按材料的不同，拱架可分为竹片结构、钢架结构、混合结构。其中竹片结构造价最低，钢结构最贵，混合结构居中。同理，钢结构最为稳固，竹片结构稳定性最差，混合结构稳定性居中。

拱圆形中棚的性能与塑料薄膜小棚基本相似。由于其空间更大、热容量大，故内部气温比小棚稳定，温度条件稍优于小棚，但与塑料薄膜大棚相比稍差；光照条件受季节、天气状况和塑料薄膜透光率等因素的影响；棚内空气湿度和小棚基本相似，但湿度变化比小棚小。

塑料薄膜中棚主要用于果菜类蔬菜的秋延后栽培和春早熟栽培，华北地区可作为芹菜、韭菜、菠菜等耐寒性蔬菜的越冬栽培，也可用于制种及花卉的栽培。

（四）塑料薄膜大棚

1. 塑料薄膜大棚的结构和类型

塑料薄膜大棚是 20 世纪 60 年代中后期发展起来的园艺设施，用竹木、钢筋、钢管等材料做成拱形或屋脊形骨架再覆盖塑料薄膜而成。

塑料薄膜大棚依分类方法不同可分为不同的类型：按屋顶形状可分拱圆形和屋脊形，按连接方式可分单栋大棚、双连栋大棚和多连栋大棚，按骨架材料可分竹木结构、钢竹等混合结构、钢架结构等。目前生产上应用较多的是竹木结构、钢架结构、钢管装配式结构和新型复合材料骨架塑料薄膜大棚。

2. 塑料薄膜大棚的性能和气象应用效果

塑料薄膜大棚的高度在 1.8 m 以上，跨度为 8~15 m，长 30~60 m，每个面积在 300 m^2 以上，工作人员可以入内操作管理。与温室相比，其结构简单，建造容易，投资较少，土地利用率高，操作方便。与中小棚相比，保温性能好，又具有坚固耐用、使用寿命长、棚内空间大、作业方便、有利于作物生长、便于环境调控等优点。

塑料薄膜大棚与塑料薄膜中小棚相比有明显的增温效果，这是由于棚内的地面接收太阳辐射，而地面有效辐射受到覆盖物阻隔而使气温升高的缘故，称为“温室效应”。同时，地面热量也向地中传导，使土壤贮热。大棚的温度常受外界条件的影响，有着明显的季节性差异，棚内气温的昼夜变化比外界剧烈。在晴天或多云天气，大棚在日出前出现最低温度的时间要迟于露地，且持续时间短；日出后 1~2 h 气温即迅速升高，日最高温度出现在 13:00—14:00，15:00 以后棚温开始下降，平均每小时下降 3~5 ℃；夜间棚温变化情况和外界基本一致，通常比露地高 3~6 ℃；棚内昼夜温差 11 月下旬至翌年 2 月中旬多在 10 ℃以上，3—9 月昼夜温差常在 20 ℃左右，有时甚至达 30 ℃，阴天日变化较晴天平稳。大棚内不同部位的温度也有差异。日出后棚体受到阳光照射，先由东侧开始，逐渐转向南侧，再转向西侧。所以，上午棚东侧温度高，中午棚顶和南侧高，下午西侧稍高，差值一般在 1 ℃左右。棚内上下部温度也有差异。白天棚顶的温度一般高于底部和地面有 3~4 ℃，而夜间正相反，土壤深层高于地表温度 2~4 ℃，四周温度则较低。

（1）地温

一天中，塑料薄膜大棚内的最高地温比当地的最高气温出现的时间晚 2 h，最低地温也比当地的最低气温出现的时间晚 2 h。除季节和天气外，棚内地温还受很多因素的影响，如棚的大小、覆盖保温状况、施肥、中耕、灌水、通风及地膜覆盖等因素。

（2）光照

塑料薄膜大棚的采光面较大，所以棚内的光照质量、光照强度及光照时数等基本上能满足栽培作物的生长发育的需要。棚内光照状况因季节、天气、时间、覆盖方式、薄膜质量及使用情况等不同而有很大差异。垂直的光照差异为：上部照度强，下部照度弱，棚架越高，下层的光照强度越弱。水平的光照差异为：南北延长的大棚比较均匀，东西延长的大棚南侧高于中部及北侧。由于建棚所用的材料不同，钢架大棚受光条件较好；竹木结构棚内立柱多，遮阳面大，受光量减少多。棚架材料越粗大，棚顶结构越复杂，遮阳面积就越大。塑料薄膜的透光率，因质量不同而有很大差异。最好的薄膜透光率可达 90%，一般为 80%~85%，较差的仅为 70% 左右。薄膜材料在使用过程中由于易老化变质，加上外界灰尘和水滴的影响，也会大大降低透光率。

（3）湿度

塑料薄膜大棚由于薄膜气密性强，当棚内土壤水分蒸发、蔬菜蒸腾作用加强时，水分难以逸出棚外，常使棚内的空气湿度很高。若不进行通风，白天棚内的相对湿度为 80%~90%，夜间常达 100%，呈饱和状态。棚内环境的空气湿度变化规律是：当棚温升高，相对湿度降低；晴天、有风则相对湿度低，阴天、雨（雪）天则相对湿度显著上升。空气湿度过大是导致大棚内栽培作物发病的主要条件。因此，大棚内必须加强通风，降温或排湿、中耕疏松土壤或行间覆盖地膜，防止出现高温多湿、低温多湿等现象。大棚内适宜的空气相对湿度，白天为 50%~60%，夜间为 80% 左右。最主要的措施是行间覆盖地膜、滴管灌溉。

3. 塑料薄膜大棚的园艺作物生长应用

塑料薄膜大棚在园艺作物生产中，应用非常普遍，几乎成为园艺设施的代名词，全国各地都有很大面积，主要用于育苗和园艺作物栽培。

（1）早春果菜类蔬菜育苗

在大棚内设多层覆盖，如加保温幕、小拱棚，或采用电热加温线，于早春进行果菜类蔬菜、花卉的育苗；可利用大棚进行各种草花及草莓、葡萄、樱桃等的育苗。

（2）蔬菜栽培

春季早熟栽培：这种栽培方式是早春利用温室育苗，大棚定植，一般果菜类蔬菜可比露地提早上市 20~40 d。主要栽培作物有：黄瓜、番茄、青椒、茄子、菜豆。

秋季延后栽培：大棚秋季延后栽培也主要是以果菜类为主，一般可使果菜类蔬菜采收期延后 20~30 d，栽培作物同上。

春到秋的长季节栽培：在气候冷凉地区可以采用春到秋的长季节栽培，这种栽培方式早春定植和春茬早熟栽培相同，采收期直到 10 月末，可在大棚内越夏，主要种植茄果类蔬菜。

（3）花卉、瓜果和某些果树的栽培

可利用大棚进行各种草花、盆花和切花栽培；也可利用大棚进行草莓、葡萄、樱桃等果树和甜瓜、西瓜等瓜果栽培。

（4）夏季保护栽培

棚面覆盖遮阳网、防虫网或顶部覆盖棚膜，在夏季进行遮阳、防虫、防雨栽培。

（五）温室

温室是园艺设施中性能最为完善的类型，可以进行冬季园艺作物生产，世界各国都很重视温室的建造与发展。

近几十年我国温室生产发展极快，尤其是塑料薄膜温室，其节能性好，成本低，效益高。21 世纪以来，我国各地也引进了一些国外的大型的现代化温室，并在消化吸收的基础上，初步研究开发出了我国自行设计制造的大型温室设施，促进了我国现代化设施园艺的发展。

1. 温室的类型

（1）温室类型的演化和发展

我国温室的发展是由低级、初级到高级，由小型、中型到大型，由简易到完善，由单栋温室到几公顷的连栋温室群。结构形式多样，温室类型繁多。

温室类型的演化和发展，大体可分为以下 5 种类型。

①原始型：土洞子、暖洞子、火室、暖窖、纸窗温室。

②土温室型：二折式玻璃温室，鞍山一面坡日光温室（20 世纪 50 年代以前）。

③改良型：北京改良式、鞍山、哈尔滨式，天津三折式（20 世纪 50 年代中期至 70 年代）。

④发展型：塑料薄膜节能日光温室（20 世纪 80 年代至 90 年代）。

⑤现代型：大型连栋温室（20 世纪 90 年代至 21 世纪）。

（2）温室类型的划分

①按照温室透明屋面的类型划分：单屋面温室、双屋面温室、拱圆屋面温室、连接屋面温室、多角屋面温室。

②按温室骨架的建筑材料划分：竹木结构温室、钢筋混凝土结构温室、钢架结构温室、铝合温室。

③按温室透明覆盖材料划分：玻璃温室、塑料薄膜温室、硬质塑板温室。

④按温室能源划分：加温温室（地热温室、工厂余热温室、人工能源加温温室）、日光温室。

⑤按温室的用途划分：花卉温室、蔬菜温室、果树温室、育苗温室。

2. 单屋面温室

我国温室类型以单屋面温室为主，因此，都是小型、单栋的结构，每栋温室的面积 333.3~666.7 m^2。20 世纪 70 年代以前，我国北方主要以加温温室为主，20 世纪 80 年代后，我国北方地区开始建造日光温室。

（1）单屋面温室的结构

①单屋面玻璃温室。20 世纪 50 年代至 70 年代应用较多，80 年代后，逐渐被塑料薄膜日光温室所取代。

主要结构：由墙体、后屋面、前屋面（玻璃屋面）、屋架、保温覆盖物及加温设备等组成。

型式：一面坡式、二折式、三折式、立窗式温室。以二折式、三折式温室应用较多。

二折式温室结构以北京改良式温室为代表；三折式温室以天津无柱式温室为代表。

②单屋面塑料薄膜温室。包括了加温温室和日光温室（不加温温室），其中日光温室已成为我国温室的主要类型。

日光温室结构特点与普通温室有许多差别，突出特点有以下 8 个方面。

a. 具有良好的采光屋面，能最大限度地透过阳光。

b. 保温和蓄热能力强，能够在温室密闭的条件下，最大限度地减少温室散热效应。

c. 温室的长、宽、脊高和后墙高、前坡屋和后坡屋面等规格尺寸及温室规模适当。

d. 温室的结构抗风压、雪载能力强。

e. 具备易于通风换气、排湿降温等环境调控功能。

f. 整体结构有利于作物生长和人工作业。

g. 温室结构要求充分合理地利用土地，尽量节省非生产部分的占地面积。

h. 建造时应因地制宜，就地取材，注重实效，降低成本。

日光温室的结构参数包括：温室跨度、温室高度、温室前和后屋角度、温室墙体和后屋面的厚度、后屋面水平投影长度、防寒沟尺寸、温室长度等。

参数的确定应重点考虑：采光、保温、作物生育和人工作业空间等。

第一代节能型日光温室有半拱圆形竹木结构日光温室、一坡一立式日光温室、鞍Ⅱ型日光温室。

第二代节能型日光温室有沈辽Ⅰ型日光温室、熊岳第二代节能日光温室、改进冀优Ⅱ型节能日光温室。

（2）单屋面温室的性能

单屋面日光温室方位多为南北向东西延伸，后部有后墙和保温好的后屋面，两侧有山墙，前屋面在夜间外加草苫、保温被等防寒保温，因此其采光和保温性能均较好，是我国温室的主要类型。下面以其作为代表类型介绍性能。

①光照。

光照强度。受日光温室的光照条件主要受前屋面角度、透明屋面大小的影响。总的来说，进入日光温室的光照强度减弱。

光照时数。冬春季节光照时数减少。春季后光照时数逐渐增加。

光照分布。垂直和水平分布都不均匀，北弱南强、上强下弱。

光质。日光温室以塑料薄膜为透明覆盖材料，与玻璃相比，光质优良，其紫外线透过率比玻璃高。因此，园艺作物产品维生素 C 及糖含量高，花朵颜色鲜艳，外观品质比单屋面玻璃温室好。

②温度。

气温的季节变化。冬季天数比露地缩短 3~5 个月，夏季天数比露地延长 2~3 个月，春、秋季天数比露地分别延长 20~30 d；北纬 41° 以南地区保温性能好的优型日光温室几乎不存在冬季。

气温的日变化。日间气温高，夜间气温低。晴天早上揭草后 0.5 h 气温最低，中午 12:00 左右，气温最高。

气温的分布。不均匀。白天，上部高、下部低；中部高，四周低；夜间，北侧高，南侧低；一般水平温差 3~4 ℃，垂直温差 2~3 ℃。

地温的变化。也存在着明显的日变化与季节变化，但与气温相比，地温比较稳定。

③空气湿度。

空气相对湿度的日变化大。局部湿差大。作物易于沾湿。

④气体的变化状况。

CO_2：日光温室内如果不进行通风换气，CO_2 浓度的日变非常显著。

有害气体：主要有氨气、乙烯、氯气等。

⑤土壤环境。

土壤养分转化和有机质分解速度加快，肥料的利用率高。土壤盐分浓度大，湿度稳定。土壤中病原菌集聚，营养失衡。

（3）日光温室在园艺作物栽培中的应用

主要用于园艺作物的育苗，蔬菜的周年栽培，花卉和果树的栽培。

3. 双屋面温室

（1）双屋面温室的结构

主要由钢筋混凝土基础、钢材骨架、透明覆盖材料、保温幕和遮光幕以及环境控制装置等构成。

钢材骨架：主要有普通钢材、镀锌钢材、铝合金轻型钢材。

透明覆盖材料：主要有钢化玻璃、普通玻璃、丙烯酸树脂、玻璃纤维加强板（FRA板）、聚碳酸酯板（PC板）、塑料薄膜等。

保温幕：多采用无纺布。

遮光幕：可采用无纺布或聚酯材料。

特点：两个采光屋面朝向相反、长度和角度相等，四周侧墙均由透明材料构成；双屋面温室比较高大，一般具有采暖、通风、灌溉等设备，有的还有降温以及人工补光等设备，具有较强的环境调节能力。

（2）双屋面温室的性能

与现代化温室大体相同。

（3）双屋面温室的园艺作物栽培应用

主要用于科学研究。

4. 现代化温室

大型现代化温室主要指大型的（覆盖面积多为1公顷）、环境基本不受自然气候影响的、可自动化调控、能全天候进行园艺作物生产的连接屋面温室。

（1）现代化温室的类型

按屋面特点主要分为两类：屋脊型连接屋面温室，常以玻璃作为透明覆盖材料，主要分布在欧洲，以荷兰面积最大。拱圆形连接屋面温室，主要以塑料薄膜透明覆盖材料，主要在法国、以色列、美国、西班牙、韩国等广泛应用。我国自行设计的现代化温室也多为此类型。

（2）现代化温室的生产系统

①屋脊型连接屋面温室。以荷兰型温室为代表的屋脊型连接屋面温室组成系统包括：框架结构、覆盖材料、自然通风系统、加热系统、帘幕系统、计算机环境测量和控制系统、灌溉和施肥系统、二氧化碳气肥系统、温室内常用作业机具。

②拱圆形连接屋面温室。我国自行设计的拱圆形连接温室较多，这种温室的透明覆盖材料采用塑料薄膜。其框架结构比玻璃温室简单，用材量少，建造成本低。

由于塑料薄膜较玻璃保温性能差，因此提高薄膜温室保温性能的一个重要措施是采用双层充气薄膜。

我国自行设计建造的华北型连栋塑料薄膜温室，其骨架由热浸镀锌钢管及型钢构成，透明覆盖材料为双层充气塑料薄膜。东西墙为充气卷帘，北墙为砖墙，南侧为 PC 板。这种温室还设有完善而先进的附属设备。

供暖管路采用聚氨酯发泡塑料包裹直埋管道材料保温技术。

这种温室冬季通过暖气加温、太阳能地中热交换、保温幕、顶部和侧墙的双层充气膜覆盖等措施增加室内温度。夏季利用开窗自然通风、遮光和湿帘风机降温等措施调控室内温度。可通过自动控制装置开窗，也可人工开窗。

温室帘幕：与荷兰温室类似，兼有遮光和保温作用，开闭自动化。

天窗开启机：采用齿轮加蜗杆机构，自动开闭。

湿帘风机降温系统：可使夏季室内气温比室外降低 4~6 ℃。

灌溉施肥系统：与荷兰温室基本相同。

（3）现代化温室的性能

①光照。现代化温室全部由透明材料——塑料薄膜、玻璃或塑料板材（PC 板）构成，全面进光采光好，透光率高，光照时间长，而且光照分布比较均匀。所以，这种全光型的大型温室，即使在最冷的、日照时间最短的冬季，仍然能正常生长喜温瓜果、蔬菜和鲜花，且能获得很高的产量。

②温度。现代化温室有高效的加温系统，在最寒冷的冬春季节，都能保证园艺作物正常生长发育所需的温度。在炎热的夏季，采用外遮阳系统和湿帘风机降温系统，保证温室内达到作物对温度的要求。因此，现代化温室可以完全摆脱自然气候的影响，一年四季全天候进行园艺作物生产，反季节生产，高产、优质、高效。

③湿度。塑料薄膜连栋温室，尤其是双层充气结构温室，一般空气湿度都很高。但现代化温室有完善的加温系统，加温可有效地降低空气湿度。在夏季炎热高温时，现代化温室有湿帘风机降温系统，使温室内温度降低，而且还能保持适宜的空气湿度。

④气体。现代化温室的 CO_2 浓度明显低于露地，不能满足园艺作物的需要。白天光合作用强时常发生 CO_2 亏缺。因此，须补充进行 CO_2 气体施肥。

⑤土壤。国内外现代化温室为解决温室土壤连作障碍、土壤酸化、土传病害等一系列问题，越来越普遍采用无土栽培技术，尤其是花卉生产。果菜类蔬菜和鲜切花多用基质栽培，水培主要生产叶菜，以生菜栽培面积最大。无土栽培克服了土壤栽培的许多弊端，同时通过计算机自动控制，可准确地提供园艺作物所需的大量营养元素及微量元素，为园艺作物根系创造了良好的土壤营养及水分环境。

（4）现代化温室在园艺作物栽培中的应用

现代化温室主要应用于高附加值的园艺作物栽培上，如喜温果类蔬菜、切花、盆栽观赏植物、果树、园林设计用的观赏树木的栽培及育苗等。

（六）植物工厂

植物工厂作为园艺设施的最高级的类型，是一种高投入、高技术、精装备的工厂化生产体系模式，集生物技术、工程技术和系统管理于一体，使农业生产从自然生态束缚中脱离出来。作为按计划周年性进行植物产品生产的工厂化农业系统，植物工厂是农业产业化进程中吸收应用高新技术成果最具活力和潜力的领域之一，代表着未来农业的发展方向。通过对植物生长环境的高精度控制，植物的生长几乎不受自然条件的制约，生长周期缩短。在植物工厂内种植的生菜、小白菜等，20 d 左右就能收获，而在露地栽培中则需要30~40 d。除了生长周期短，空间利用率高和一年四季不间断生产也是植物工厂的重要特点。植物工厂还具有立体栽培的优势，栽培模组的层数随着厂房的高度增加而增加。

本书最后一个项目将会具体介绍植物工厂的相关情况。

二、材料准备

（一）水文条件的分析

通过调查，查阅相关水文资料，并做好记录与分析，为园艺设施类型的选择奠定坚实的实践基础。

（二）搜集相关案例资料

通过资料调研以及实地调研采访等途径，搜集可供学校选择的设施类型的相关案例资料，进行整理和可行性分析，为学校最终确定合适的园艺设施类型提供参考。

三、工具准备

多媒体设备、书本等

四、人员准备

人员分组，每组 4 人。明确职责分工。

人员分工

任务角色	任务内容
组长：	任务：
组员 1：	任务：
组员 2：	任务：
组员 3：	任务：

任务实施

步骤一：调查我省环境气候，了解冬季和夏季极端温度、风雪等历史纪录。

步骤二：调查学校所在地的水文条件。

步骤三：了解不同园艺设施的类型，各种设施类型其建造结构的特点，性能和应用场景。

步骤四：实地调研当地园艺设施的类型，了解其优缺点及造价，同时了解当地种植户和使用者的实际需求。

步骤五：根据实地调研和文献资料，选择学校要建造的园艺设施类型。

步骤六：提交可供学校选择的园艺设施的可行性报告，总结任务。

任务检测

请扫码答题。

任务评价

工作任务完成过程评价

班级：＿＿＿＿＿＿＿＿　组别：＿＿＿＿＿＿＿＿　姓名：＿＿＿＿＿＿＿＿

项目	评分标准	分值	自我评价	小组评价	教师评价
基本素质	学习态度良好，学习积极性高	10			
	积极主动与老师、同学交流，相互尊重、理解。与老师、同学间能保持多向、丰富的信息交流	10			
理论知识	了解我国园艺设施主要的类型和各种类型设施的结构特点	10			
	了解我国主要园艺设施的性能和应用场景	10			
	了解学校所在地的历史水文信息，以及学校所在省份的历史环境气候等相关信息	10			
实操技能	能够有效利用网络、图书资源查找有用的相关信息，能将查到的信息有效地运用到学习中	10			
	能够在老师的带领下，按照预先准备的问题完成针对学校所在当地主要园艺设施及种植户的实地调研	10			
	能够通过查阅的资料和调研的结果撰写可供学校选择的园艺设施的可行性报告	10			

（续表）

<table>
<tr><th>项目</th><th>评分标准</th><th>分值</th><th>自我评价</th><th>小组评价</th><th>教师评价</th></tr>
<tr><td rowspan="2">思政表现</td><td>能从全局上筹划相关事项或行动的具体安排</td><td>10</td><td></td><td></td><td></td></tr>
<tr><td>对我国园艺设施自主研发技术上的进步具有自豪感</td><td>10</td><td></td><td></td><td></td></tr>
<tr><td colspan="2">合计</td><td>100</td><td></td><td></td><td></td></tr>
<tr><td colspan="2">自我评价与总结</td><td colspan="4"></td></tr>
<tr><td colspan="2">教师点评</td><td colspan="4"></td></tr>
</table>

项目二 主要园艺设施的建造、使用与维护

项目导读

在了解主要园艺设施的类型，各种园艺设施的结构特点、园艺设施性能、设施应用场景相关知识后，本项目开始尝试通过了解园艺设施覆盖材料的选用，建造相对简单的园艺设施，并掌握园艺设施覆盖材料的维护、温室及温室内主要设备设施的使用和维护方法。

知识目标

①了解园艺设施的基本知识，包括设施的功能、结构、材料等。
②掌握相对简单的园艺设施的建造过程，包括施工图纸的解读、施工材料的选用等。

技能目标

①能够根据园艺设施的设计图纸进行施工，掌握施工工艺和技术要求。
②能够正确选用施工材料，掌握材料性能和安装方法。
③能够进行园艺设施的日常维护保养，包括设施的检查、清洁、维修等。

素质目标

①具备严谨细致的工作态度，能够认真执行各项规章制度和工作要求。
②具备良好的团队协作精神，能够与团队成员有效沟通、协作配合。
③具备创新意识和创新能力，能够不断探索新的园艺设施和技术。

思政目标

①爱国主义教育：通过园艺设施的建造与维护，培养爱国主义情怀，认识到园艺设施在国家农业发展和现代化建设中的重要地位。

②社会主义核心价值观教育：在园艺设施的建造与维护的学习与实践过程中，树立正确的观念，培养勇于担当、积极进取的精神品质以及尊重劳动、珍惜资源的意识。

③社会责任感教育：强化社会责任感和公民意识，通过园艺设施的建造与维护，培养积极参与社会公益事业、服务社会大众的良好品质。

④团队协作精神教育：培养团队合作精神和创新思维，鼓励发扬集体主义精神，发挥集体智慧，共同应对挑战。

⑤生态文明观念教育：在园艺设施的建造与维护中，注重生态文明观念的融入，认识到人与自然和谐相处的重要性，培养环保意识和可持续发展观念。

⑥职业道德教育：在园艺设施的建造与维护过程中，强调职业道德的重要性，培养职业操守和诚信品质，为未来的职业生涯奠定基础。

⑦文化自信教育：通过园艺设施的建造与维护，弘扬中华优秀传统文化，培养文化自信，在实践中传承和发扬中华民族的智慧和创造力。

任务一　园艺设施覆盖材料的选用与维护

任务导入

园艺设施覆盖材料在园艺设施中有着重要的作用，它们不仅影响设施内的气候条件，还直接关系到植物的生长状况。因此，选用适当的覆盖材料并对其进行适当的维护，是园艺设施管理的关键环节。在选择覆盖材料时，需要考虑其功能性、耐久性、透明度、保温性、重量以及成本等多个因素。

任务工单

班级:____________　姓名:____________　学号:____________

任务名称	合理选用和使用园艺设施的覆盖材料
任务描述	根据实际情况，填写本任务的内容、目的、流程和方法。 任务内容: 任务目的:

（续表）

<table>
<tr><td>任务描述</td><td>任务流程：

任务方法：</td></tr>
<tr><td>获取信息</td><td>要完成任务，需要掌握相关的知识。请收集资料，回答以下问题。
1. 简述园艺设施覆盖材料的基本类型和性能特点。

2. 园艺设施覆盖材料的选用原则和方法是什么？</td></tr>
<tr><td>制订计划</td><td>根据学习任务，制订工作计划。</td></tr>
<tr><td>任务实施</td><td>按照预先制订的工作计划，完成本任务，并记录任务实施过程。
<table>
<tr><th>序号</th><th>完成的任务</th><th>遇到的问题</th><th>解决办法</th></tr>
<tr><td></td><td></td><td></td><td></td></tr>
<tr><td></td><td></td><td></td><td></td></tr>
<tr><td></td><td></td><td></td><td></td></tr>
<tr><td></td><td></td><td></td><td></td></tr>
</table></td></tr>
</table>

任务准备

一、知识准备

（一）透明覆盖材料

透明覆盖材料种类很多，均需满足以下要求：具有良好的采光性、较高的密闭性和保温性，必要时可以进行换气，具有较强的韧度和耐候性以及较低的成本等。不同的栽培方式与用途，要求有不同特性的覆盖材料，因此有必要了解其基本特性。

1. 设施园艺生产对透明覆盖材料的基本要求

（1）光学特性

透明覆盖材料最主要的功能是采光。在透明覆盖材料中添加特定的紫外线阻隔剂、转光剂、红外线阻隔剂，使可见光、近红外线透光率高。

（2）机械特性

透明覆盖物在安装和使用过程要经受以下几种力：下落的冰雹、刮风引起的冲击力，积雪对覆盖物施加的稳定而持久的横向负荷，安装时受到的拉伸力等。所选材料要能经受这些力的拉扯作用。

（3）耐候性

即防止老化的性能，关系到覆盖材料的使用寿命。透明覆盖材料的老化包括两方面的含义：一是覆盖材料在强光和高温作用下，变脆从而自动撕裂；二是光衰弱，随着覆盖材料使用时间的增长，透光率变低，失去使用价值。

（4）保温性

设施园艺生产要求透明覆盖材料具有一定的保温性能。

2. 透明覆盖材料的种类、性能及应用

用于园艺设施采光的透明覆盖材料种类较多，按原料的不同，主要分为塑料薄膜、半硬质塑料膜、硬质塑料板和玻璃四类。

（1）塑料薄膜

塑料薄膜按其母料不同可分为聚氯乙烯（PVC）薄膜、聚乙烯（PE）薄膜、乙烯－醋酸乙烯（EVA）多功能复合膜三类。

①聚氯乙烯（PVC）薄膜。以聚氯乙烯树脂为母料，并添加增塑剂、稳定剂、润滑剂、功能性助剂和加工助剂等经高温压延制成的膜。具有初始透光性能好、保温性好、耐高温、抗拉伸力强、易修补等优点；但也有使用成本高、耐候性差、残膜不可降解等缺点。

②聚乙烯（PE）薄膜。由低密度聚乙烯（LDPE）树脂或线型低密度聚乙烯（LLDPE）树脂吹塑而成。有效使用期短，为4~5个月。具有质地柔软、易造型、透光性能好、无毒、不易吸尘、耐低温、密度小、幅宽大、容易覆盖等优点；但也有耐候性差、保温性差、雾滴性重、不耐高温、破损后不易黏结等缺点。

③乙烯－醋酸乙烯（EVA）多功能复合膜。是以乙烯－醋酸乙烯共聚物为主体的三层复合功能性薄膜。透光性好，耐低温，不易开裂，保温性好，无滴持效期长，目前生产上应用较广泛。

（2）半硬质塑料膜

目前，国外使用的半硬质塑料膜主要有半硬质聚酯膜（PET）和素膜（ETFE），半硬质塑料膜的厚度为0.150~0.165 mm，其表面经耐候性处理，具有4~10年的使用寿命。不同产品对紫外线的透过率显著不同，防雾滴效果与PVC薄膜相似。素膜以乙烯－四氟乙烯树脂为母料制作而成，对可见光和紫外线均具有较强的透过率，经数年使用后可见光透过率仍保持较高水平。素膜的使用寿命一般为10~15年，其间每隔数年需进行防雾滴剂喷涂处理，以保持防雾滴效果，该类型薄膜由于燃烧时会产生有害气体，回收后需由厂家进行专业处理。

（3）硬质塑料板

硬质塑料板以其耐久性强、透光性好（可达90%以上）、机械强度高、保温性能好等优点，近年来在园艺设施中的使用量逐年增加，但其对紫外线的通透性较差，不适用由昆虫授粉受精和含花青素较多的作物。

（4）玻璃

用于园艺设施采光的玻璃主要有平板玻璃、钢化玻璃和红外线吸热玻璃三种。玻璃在所有覆盖材料中耐候性最强，增温保温性能强，防尘、耐腐蚀性好。但玻璃较重，要求支架粗大，不耐冲击，破损时容易伤人和作物。

（二）不透明覆盖材料

不透明覆盖材料也叫保温覆盖材料，在设施栽培中，为提高防寒保温效果，需覆盖草帘、草苫、纸被、保温毯、保温被等不透明的覆盖保温材料。

1. 设施园艺生产对不透明覆盖材料的基本要求

①有较高的保温能力，传热系数低，以减少夜间的热损失量。

②要求覆盖材料重量轻，以减轻卷铺时的劳动强度，也有利于机械化和自动化操作。

③由于外覆盖保温材料直接盖在塑料薄膜上，因此要求表面光滑、洁净，以免污染和磨损薄膜。

④要求表面防雨水浸湿，经久耐用，所以要进行表面防老化和防水处理。

2. 不透明覆盖材料的种类和性能

①草苫和草帘。我国在很久以前的设施栽培中已开始用草帘或草苫进行保温覆盖。草苫的优点是取材方便，价格便宜，保温性能好。缺点是编制比较费工，耐用性不很理想，一般最多在 3 年，遇到雨雪吸水后重量增加，即使在平时卷放也很费工。

②保温被。保温被是 20 世纪 90 年代研究开发出来的新型外保温覆盖材料，它克服了传统保温覆盖材料的笨重，卷放费工费力，被雨雪浸湿后重量增加、保温性能下降，容易污染薄膜降低透光率等缺点。

（三）新型多功能覆盖材料

1. 漫反射薄膜

漫反射薄膜通过在聚乙烯等母料中添加调光物质，使直射光进入大棚后形成更均匀的散射光，作物受光变得一致，设施中的温度变化减小，可促进植物的光合作用。

2. 转光膜

转光膜通过在聚乙烯等母料中添加光转换物质和助剂，使太阳光中的能量相对较大的紫外线转换成能量较小有利于植物光合作用的可见光。许多试验表明，转光膜还具有较普通薄膜更优越的保温性能，可提高设施中的温度。

3. 有色膜

有色膜通过在母料中添加一定的颜料以改变设施中的光环境，创造更适合光合作用的光谱，从而达到促进植物生长的目的。这方面虽然有很多的研究，但由于效果不稳定，加上使用有色膜后降低了光透过率，限制了有色膜在生产上的使用。

4. 红光 / 远红光（R/FR）转换膜

R/FR 转换膜主要通过添加红光或远红光的吸收物质来改变红光和远红光的光量子比率，从而改变植株特别是茎的生长。红光与远红光比值越小，茎节间长度越长。我们可利用这类薄膜在一定程度上调节植株的高度。

5. 光敏薄膜

光敏薄膜通过添加银等物质，使本来无色的薄膜在超过一定光强后变成黄色或橙色等有色薄膜，从而减轻高温强光对植物生长的危害。

6. 红外线反射薄膜

红外线反射薄膜通过在 PE 薄膜中添加氧化锡（SnO_2）等金属氧化物并夹在玻璃中，可解决夏季的高温问题。

7. 近红外线吸收薄膜

近红外线吸收薄膜通过在 PVC、PET 等薄膜中添加近红外线吸收物质，从而可以减少光照强度和降低设施中的温度，但这类薄膜只适合高温季节使用，而不适合冬季或寡日照地区使用。

8. 温敏薄膜

温敏薄膜利用高分子感温化合物在不同温度下的变浊原理以减少设施中的光照强度，降低设施中的温度。由于温敏薄膜是解决夏季高温替代遮阳网等材料的重要技术，因此，正在积极研究开发。

二、材料准备

（一）园艺设施覆盖材料的性能参数和规格

收集不同类型覆盖材料的性能参数，如透光率、保温性、抗紫外线性能、强度等，以及相应的规格和尺寸。这些数据将有助于了解材料的性能特点和应用范围。

（二）园艺设施覆盖材料的应用案例

收集国内外园艺设施覆盖材料选用的实际案例，包括成功和失败的案例。了解不同应用场景下的选材方案、使用效果和维护情况，为实际应用提供借鉴和参考。

三、工具准备

园艺剪刀、铲子、锄头、割草机、水桶和水管、清洁工具、测量工具、安全工具等。

四、人员准备

人员分组，每组 6 人。明确职责分工。

人员分工

任务角色	任务内容
组长：	任务：
组员 1：	任务：
组员 2：	任务：
组员 3：	任务：
组员 4：	任务：
组员 5：	任务：

任务实施

步骤一：调研与资料收集。通过查阅文献、实地考察和访谈专家等方式，收集关于园艺设施覆盖材料的性能参数、应用案例、环境影响等方面的资料。

步骤二：材料评估与选择。基于调研结果，评估不同覆盖材料的耐久性、环保性等指标，结合园艺设施的实际需求，选择适合的覆盖材料。

步骤三：设计与规划。根据园艺设施的实际情况，设计覆盖材料的使用方案，包括材料布局、尺寸、安装维护方式等。

步骤四：安装与维护。按照设计要求，进行覆盖材料的安装工作。确保安装过程符合规范要求，确保覆盖材料的安全性和稳定性。

步骤五：成本与预算。对选用的覆盖材料进行成本分析，包括材料成本、安装成本、维护成本等。制定预算和费用控制方案，确保园艺设施覆盖材料的选用与维护在经济上可行。

步骤六：环保与可持续性。评估所选材料的环保性能，关注材料的可降解性、可循环利用性以及对环境的影响。提出可持续性改进建议。

步骤七：汇报与总结。整理任务过程中的资料、照片和成果，编写汇报材料。通过口头或书面形式汇报任务完成情况，总结任务过程中的经验和教训。

任务检测

请扫码答题。

任务评价

工作任务完成过程评价

班级：________　组别：________　姓名：________

<table>
<tr><th>项目</th><th>评分标准</th><th>分值</th><th>自我评价</th><th>小组评价</th><th>教师评价</th></tr>
<tr><td rowspan="2">基本素质</td><td>学习态度良好，学习积极性高</td><td>10</td><td></td><td></td><td></td></tr>
<tr><td>积极主动与老师、同学交流，相互尊重、理解。与老师、同学间能保持多向、丰富的信息交流</td><td>10</td><td></td><td></td><td></td></tr>
<tr><td rowspan="3">理论知识</td><td>了解园艺设施覆盖材料的类型</td><td>10</td><td></td><td></td><td></td></tr>
<tr><td>了解各种园艺设施覆盖材料的性能特点</td><td>10</td><td></td><td></td><td></td></tr>
<tr><td>了解各种园艺设施覆盖材料的使用和维护</td><td>10</td><td></td><td></td><td></td></tr>
</table>

（续表）

项目	评分标准	分值	自我评价	小组评价	教师评价
实操技能	能够有效利用网络、图书资源查找有用的相关信息，能将查到的信息有效地运用到学习中	10			
	能够在老师的带领下，按照预先准备的问题完成园艺设施覆盖材料使用和维护的实地调研	10			
	能够通过查阅的资料和调研的结果为学校选择合适的覆盖材料并撰写使用和维护方案	10			
思政表现	能从全局上筹划相关事项或行动的具体安排	10			
	能够对将来致力于研发我国新型的园艺设施覆盖材料产生浓厚的兴趣	10			
合计		100			
自我评价与总结					
教师点评					

任务二　尝试建造相对简单的园艺设施

任务导入

在了解主要园艺设施类型、设施覆盖材料选用的基础上，学校计划根据自身场地的特点建造三种相对简单的园艺设施，一种是比较传统的阳畦，一种是塑料薄膜小棚，另一种是塑料薄膜大棚。学校希望通过这三种设施来种植草莓，比较不同设施种植的效果。请你帮学校收集这几种设施的建造方式和方法相关的资料，为学校设计建造方案并实施建造。

任务工单

班级：________　姓名：________　学号：________

<table>
<tr><td>任务名称</td><td colspan="4">简易园艺设施的建造</td></tr>
<tr><td>任务描述</td><td colspan="4">根据实际情况，填写本任务的内容、目的、流程和方法。
任务内容：
任务目的：
任务流程：
任务方法：</td></tr>
<tr><td>获取信息</td><td colspan="4">要完成任务，需要掌握相关的知识。请收集资料，回答以下问题。
1. 阳畦的建造需要什么材料？建造方法是什么？
2. 塑料薄膜小棚的建造需要什么材料？建造方法是什么？
3. 塑料薄膜大棚的建造需要什么材料？建造方法是什么？
4. 三种设施在建造过程中的注意事项有哪些？</td></tr>
<tr><td>制订计划</td><td colspan="4">根据学习任务，制订工作计划。</td></tr>
<tr><td rowspan="6">任务实施</td><td colspan="4">按照预先制订的工作计划，完成本任务，并记录任务实施过程。</td></tr>
<tr><td>序号</td><td>完成的任务</td><td>遇到的问题</td><td>解决办法</td></tr>
<tr><td></td><td></td><td></td><td></td></tr>
<tr><td></td><td></td><td></td><td></td></tr>
<tr><td></td><td></td><td></td><td></td></tr>
<tr><td></td><td></td><td></td><td></td></tr>
</table>

任务准备

一、知识准备

（一）阳畦的建造

1. 选址与设计

一般应选地势高燥、背风向阳、四周没有高大遮阳物、无病原的非重茬地块作阳畦。设计上应采取坐北朝南，东西延长为好，阳畦宜多排设置，两排阳畦的前后距离以 5~7 m 为宜，避免前排风障遮挡后排阳畦的阳光。

2. 做畦框

一般采用“板打墙”的方法按照阳畦的尺寸大小做成畦框。

3. 设置风障

在阳畦的北侧开沟埋设风障，制作材料可选用玉米秸、芦苇、塑料薄膜等。在阳畦北墙外挖深约 30 cm 的沟以固定风障，在离地面 1 m 处加扎一道腰栏，以使风障更加牢固，注意要使风障南倾与畦面呈 75° 角，以期增强保温性能。

4. 加覆盖物

在阳畦的南北框上搭放竹竿或木杆做支架，东西向架设 1~2 根铁丝于竹竿上，上面覆盖塑料薄膜，用泥浆盖于北框上的塑料薄膜边压实，密封固定，东、西、南三面框上的薄膜边用砖石压住，待播种后再用泥密封、固定。

（二）塑料薄膜小棚的建造

以拱形的塑料薄膜小棚（小拱棚）为例进行建造。

1. 棚址选择方位的确定

根据小拱棚的实际情况选择温光条件较好的位置进行建造，露地应选择地势平坦、背风向阳无遮阳的场地建造小拱棚。

2. 建造材料的准备与用量计算

根据拟建造小拱棚的规格，确定小拱棚的拱高、拱架间距等参数并绘出草图，计算所需骨架材料和棚膜的用量，调查市场，做出资金预算。

骨架材料主要使用竹木、钢材等材料，同时准备足够的塑料薄膜作为覆盖材料。选择竹竿时，应选择竿壁较厚、抗折力强的竹竿。塑料薄膜可以根据需要选择普通薄膜、防雾膜、多功能长寿膜等不同类型的薄膜。

3. 确定位置及规格

根据需要，确定小拱棚的位置和规格。一般来说，小拱棚的长度可以在 30 m 左右，宽度为 5~6 m，高度约为 2.5 m。使用皮尺量出距离，并用石灰画出小拱棚的位置。

4. 搭建骨架

安装前整理检查所需材料，将竹竿或木杆上的枝杈等去掉，防止损伤棚膜，然后根据草图在地上画好施工线，将拱杆两端插入或挖坑埋入地下，以牢固为度，拱的大小和高度应一致。根据小拱棚的走向，每隔一定距离（如 60 cm）埋设一根竹竿作为支架。使用钢棍打洞，将竹竿插入洞中，并用铅丝将竹竿扎牢固，形成拱形结构。为了保证小拱棚的牢固，可以在竹竿上沿着棚的方向多捆上几根竹竿作为支撑。

5. 扣棚膜

选择晴暖无风的天气扣棚膜。在棚的两侧挖出沟槽，将塑料薄膜固定在骨架上，先固定小拱棚的一端，然后拉紧棚膜向前平铺，同时要将两侧棚膜埋入沟槽中，用土夯实。露地扣的小拱棚应在拱架两侧设地锚，固定压膜线。

6. 加固和美化

为加强小拱棚的稳固性，可以在小拱棚的北面加设风障，夜间可在棚面上再加盖草苫，以加强防寒。此外，为提高小拱棚内的光照条件，应选用质量好的农用塑料薄膜，必要时选用无滴多功能膜，并注意保持薄膜清洁，避免水滴积聚影响透光率。

（三）塑料薄膜大棚的建造

以钢骨架结构的塑料薄膜大棚为例进行建造。

1. 场地选择与棚群规划

以跨度 12 m，矢高 2.5 m，长度 55.5 m，面积约 1 亩为例。

①场地选择避风向阳、地势平坦、排灌方便、地下水位较低、土质肥沃的地块；棚址周围不能有高大建筑物，以免影响通风透光；远离灰尘和煤灰等污染源。

②棚向为南北延长时，一般两棚东西间的距离最好等于棚的高度，两棚前后排之间的距离应是棚高的 1.5~2 倍；棚向为东西延长时，一般两棚东西间的距离最好等于棚的高度，两棚前后排之间的距离应是棚高的 1.5~2 倍。

③大棚的棚向应根据种植季节、光照和温度在棚内的分布情况来确定的。一般以春夏和秋季种植为主的大棚，宜南北向延长；以冬季种植为主的大棚，则宜东西向延长。

2. 基础土建部分

首先进行定位基准点的测量和放样，确定大棚的轮廓及轴线，并在每条轴线的两端设置控制桩。这一步是为了确保大棚施工的准确性和规范性。接着，根据设计进行基础坑的开挖，一般尺寸为 50 cm × 50 cm × 60 cm，坑填混凝土并放置预埋件，预埋件的高度按坡度 5 ‰找坡。混凝土养护 7~15 天完全凝固后进行钢骨架的安装。

3. 安装钢骨架

钢骨架安装包括立柱施工、水槽施工、拱杆施工和拉杆施工。立柱主要承担整个大棚的重量，根据大棚所在地的气象条件和种植作物的承重需求来选择立柱。常规的连栋薄膜大棚立柱的间距一般为 48 m，使用的规格型号包括 60 mm × 80 mm × 2.5 mm，50 mm × 100 mm × 2.5 mm，100 mm × 100 mm × 3.0 mm 的热镀锌方管。水槽由钢板冷弯成型，长度为 4 m，是大棚顶面排水和承载顶部重量的重要部件。拱杆通常是直径 32 mm、长 1 m 的热镀锌圆管，由专用的安装配件用热镀锌螺栓固定到水槽上部。拉杆常用的规格是直径 32 mm 和 25 mm 的热镀锌圆管，每排拱杆一般安装 3~5 排纵向拉杆。

4. 覆盖薄膜

塑料薄膜是覆盖材料的主要选择，主要使用的是聚烯烃膜（PO 膜）和聚乙烯膜（PE

膜)。南方多用 PE 膜，北方多用 PO 膜，厚度以 0.12 mm 和 0.15 mm 的居多。安装薄膜尽量选择在春、夏、秋三季，这个时间安装的薄膜伸缩空间小，安装出来的镜面效果好，透光性好且不易损坏。薄膜四周固定好后中间需用压膜绳固定，间距 2 m。

5. 装门

棚膜扣好后，在棚的两端位于中柱之间，安装门扇，既是通道，也是大棚的通风口。

二、材料准备

(一)园艺设施设计图纸学习

学习园艺设施设计图纸的基础知识，包括图纸上的各种符号、标注、材料等含义。

(二)园艺设施建造施工工具的了解

掌握各种施工工具的使用方法，了解施工材料的选择和加工方法，以及掌握各种基础的施工技能。

(三)园艺设施建造的方法学习

掌握阳畦、塑料薄膜小棚和塑料薄膜大棚的建造方法。

三、工具准备

测量工具、切割工具、挖掘工具、焊接工具、吊装工具、螺丝刀具、园艺工具等。

四、人员准备

人员分组，每组 4 人。明确职责分工。

人员分工

任务角色	任务内容
组长：	任务：
组员 1：	任务：
组员 2：	任务：
组员 3：	任务：

任务实施

步骤一：施工前准备。学习和理解设计图纸，明确园艺设施的类型、结构、尺寸和性能要求。准备所需的工具和材料，以及所需的建材和配件。清理施工现场，确保地面平整，无杂物和障碍物。对施工人员进行安全教育和技能培训。

步骤二：基础施工。根据设计图纸，进行土方开挖，为园艺设施的基础结构奠定基础。铺设基础垫层，根据需要铺设防水材料。安装基础结构，如钢筋混凝土基础、砖石基础等，确保其坚固稳定。进行基础回填和夯实，确保园艺设施的基础稳固。

步骤三：主体结构施工。根据设计图纸，进行园艺设施的主体结构施工，如支架搭建、覆盖材料安装等。安装所需的设备，如通风设备、照明设备等。对设施进行密封处理，确保设施的保温、防水等性能达到要求。

步骤四：调试与验收。对园艺设施进行调试，检查设施的性能是否符合设计要求。对园艺设施进行验收，确保其质量符合相关标准和规定。

步骤五：维护与保养。对园艺设施进行定期的清洁和维护，保持设施的整洁和美观。检查设施的各个部件，及时更换损坏或老化的部件，确保设施的正常运行。

任务检测

请扫码答题。

任务评价

工作任务完成过程评价

班级：＿＿＿＿＿＿＿＿　组别：＿＿＿＿＿＿＿＿　姓名：＿＿＿＿＿＿＿＿

项目	评分标准	分值	自我评价	小组评价	教师评价
基本素质	学习态度良好，学习积极性高	10			
	积极主动与老师、同学交流，相互尊重、理解。与老师、同学间能保持多向、丰富的信息交流	10			
理论知识	了解三种相对简单园艺设施的建造方法	10			
	了解园艺设施图纸的设计和解读	10			
	了解园艺设施施工用工具的使用方法	10			
实操技能	能够有效利用网络、图书资源查找有用的相关信息，能将查到的信息有效地运用到学习中	10			
	能够在老师的带领及组员的配合下设计施工图纸	10			
	能够在老师的带领及组员的配合下按照施工图纸进行相应设施的建造	10			
思政表现	能从全局上筹划相关事项或行动的具体安排	10			
	能够通过建造相对简单的园艺设施，对我国农业发展的艰难有深刻体会，能立志将来投身于农业现代化建设之中	10			
合计		100			

（续表）

自我评价与总结	
教师点评	

任务三　温室的使用与维护

任务导入

温室作为设施园艺生产的重要设施，为园艺植物提供适宜的生长环境，从而提高园艺作物的产量和质量。因此，对温室进行使用维护与保养，以确保其长期稳定运行非常重要。定期检查温室的覆盖材料、通风系统、灌溉系统等关键部件，确保其正常工作。同时，要关注温室内温湿度、光照等环境因素的调节，以满足植物生长的需求。

日光温室由于其独特的采光、保温和蓄热性能，成为北方地区的主要园艺设施和冬季的主要蔬菜生产方式。请你以日光温室的使用维护和保养为例，介绍如何对温室进行使用的维护和保养。

任务工单

班级：＿＿＿＿＿＿＿＿＿　姓名：＿＿＿＿＿＿＿＿＿　学员：＿＿＿＿＿＿＿＿＿

任务名称	对日光温室进行使用维护与保养
任务描述	根据实际情况，填写本任务的内容、目的、流程和方法。 任务内容： 任务目的： 任务流程：

（续表）

<table>
<tr><td></td><td colspan="4">任务方法：</td></tr>
<tr><td>获取信息</td><td colspan="4">要完成任务，需要掌握相关的知识。请收集资料，回答以下问题。
1. 为什么要对温室进行维护保养？
2. 日光温室在使用过程中应如何维护保养？
3. 如何对日光温室进行日常的维护保养？
4. 温室维护保养时的注意事项有哪些？</td></tr>
<tr><td>制订计划</td><td colspan="4">根据学习任务，制订工作计划。</td></tr>
<tr><td rowspan="6">任务实施</td><td colspan="4">按照预先制订的工作计划，完成本任务，并记录任务实施过程。</td></tr>
<tr><td>序号</td><td>完成的任务</td><td>遇到的问题</td><td>解决办法</td></tr>
<tr><td></td><td></td><td></td><td></td></tr>
<tr><td></td><td></td><td></td><td></td></tr>
<tr><td></td><td></td><td></td><td></td></tr>
<tr><td></td><td></td><td></td><td></td></tr>
</table>

任务准备

一、知识准备

（一）日光温室在设施园艺生产中的应用

①园艺作物育苗可利用日光温室为大棚、小棚、露地果菜类蔬菜培育幼苗，也可培育果树、花卉等幼苗。

②蔬菜周年栽培利用日光温室的性能，结合当地的气候特点，合理安排各种茬口，实现了蔬菜的周年均衡供应，已成为我国北方地区蔬菜周年均衡供应的重要途径。

③花卉生产近年来得到快速发展，主要利用温室进行盆花、切花和草花的周年生产。

④果树栽培。果树在温室中栽培的技术正在不断发展，主要是利用温室环境进行早熟栽培和促成栽培。

（二）日光温室使用时的茬口安排

日光温室生产中，依其生产季节一般可分为三茬：即秋冬茬、冬春茬和越冬茬。区别这几茬的关键是看它们生产开始和结束的时间，以及产品的重点供应期。在确定日光温室生产茬口和选择作物时，应遵循以下原则。

①根据温室条件和当地气候条件安排茬口和作物。

②根据市场安排种植茬口和品种。

③要有利于轮作倒茬。

④要从稳产保收和提高效益上安排品种和茬口。

⑤要根据生产者种植水平安排作物与茬口。

（三）日光温室使用后维护保养的原因

日光温室作为一种重要的园艺生产设施，其维护和保养的重要性不容忽视。采用正确的维护和保养措施，可以确保日光温室在使用后保持良好的工作状态，提高农业生产效率，同时延长日光温室的使用寿命，降低长期运营成本。此外，适当的维护和保养还能提高日光温室的安全性，减少因材料老化或结构问题导致的安全隐患。

日光温室的使用维护与保养涉及多个方面，包括温室的结构维护、设备检修、环境调控、覆盖材料的更换与保养等。

（四）日光温室的使用维护与保养

1. 日光温室结构的维护

日光温室在长期的使用过程中，会出现种种问题，比如塑料薄膜破损、竹木结构的温室出现竹竿折断、钢架生锈墙体坍塌等。因此，必须注意对日光温室的维护，以保持其良好的功能，延长其使用寿命，从而提高经济效益。定期检查温室的结构，包括骨架、墙体等，确保其稳固性。对于老旧或抗风雪承压性能较弱的温室，应及时进行维护和加固。

①墙体的维护方法有："护坡"、防漏水、护后墙内侧。

②后屋面的维护方法有重新更换棚膜钢丝；覆盖保温、防水材料等。

③前屋面的维护主要针对棚膜清洁及完整，压膜线的断裂及松弛，拱架的防护等。

2. 日光温室的设备检修

对日光温室内的设备进行定期检查和维修，包括卷帘机、放风机、补光灯、应急加热设备等，确保其正常运行。棚膜的修补和清洗也是保养的重要环节。发现破漏应及时修补，定期清洗以保持透光率。

3. 日光温室的环境调控

①温度管理：根据季节和作物需求调整温室内温度，特别是在冬季，需要采取多层覆盖或临时加温措施以保持温度。

②光照管理：保持棚膜清洁以提高透光率，并根据需要调整保温覆盖物的开启时间，以延长光照时间。

4. 覆盖材料的更换与保养

定期更换棚膜和保温覆盖物，选择适合当地气候条件的材料，如长寿、无滴、高透光和高保温的多功能塑料薄膜。

对于保温被等覆盖材料，应及时更换损坏或保温性能下降的材料，保持其紧密均匀干爽，无缝搭接。

5. 日光温室的日常管理与保养

①保持温室内部的清洁卫生，定期清理杂草、落叶等杂物，保持排水沟畅通。

②定期检查灌溉和施肥计划，采用节水灌溉方式，合理施肥，避免土壤污染。

③进行病虫害防治，采用生物防治、物理防治和化学防治相结合的方法，减少病害和虫害的发生。

6. 日光温室在特殊季节的使用与维护

（1）日光温室冬季的使用与维护

冬季是日光温室进入生产管理的关键时期，也是日光温室生产到了一年中条件最不利的阶段。因此，应加强日光温室内温度、湿度、水肥、光照的调控管理。

（2）日光温室在夏季休闲期的管理与维护

夏季相对而言是日光温室的休闲时期，及时进行适当管理，可延长日光温室使用寿命，改良其土壤性能。同时，夏季也是病菌和害虫的高发期，做好夏季日光温室管理可彻底消除日光温室病菌和害虫存在的隐患，为下茬栽培做好准备。

（3）日光温室在气象灾害性天气条件下的使用与维护

日光温室种植季节主要在秋、冬、春季节，经常出现的灾害性天气，主要有强寒潮降温、连阴天、久阴骤晴天、大风天、降雪天、雾天和高温热害等 7 种类型，上述灾害性天气一方面可破坏日光温室的建筑，另一方面影响植株的正常生理代谢。因此，应做好日光温室在灾害性天气下的使用与维护，确保日光温室生产安全度过危险期。

二、材料准备

（一）查阅日光温室使用维护与保养重要性方面的资料

通过网络、媒体报道收集各地和日光温室使用出现严重问题，导致生产损失的信息资料，总结出日光温室使用维护与保养的重要性。

（二）日光温室使用维护与保养的内容

通过查阅文献资料，实地调研走访，了解日光温室需要进行定期维护与保养的内容有哪些方面，比如结构的维护与保养、设备的检修、覆盖物的检查与更换等。

（三）了解日光温室日常的维护与保养

通过查阅文献资料，实地调研走访，了解日光温室日常的使用维护与保养，在执行过程中需要注意哪些事项。

三、工具准备

温室使用维护及保养的工具准备包括以下几类。

基础工具：包括螺丝刀、扳手、锤子、钳子等，用于组装和固定温室结构。

测量工具：包括尺子、水平仪、测距仪等，用于测量和校准温室尺寸。

焊接工具：包括焊机、焊枪、焊丝等，用于焊接钢结构和连接部件。

切割工具：包括金属切割机、电锯、切割器等，用于切割钢材和制作温室骨架。

钻孔工具：包括钻头、钻床等，用于在钢材上钻孔以便安装连接件。

防腐工具：包括涂料刷、喷漆器等，用于涂抹防锈漆和防腐剂。

四、人员准备

人员分组，每组 9 人。明确职责分工。

人员分工

任务角色	任务内容
组长：	任务：
组员 1：	任务：
组员 2：	任务：
组员 3：	任务：
组员 4：	任务：
组员 5：	任务：
组员 6：	任务：
组员 7：	任务：
组员 8：	任务：

任务实施

步骤一：调研与资料搜集。通过查阅文献、实地调研走访，搜集关于日光温室使用维护与保养重要性的资料。

步骤二：材料分析与整理。基于调研结果，总结分析日光温室使用维护与保养的具体内容包括哪些方面。

步骤三：确定方案。结合当地日光温室的实际情况，完成对日光温室进行使用维护与保养的方案。

步骤四：汇报与总结。整理任务过程中的资料、照片和成果，编写汇报材料。通过口头或书面形式汇报任务完成情况，总结任务过程中的经验和教训。

任务检测

请扫码答题。

任务评价

工作任务完成过程评价

班级：________________　组别：________________　姓名：________________

<table>
<tr><th>项目</th><th>评分标准</th><th>分值</th><th>自我评价</th><th>小组评价</th><th>教师评价</th></tr>
<tr><td rowspan="2">基本素质</td><td>学习态度良好，学习积极性高</td><td>10</td><td></td><td></td><td></td></tr>
<tr><td>积极主动与老师、同学交流，相互尊重、理解。与老师、同学间能保持多向、丰富的信息交流</td><td>10</td><td></td><td></td><td></td></tr>
<tr><td rowspan="3">理论知识</td><td>了解日光温室使用维护与保养的重要性</td><td>10</td><td></td><td></td><td></td></tr>
<tr><td>了解日光温室使用维护与保养包括的具体内容</td><td>10</td><td></td><td></td><td></td></tr>
<tr><td>了解日光温室日常的使用维护与保养及注意事项</td><td>10</td><td></td><td></td><td></td></tr>
<tr><td rowspan="3">实操技能</td><td>能够有效利用网络、图书资源查找有用的相关信息，能将查到的信息有效地运用到学习中</td><td>10</td><td></td><td></td><td></td></tr>
<tr><td>能够在老师的带领下，按照预先准备的问题完成日光温室的实地调研走访</td><td>10</td><td></td><td></td><td></td></tr>
<tr><td>能够通过查阅的资料和调研的结果总结分析出日光温室使用维护与保养的方案</td><td>10</td><td></td><td></td><td></td></tr>
<tr><td rowspan="2">思政表现</td><td>能从全局上筹划相关事项或行动的具体安排</td><td>10</td><td></td><td></td><td></td></tr>
<tr><td>具有对我国日光温室进一步高质量发展做出贡献的情怀</td><td>10</td><td></td><td></td><td></td></tr>
<tr><td colspan="2">合计</td><td>100</td><td></td><td></td><td></td></tr>
<tr><td colspan="2">自我评价与总结</td><td colspan="4"></td></tr>
<tr><td colspan="2">教师点评</td><td colspan="4"></td></tr>
</table>

任务四 温室采暖设备的使用与维护

任务导入

在现代农业生产中，温室采暖设备已经成为保障园艺作物生长的关键设施之一。然而，这些设备在使用过程中会遇到各种问题，如设备故障、能耗高等，这些问题不仅会影响设施园艺作物的生长，还会增加生产成本。因此，掌握温室采暖设备的使用与维护技巧对于农业生产者来说至关重要。假设某农业合作社采用比较先进的温室用来栽培设施园艺作物，合作社管理人员发现温室的采暖设备经常出现问题，导致室内温度频繁异常，影响了设施栽培作物的生产。请你根据掌握的知识，为管理人员编写一份温室采暖设备使用与维护的方案，供其参考使用。

任务工单

班级:______________ 姓名:______________ 学号:______________

任务名称	编写温室采暖设备使用与维护方案
任务描述	根据实际情况，填写本任务的内容、目的、流程和方法。 任务内容: 任务目的: 任务流程: 任务方法:
获取信息	要完成任务，需要掌握相关的知识。请收集资料，回答以下问题。 1. 温室温度环境的特点是什么? 2. 温室采暖设备的基本原理和结构是什么? 3. 采暖设备的使用与维护包含哪些方面? 4. 采暖设备常见故障有哪些？如何预防这些故障的发生?

（续表）

<table>
<tr><td>制订计划</td><td colspan="4">根据学习任务，制订工作计划。</td></tr>
<tr><td rowspan="6">任务实施</td><td colspan="4">按照预先制订的工作计划，完成本任务，并记录任务实施过程。</td></tr>
<tr><td>序号</td><td>完成的任务</td><td>遇到的问题</td><td>解决办法</td></tr>
<tr><td></td><td></td><td></td><td></td></tr>
<tr><td></td><td></td><td></td><td></td></tr>
<tr><td></td><td></td><td></td><td></td></tr>
<tr><td></td><td></td><td></td><td></td></tr>
</table>

任务准备

一、知识准备

（一）温室温度环境的特点

温室是一个可以调控密封的小环境，包括温度、湿度、气体、光照等，特别是温度的调控对园艺设施生产尤其重要。

（二）温室热量散失的原因

温室自身不能加热，必须依靠太阳的辐射能和人工加热才能加热升温，在不加温的情况下，设施内的热量来源主要是太阳辐射。设施内热量支出方式包括地面、覆盖物、作物表面有效辐射失热；以对流方式，在设施内土壤表面与空气之间、空气与覆盖物之间热量交换，并通过覆盖物表面失热。

（三）温室加热的原因

温室会因为贯流放热、地中传热和缝隙放热等途径散失热量，保温效果就会下降，因此，除非温室所处区域一年四季温度适宜，要保证植物能在低温气候下正常生长发育，进行园艺设施栽培和种植必须要在温室安装加热系统以保证生产。

（四）温室采暖系统的类型

温室采暖的系统有很多种，目前植物采暖系统主要有 5 种类型，分别为热风采暖、电热采暖、热水采暖、蒸汽采暖、辐射采暖。综合考虑投入成本、运营成本及实际效果，使用最多的是热水采暖、蒸汽采暖和热风采暖三种类型。

（五）温室采暖系统的工作原理

温室采暖设备的工作原理根据所选用的采暖方式不同而有所差异，但共同的目标都是通过不同的技术手段提高温室内的温度，为作物生长提供适宜的环境条件。

1. 热水采暖系统

主要由锅炉、热水输送管道、循环水泵、散热器以及各种控制和调节阀门等组成。这种系统利用热水作为热媒，通过热水在管道中的循环，将热量传递给散热器，进而提高温室内的温度。热水采暖系统的优点是温度调节的稳定性和均匀性较高，虽然一次性投资较大，但运行经济，热损失较小。

2. 蒸汽采暖系统

是以蒸汽为热媒，其组成与热水采暖系统相似，但因为蒸汽的温度和压力较高，所以对管道和散热器的要求也更严格，需要耐高压、耐高温、耐腐蚀，并且密封性好。蒸汽采暖系统的优点是一次性投资相对较低，但管理要求更高。

3. 热风采暖系统

是通过热交换器将加热空气直接送入温室提高室温的采暖方式。这种方式的加热效率较高，可以通过不同的热源（如电、煤、油、气）来加热空气，然后通过管道或直接将热风吹入温室。热风采暖的优点是加热速度快，但室内温度下降也快，容易影响作物的生长条件。

（六）温室采暖设备的常见故障及处理

温室采暖设备的常见故障及处理方法涉及多个方面，包括采暖散热器的维护、采暖炉和空气能采暖系统的检查、温室大棚暖风机的维护等。通过定期检查和维护，可以有效预防和解决这些故障，确保温室采暖设备的正常运转。温室采暖设备的常见故障及处理方法主要包括以下几个方面。

1. 采暖散热器不热

采暖散热器不热的问题可能由多种原因引起，包括锅炉不启动、供水温度设置过低、气堵或异物堵塞、未按时维修保养等。解决方案包括检查锅炉是否开启冬季采暖模式、确保散热器阀门和温控阀都打开、清理气堵或异物堵塞、检查进水压力和回水压力等。

2. 采暖炉故障

采暖炉常见故障通常是一些小问题，可能是由于调试不当或操作不当引起的。解决方法包括检查电源电压线接线是否正确、更换相序板或水流开关等。

3. 空气能采暖系统故障

空气能采暖系统常见故障如相序故障、水流开关故障、进水传感器故障等，需要检查电源电压线接线是否正确、清理管路过滤器、检查循环泵等。

4. 暖风机停止运行

温室大棚暖风机停止运行的原因可能包括气压不正确、滤芯口有灰尘、滤油器脏等，解决方案包括调整气压、清洗或替换空气滤器等。

二、材料准备

（一）设备操作与维护手册

这是设备的基本操作指南，包含了设备的启动、运行、关闭以及日常维护和故障排除等重要信息。

（二）设备技术规格书

提供了设备的详细技术参数，了解设备的性能和使用要求。

三、工具准备

基本维修工具、测量工具、全防护工具、专用工具、清洁工具。

四、人员准备

人员分组，每组 4 人。明确职责分工。

人员分工

任务角色	任务内容
组长：	任务：
组员 1：	任务：
组员 2：	任务：
组员 3：	任务：

任务实施

步骤一：搜集和温室采暖设备类型及工作原理有关的资料。

步骤二：搜集和温室采暖设备常见故障及处理相关的资料，包括采暖设备的使用说明书。

步骤三：实地调研当地温室设施采暖系统的使用和维护实际情况。

步骤四：根据收集的相关资料，结合实地调研的相关数据和信息，整理分析后编写温室采暖设备使用和维护的方案。

步骤五：汇报与总结。整理任务过程中的资料、照片和成果，编写汇报材料。通过口头或书面形式汇报任务完成情况，总结任务过程中的经验和教训。

任务检测

请扫码答题。

任务评价

工作任务完成过程评价

班级:______________ 组别:______________ 姓名:______________

项目	评分标准	分值	自我评价	小组评价	教师评价
基本素质	学习态度良好，学习积极性高	10			
	积极主动与老师、同学交流，相互尊重、理解。与老师、同学间能保持多向、丰富的信息交流	10			
理论知识	了解温室采暖设备需要维护的原因	10			
	了解温室采暖设备的类型和工作原理	10			
	了解温室采暖设备使用过程中的常见故障和处理方法	10			
实操技能	能够有效利用网络、图书资源查找有用的相关信息，能将查到的信息有效地运用到学习中	10			
	能够在老师的带领下，按照预先准备完成温室采暖设备相关问题的实地调研	10			
	能够通过查阅的资料和调研的结果总结分析出温室采暖设备使用和维护的方案	10			
思政表现	能从全局上筹划相关事项或行动的具体安排	10			
	能够激发对我国日光温室进一步高质量发展做出贡献的情怀	10			
合计		100			
自我评价与总结					

（续表）

教师点评	

任务五　温室通风降温设备的使用与维护

任务导入

正确使用和维护温室通风降温设备对于确保其性能和延长使用寿命至关重要。使用者需熟悉设备的工作原理，遵循操作规程，定期检查、清洁和润滑设备。假设某农业合作社采用比较先进的温室用来栽培设施园艺作物，近段时间，合作社管理人员发现温室的通风降温设备经常出现问题，导致室内温湿度波动幅度偏大，影响了栽培作物的长势。请你根据掌握的知识，为管理人员编写一份温室通风降温设备使用与维护的方案，供其参考使用。

任务工单

班级：____________　姓名：____________　学号：____________

任务名称	编写温室通风降温设备使用与维护方案
任务描述	根据实际情况，填写本任务的内容、目的、流程和方法。 任务内容： 任务目的： 任务流程： 任务方法：

（续表）

<table>
<tr><td rowspan="5">获取信息</td><td colspan="4">要完成任务，需要掌握相关的知识。请收集资料，回答以下问题。</td></tr>
<tr><td colspan="4">1. 温室为什么必须控制环境温度？</td></tr>
<tr><td colspan="4">2. 温室通风降温设备的类型和基本原理是什么？</td></tr>
<tr><td colspan="4">3. 通风降温设备的使用与维护包含哪些方面？</td></tr>
<tr><td colspan="4">4. 通风降温设备常见故障有哪些，如何预防这些故障的发生？</td></tr>
<tr><td>制订计划</td><td colspan="4">根据学习任务，制订工作计划。</td></tr>
<tr><td rowspan="6">任务实施</td><td colspan="4">按照预先制订的工作计划，完成本任务，并记录任务实施过程。</td></tr>
<tr><td>序号</td><td>完成的任务</td><td>遇到的问题</td><td>解决办法</td></tr>
<tr><td></td><td></td><td></td><td></td></tr>
<tr><td></td><td></td><td></td><td></td></tr>
<tr><td></td><td></td><td></td><td></td></tr>
<tr><td></td><td></td><td></td><td></td></tr>
</table>

任务准备

一、知识准备

（一）温室通风降温的必要性

温度是影响园艺植物生长发育的最重要的环境因子，它影响着植物体内一切的生理变化，是植物生命活动最基本的要素。如果不能及时有效地降低温室内的温度，会导致植物枯萎，甚至死亡。因此，为了解决夏季高温对植物生长造成的不利影响，需要采取降温的措施。目前常用的降温方式主要有通风换气降温、遮阳降温、屋面洒水降温、室内喷雾降温和湿帘降温等，使用最为频繁的是湿帘、通风换气和遮阳降温三种降温方式。

（二）温室的湿帘设备

1. 湿帘的特性

湿帘，别名水帘、水幕帘，已制作成为固定形状，呈蜂窝结构，是由原纸加工生产而成。目前湿帘采用的材料有：白杨木细刨花、瓦楞纸、聚氯乙烯等。

湿帘多用于种植园、温室及其他某些对湿度要求较高的特殊行业。由于湿帘具有吸水、耐水、扩散速度快，效能持久等特点，很适合用于调节室内温湿度。

湿帘还具有通风透气和耐腐蚀性能，对空气中污尘具有极好的过滤作用，是无毒无味洁净增湿、给氧降温的环保材料，所以也用作空气净化和过滤的介质。

2. 湿帘的规格

①降温水帘厚度主要有 10 cm、15 cm、20 cm 三种，其中 10 cm 使用最为广泛。

②降温水帘的面积大小根据实际需要量体裁衣，可以制作成随意大小，但通常高度不超过 2 m，长度不超过 4 m，面积过大会导致强度不够，不便于使用和安装。

③降温水帘的蜂窝孔直径主要有 5 mm、7 mm、9 mm 三种，7 mm 使用最为广泛，5 mm 用于环保空调（冷风机），9 mm 用于灰尘过多容易堵塞的场所。

3. 湿帘降温的原理

在波纹状的纤维纸表面有层薄的水膜，当室外的干热空气被风机抽吸穿过湿帘纸时，水膜中的水会吸收空气中的热量后蒸发，带走大量潜热，使经过湿帘纸的空气温度降低。风扇抽风时将经过湿帘降温的冷空气源源不断地引入室内，从而达到降温效果。

4. 湿帘降温的效果

对于设计良好的蒸发降温系统，降温效果非常明显，可降温 5~10℃。风口尺寸越大越好，进风口尺寸过小会增加静压，从而大大降低风机效率，增加耗电量。湿帘尽可能要采用连续的进风口。湿帘风机降温系统通常在干燥的天气情况下工作得最好。

5. 湿帘降温系统的类型

①“湿帘负压风机”降温系统。由湿帘箱、循环水系统、轴流风机和控制系统 4 部分组成，湿帘由箱体、湿帘、布水管和集水器组成。

②湿帘冷风机降温系统。是用循环水泵不间断地把接水盘内的水抽出，并通过布水系统均匀地喷淋在蒸发过速层上，使室外热空气经过蒸发换热器（蒸发湿帘）与水分进行热量交换，清凉、洁净的空气则由低噪声风机加压送入室内，以此达到降温效果。

（三）温室的通风换气设备

1. 温室通风换气的必要性

为了保证植物的最佳生长状态和产出质量，温室周年都需要通风，以维持理想的温度、湿度，通风换气还可以调节补充温室内二氧化碳、排出有害气体。

2. 通风换气的方法

目前在我国通风换气的方法主要有自然通风和强制通风两种。

①自然通风。自然通风一般是在温室顶部或侧墙设置窗户，依靠热压或风压进行通风，并可通过调节开窗的幅度来调节通风量。

②强制通风，也叫机械通风降温。虽然温室大部分时间依靠自然通风来调节环境，但在夏季气温较高，特别是室外温度超过 33 ℃、无风的情况下，单靠自然通风难以满足温室降温要求，必须采用强制通风并配合其他措施进行降温。

（四）温室的遮阳设备

1. 温室遮阳的发展历程

遮阳系统在连栋温室中的应用最早可以追溯到 20 世纪 70 年代，而中国第一座使用遮阳系统的现代化温室诞生于1982年，是上海市嘉定县长征大队建造的玻璃温室。

2. 温室遮阳的必要性

温室遮阳是利用具有一定透光率的材料将一部分多余的光照进行遮挡的方法，是现代温室不可缺少的配套系统之一。遮阳系统主要有三个方面的功能：一是按照所种植物对光照的要求，选择适宜遮阳率的遮阳网，使作物得到适宜的光照；二是夏季通过遮阳达到降温的作用；三是冬季通过遮阳达到加强保温降低能耗作用。

3. 遮阳系统的分类

温室遮阳系统根据在温室中的安装位置可分为内遮阳和外遮阳，安装在温室屋面之上的称外遮阳，安装在温室屋面以下的称内遮阳。

4. 常见遮阳材料类型及特点

目前用得比较多的遮阳材料主要有遮阳网和遮阳幕两种。

（1）遮阳网

遮阳网是经加工制作而成的一种轻量化、高强度、耐老化、网状的新型农用塑料覆盖材料。利用它覆盖作物具有一定的遮光、防暑、降温、防旱保墒和驱避病虫等功能，该项技术与传统遮阳物栽培相比，具有管理操作省工、省时、省力等特点。

（2）遮阳幕

①铝箔遮阳幕。由纯铝箔条和透明聚酯薄膜条制作，可近乎完全反射太阳辐射，明显降低空气及植物的温度，并对湿度调节有较显著的作用。

②卷放型遮阳幕。由双层材料制作，上层材料为100%铝箔条，光辐射被遮阳幕上表面的铝箔反射。当天气晴朗时，在光暗期阶段，遮阳幕可防止不必要的光照积聚。

5. 遮阳系统驱动方式分类

（1）齿轮齿条驱动遮阳系统

主要传动部件为齿轮齿条，利用齿轮齿条将驱动电机的旋转运动转化为齿条的直线运动，实现遮阳网或保温幕的展开和收拢。其特点是传动平稳可靠、精度高。但由于受齿条长度和安装方式的限制，对于行程大于5 m或安装条件受限的场合不适合。

（2）钢缆传动机构

钢缆传动机构是国内应用得最早的遮阳系统驱动方式，其特点是造价低廉，结构简单，但其最大的缺点是运行不可靠。

（五）温室通风降温设备的使用与维护

1. 湿帘的使用与维护

①湿帘供水。首先打开水箱补水水阀，水箱水位超过水泵一定量时（即浮球阀停止自动供水时），然后才可以合上水泵电闸，湿帘供水开始。

②湿帘水量调节。供水应使湿帘均匀湿透达90%以上即可，水流量通过调节水泵减压阀的开度，可调节湿帘总供水量（反比）；而调节湿帘件进水球阀的开度，可调节湿帘件的供水量（正比）。

③漏水问题排除。发现有水滴溅离湿帘时，首先检查供水量是否过大；是否有损坏的湿帘、边缘出现破损或毛刺（可自行拔掉或塞海绵处理）。框架接口处漏水时，在停止供

水后，擦干漏水处，加抹防水胶（玻璃胶），干后即可。

2. 通风降温风机的使用与维护

①风机都装有电器控制系统，开机时按启动按钮即可，如装有变频调速器的，合上电闸后再按变频器上的“开始”功能键，关机时应先关变频器后再关电闸。

②为了保证风机的使用寿命，不宜连续运行超过 10 h，在不影响正常工作的情况下，尽量采用数台风机交叉使用的方法。

③风机如出现异响或有异味，应立即断电检查，检查范围：电机是否冒烟，叶片是否断裂，变频器各指示灯是否正常，空气开关是否损坏，电源是否正常等。

3. 湿帘的日常保养

①湿帘的水泵停止运转 30 min 后再关停风机，保证彻底晾干湿帘。系统停止运行后，检查水槽中积水是否排空，避免湿帘底部长期没在水中。

②湿帘清理。清除湿帘表面的水垢和藻类物。在彻底晾干湿帘后，用软毛刷上下轻刷，避免横刷（可先刷一部分，检验一下该湿帘是否经得起刷）。然后只启动供水系统，冲洗湿帘表面的水垢和藻类物，避免用蒸汽或高压水冲洗湿帘。

③喷水管清理。打开两端的螺塞，用一外径约为 25 mm 的橡皮软管插入，另一端接自来水，冲洗即可。

4. 湿帘使用注意事项

①湿帘的水泵电源线为三导线。其中一根双色线为接地线。安装时一定要接地连接，同时还须安装漏电断路器，防止触电事故发生。

②水泵潮湿时，在通电状况下请勿触摸。泵在使用中时请勿使用水池中的水，人畜切勿接触水面，谨防意外发生。

③水池保持足够的水位，泵壳不得漏出水面，否则电机将烧毁。

④水泵进水口离池底 10 cm，且应有辅助提放绳索，切勿用电缆线吊放水泵。

二、材料准备

温室通风降温设备使用与维护手册、在线教程和视频、培训课程。

三、工具准备

维护工具箱、清洁工具、润滑材料、安全防护用品、测量工具等。

四、人员准备

人员分组，每组 4 人。明确职责分工。

人员分工

任务角色	任务内容
组长：	任务：
组员 1：	任务：

（续表）

任务角色	任务内容
组员 2：	任务：
组员 3：	任务：

任务实施

步骤一：搜集和温室通风降温设备类型及工作原理有关的资料。

步骤二：搜集和温室通风降温设备常见故障及处理相关的资料，包括通风降温设备的使用说明书。

步骤三：实地调研当地温室通风降温设备的使用和维护实际情况。

步骤四：根据搜集的相关资料，结合实地调研的相关数据和信息，整理分析后编写温室通风降温设备使用和维护的方案。

步骤五：汇报与总结。整理任务过程中的资料、照片和成果，编写汇报材料。通过口头或书面形式汇报任务完成情况，总结任务过程中的经验和教训。

任务检测

请扫码答题。

任务评价

工作任务完成过程评价

班级：____________ 组别：____________ 姓名：____________

项目	评分标准	分值	自我评价	小组评价	教师评价
基本素质	学习态度良好，学习积极性高	10			
	积极主动与老师、同学交流，相互尊重、理解。与老师、同学间能保持多向、丰富的信息交流	10			
理论知识	了解温室通风降温设备需要维护的原因	10			
	了解温室通风降温设备的类型和工作原理	10			
	了解温室通风降温设备使用过程中的常见故障和处理方法	10			

（续表）

项目	评分标准	分值	自我评价	小组评价	教师评价
实操技能	能够有效利用网络、图书资源查找有用的相关信息，能将查到的信息有效地运用到学习中	10			
	能够在老师的带领下，按照预先准备完成温室通风降温设备相关问题的实地调研	10			
	能够通过查阅的资料和调研的结果总结分析出温室通风降温设备使用和维护的方案	10			
思政表现	能从全局上筹划相关事项或行动的具体安排	10			
	能够树立为我国日光温室进一步高质量发展做出贡献的情怀	10			
合计		100			
自我评价与总结					
教师点评					

任务六　温室灌溉设施的使用与维护

任务导入

温室灌溉设施是现代化农业生产中的重要组成部分，对于保证植物的正常生长和提高产量具有关键作用。然而，由于使用不当或缺乏维护，灌溉设施会出现各种问题，影响其正常功能的发挥。因此，了解和掌握温室灌溉设施的使用与维护知识变得至关重要。

某农业合作社采用比较先进的温室用来栽培园艺作物，近段时间，合作社管理人员发现温室新上的滴灌设施经常出现问题，导致作物异常性缺水或者溺水，影响了栽培作物的生长。请你根据掌握的知识，为管理人员编写一份温室滴灌设施使用与维护的方案，供其参考使用。

任务工单

班级：__________ 姓名：__________ 学号：__________

<table>
<tr><td>任务名称</td><td colspan="4">编写温室滴灌设施使用与维护方案</td></tr>
<tr><td>任务描述</td><td colspan="4">根据实际情况，填写本任务的内容、目的、流程和方法。
任务内容：

任务目的：

任务流程：

任务方法：</td></tr>
<tr><td>获取信息</td><td colspan="4">要完成任务，需要掌握相关的知识。请收集资料，回答以下问题。
1. 温室灌溉有哪些方式？

2. 温室滴灌设施的基本原理是什么？

3. 滴灌设施的使用与维护包含哪些方面？

4. 滴灌设施常见故障有哪些？如何预防这些故障的发生？</td></tr>
<tr><td>制订计划</td><td colspan="4">根据学习任务，制订工作计划。</td></tr>
<tr><td rowspan="6">任务实施</td><td colspan="4">按照预先制订的工作计划，完成本任务，并记录任务实施过程。</td></tr>
<tr><td>序号</td><td>完成的任务</td><td>遇到的问题</td><td>解决办法</td></tr>
<tr><td></td><td></td><td></td><td></td></tr>
<tr><td></td><td></td><td></td><td></td></tr>
<tr><td></td><td></td><td></td><td></td></tr>
<tr><td></td><td></td><td></td><td></td></tr>
</table>

任务准备

一、知识准备

（一）温室灌溉的方式

温室灌溉方式主要包括地表灌水法、底面吸水法、喷灌法、滴灌法。这些方法各有特点，适用于不同的作物生长需求和温室环境条件。

地表灌水法是一种传统的灌溉方法，适用于大面积灌溉，但可能会导致土壤板结和养分流失。

底面吸水法通过地下管道系统让水通过土壤毛细管作用被植物吸收，这种方法节水且对土壤结构影响小。

喷灌法利用喷头将水喷洒到植物上，适用于大面积灌溉，但可能因风力等因素导致灌溉不均匀。

滴灌法是最常用的温室灌溉方法之一，通过塑料管道将水直接输送到植物根部，节水且能有效控制水量，避免土壤盐渍化。

此外，温室灌溉还需注意灌溉时间、水温控制、灌水量以及灌溉后的管理，以确保作物健康生长和提高产量。例如，选择在晴天的上午进行灌溉，避免在阴天或黄昏时灌溉，以减少病害的发生。灌溉水温应控制在一定范围内，避免使用过冷或过热的水。灌水量应根据作物需求和土壤条件进行适当调整，避免过量或不足。灌溉后应注意温度的恢复和作物的管理，以保证作物的正常生长。

（二）滴灌

1. 滴灌的优点

（1）用水效率高

滴灌的用水效率高，一方面是从田间用水来看，滴灌将水一滴一滴地滴进土壤，灌水时地面不出现径流，灌水全都渗入到作物根系层内，大大减少了作物的株间蒸发，能最大限度地减少无效的田间水量损失。另一方面是从滴灌输水系统来看，从水源引水开始，灌溉水就进入了一个全程封闭的输水系统，经过多级管道传输，将水送到作物根系附近。整个滴灌系统可以做到滴水不漏，输水效率最高。

（2）使农产品高产优质高效

滴灌能根据设施作物各生育阶段需水要求，做到准确及时灌水，根系层土壤水分变幅小，有利于作物吸收水分和养分，给设施作物提供优良的生长发育环境。因此，使用滴灌技术灌溉各类设施作物，都能取得优质高产高效的效果。

（3）节省用工和方便田间管理

滴灌一般可省去平整土地，无须做地表工程，简化了灌水前的准备工作。灌水时亦不需要人工进入设施的田间进行农事操作，可大幅度地提高劳动生产效率。

（4）适用性广

滴灌对土壤、地形和作物具有广泛的适用性，既可用于入渗较强的沙质土，又可用于弱入渗的黏性土；既可用于平原地区，也可用于地面起伏的丘陵坡地；既可用于大田作物，也可用于林果和多种经济作物；既适用于露地种植，又适用于保护地和覆膜种植。

（5）减轻盐碱对作物的危害

滴灌可以用于含盐量较高的土壤上，也可以用微咸水灌溉，使盐分对作物产量的影响相对较小。

2. 滴灌系统的组成

滴灌系统一般由水源工程、首部枢纽、输配水管网、滴头及控制装置、量测和保护装置等组成。

（1）水源工程

滴灌系统的水源可以是机井、泉水、水库、渠道、江河、湖泊、池塘等，但水质必须符合灌溉用水标准的要求。

（2）首部枢纽

滴灌系统的首部枢纽包括动力机、水泵、施肥（药）装置、过滤设施和安全保护及量测控制设备。

（3）输配水管网

包括干管、支管、毛管及所需的连接管件和控制、调节设备。

（4）滴头

滴头是滴灌系统中最重要的设备，滴灌系统的水流经各级管道进入毛管，均匀、稳定地分配到田间，满足作物生长对水分的需要。

3. 滴灌滴头的种类和特点

（1）滴灌滴头的基本要求

①滴灌是一种局部灌溉，要求地表不产生径流，因此滴头流量要小、均匀、稳定。

②抗堵塞性能好。

③结构简单，便于制造、铺设和安装。

（2）滴灌滴头的分类

根据滴头的不同特点，滴灌滴头有不同的分类方法，常见的有以下两种分类方法。

①按滴头与毛管的连接方式分类，可分为管间式滴头和管上式滴头两种。

管间式滴头。这种滴头是在两段毛管的中间安装滴头，使滴头本身成为毛管的一部分，称为管间式滴头。

管上式滴头。直接插在毛管壁上的滴头称为管上式滴头。这种滴头可在生产线上自动完成安装或现场进行人工安装。

②按滴水器的消能方式不同分类，可分为长流道式消能滴水器、孔口消能式滴水器、涡流消能式滴水器、压力补偿式滴水器和滴灌管或滴灌带式滴水器。

4. 滴灌施肥的优点

施肥灌溉可用于地面灌溉、喷灌、微喷灌、滴灌，因为目前常用的施肥灌溉方式是滴灌施肥，所以这里重点介绍滴灌施肥。滴灌施肥的优点可概括为以下 5 点。

①简化田间施肥作业，减少施肥用工。滴灌施肥可以做到自动化施肥，可溶性肥料随水滴入土壤，所需操作用工极少。

②节约用肥，提高施肥效果。在滴灌施肥时可溶性肥料随水滴入土壤，水肥同步输送到根系发达的部位，有利于作物吸收，防止肥料深层淋失而造成的浪费。

③滴灌施肥可用于多种作物栽培条件。

④施用农药。在施肥同时将杀菌剂、除草剂、杀虫剂注入滴灌系统中，即实现了滴灌

施用农药。

⑤防止土壤和环境的污染严格控制灌溉用水量及施用化肥剂量，可避免将化肥淋洗到深层土壤，造成土壤和地下水的污染。

5. 滴灌施肥的设备

将肥液注入滴灌管道有多种方法，可根据动力（电源、柴油等）、注肥装置是否需要移动使用、施肥规模、投资能力等条件来决定，常见的注肥设施有以下 4 种。

（1）自压注入

自压注入方法比较简单，不需要额外的加压设备，而肥液只依靠重力作用自压进入管道。

（2）文丘里注肥装置

文丘里装置的工作原理是液体流经缩小过流断面时流速加快，压力变小，利用负压将肥料吸入。

（3）压差式施肥装置

压差式施肥装置由肥液罐、连通主管道和肥液罐的进水和排肥液细管及主管道上两细管接点之间的恒定降压装置或节制阀组成。适度关闭节制阀使肥液罐进水点与排液点之间形成压差，使恒定降压装置或节制阀前的一部分水流通过进水管进入肥液罐，进水管道直达罐底，掺混肥液，再由排液管注入节制阀后的主管道。

（4）注肥泵

按驱动方式分，注肥泵包括水力驱动和其他动力驱动两种形式。水动注肥泵是利用一小部分灌溉水驱动活塞或隔膜将水注入灌溉管道，其优点是不需要外加动力，缺点是需要为活塞弃水设置排水出路。

（三）温室灌溉设施的使用与维护

温室灌溉设施的使用和维护对于确保温室作物的健康生长和产量至关重要。以下是一些关键的使用和维护建议。

1. 定期检查和维护

定期检查灌溉系统的各个部件，包括管道、滴头、智能阀门等，确保它们处于良好状态。如果发现任何破损或堵塞，应立即进行修复或更换。

2. 清洁和冲洗系统

在灌溉季节，应确保系统内部的清洁，避免沙子等杂物进入系统造成堵塞。定期冲洗主支管道内的积存物，保持系统的流畅运行。

3. 保持滴头朝天

在灌溉过程中，应保证滴头的出水口朝天，以防止停水时吸入尘土造成堵塞。滴灌管线应暴露在地表，禁止埋在沙土里。

4. 注意冬季维护

冬季气温下降，尤其是北方地区可能有上冻结冰的可能。因此，冬季停止灌溉前，应彻底清洗所有的管道和灌溉系统，防止结冰损坏。

5. 使用高质量材料

选择高质量的材料和设备，如使用抗锈蚀的热浸镀锌管，可以增加温室灌溉系统的使用寿命。

6. 遵循科学灌溉方法

根据作物的需求进行科学灌溉，避免过度或不足灌溉，以节约水资源并保持作物健康。

通过上述措施，可以有效延长温室灌溉系统的使用寿命，确保温室作物的稳定生长和高产。

（四）滴灌设施的使用与维护

1. 管网的使用维护

①系统每次工作前先进行冲洗，在运行过程中，要检查系统水质情况，视水质情况对系统进行冲洗。

②定期对管网进行巡视，检查管网运行情况，如有漏水要立即处理。

③灌水时每次开启一个轮灌组，当一个轮灌组结束后，先开启下一个轮灌组，再关闭上一个轮灌组，严禁先关后开。

④系统运行时必须严格控制压力表读数，应将系统控制在设计压力下运行，以保证系统能安全有效地运行。

2. 首部枢纽的使用维护

①水泵应严格按照其操作手册的规定进行操作与维护。

②在运行过程中若过滤器进出口压力差超过正常压差的25%~30%，要对过滤器进行反冲洗或清洗。

③应严格按过滤器设计流量与压力进行操作，不得超压、超流量运行。

④施肥罐中注入的固体颗粒不得超过施肥罐容积的2/3。

3. 沉淀池的使用维护

开启水泵前认真检查沉淀池中各级过滤筛网是否干净，有无杂物或泥堵塞筛网眼的现象，以及筛网是否有破损现象，如有需及时更换。

4. 水泵的使用维护

①离心泵的使用维护。离心泵启动前首先应试验电机转向是否正确。从电机顶部往泵尾顺时针旋转，试验时间要短，以免使机械密封杆磨损。然后打开排气阀使液体充满整个泵体，待满后关闭排气阀。

②潜水泵的使用维护。潜水泵下水前用500 V摇表测电机对地电阻不低于5 MΩ。检查三相电源电压是否符合规定，各种仪表、保护设备及接线正确无误后方可开闸启动。

5. 过滤器的使用维护

（1）各种过滤器的性能及使用须知

①砂石过滤器是利用过滤器内的介质间隙过滤的，其介质层厚度是经过严格计算的，所以不得任意更改介质粒度和厚度。

②网式过滤器结构比较简单，当水中悬浮的颗粒尺寸大于过滤网孔的尺寸，就会被截流，但当网上积聚了一定量的污物后，过滤器进出口间会发生压力差，当进出口压力差超过原压差时，就应对网芯进行清洗。

③离心过泄器的工作原理是由水泵供水经水管切向进入罐内，旋转产生离心力，推动

泥沙及其他密度较高的固体颗粒向管壁移动，形成旋流，促使泥沙进入集沙罐，清水则顺流进入出水口。

（2）使用前的准备

①开启水泵前认真检查过滤器各部位是否正常，抽出网式过滤器网芯检查，有无砂粒和破损。各个阀门此时都应处于关闭状态，确认无误后再启动水泵。

②在系统运行前，必须首先将过滤网抽出，对过滤站系统进行冲洗。

③检查网式过滤器网芯，确认网面无破损后装入壳内，不得与任何坚硬物质碰撞。

④水泵开启后，先运转 3~5 min，使系统中空气由排气阀排出，待完全排空后打开压力表旋塞，检查系统压力是否在额定的排气压力范围内。

6. 施肥罐的使用维护

（1）操作程序

首先打开施肥罐，将所需滴施的肥（药）倒入施肥罐中。然后打开进水球阀，进水至罐容量后停止进水，并将施肥罐上盖拧紧。滴施肥（药）时，先开施肥罐出水球阀，再打开其进水球阀，稍后缓慢关两球阀间的闸阀，通过增加的压力差将罐中肥料带入系统管网之中。

（2）系统管网的使用维护

①检查水泵，闸阀是否正常，各级过滤器是否合乎要求。

②每次运行前必须将干管、支管冲洗干净，方可使用。

③根据轮灌方案，打开相应分干管闸阀及相应支管的球阀和对应灌水小区的球阀，当一个轮灌小区结束后，先开启下一个轮灌组，再关闭当前轮灌组，先开后关，严禁先关后开。

④启动水泵，待系统总控制闸阀前的压力表读数达到设计压力后，开启闸阀使水流进入管网，并使闸阀后的压力表达到设计压力。

⑤检查支管和毛管运行情况。如毛管辅管漏水先开启邻近一个球阀，再关闭对应球阀处理，支管漏水需关闭其控制球阀进行处理。

二、材料准备

（1）温室灌溉设施的产品说明书：包括设备的操作指南、维护保养指南等。

（2）灌溉技术资料：了解不同灌溉方式（如滴灌、喷灌、漫灌等）的原理、适用范围和优缺点，以便根据实际情况选择合适的灌溉方式。

（3）灌溉计划制定指南：学习如何根据天气、土壤、作物等因素制订合理的灌溉计划。

（4）常见故障排除手册：包含常见的灌溉设备故障及排除方法，以便在遇到问题时能够迅速解决。

三、工具准备

灌溉设备：根据实际情况选择合适的灌溉设备，如水泵、管道、喷头等。

维护工具：准备清洁工具、润滑油等，以便进行设备的日常维护和保养。

故障排除工具：准备一些常用的故障排除工具，如螺丝刀、扳手、万用表等。

安全防护工具：如手套、防护眼镜等，以确保操作过程中的安全。

四、人员准备

人员分组，每组 4 人。明确职责分工。

人员分工

任务角色	任务内容
组长：	任务：
组员 1：	任务：
组员 2：	任务：
组员 3：	任务：

任务实施

步骤一：搜集温室灌溉设施类型及工作原理有关的资料。

步骤二：搜集温室灌溉设施常见故障及处理相关的资料，包括灌溉设施的使用说明书。

步骤三：实地调研当地温室灌溉设施的使用和维护实际情况。

步骤四：根据搜集的相关资料，结合实地调研的相关数据和信息，整理分析后编写温室滴灌设施使用和维护的方案。

步骤五：汇报与总结。整理任务过程中的资料、照片和成果，编写汇报材料。通过口头或书面形式汇报任务完成情况，总结任务过程中的经验和教训。

任务检测

请扫码答题。

任务评价

工作任务完成过程评价

班级：____________ 组别：____________ 姓名：____________

项目	评分标准	分值	自我评价	小组评价	教师评价
基本素质	学习态度良好，学习积极性高	10			
	积极主动与老师、同学交流，相互尊重。与老师、同学间能保持多向、丰富的信息交流	10			

（续表）

项目	评分标准	分值	自我评价	小组评价	教师评价
理论知识	了解温室灌溉的方式和常用的灌溉设施	10			
	了解温室滴灌的特点、分类和工作原理	10			
	了解温室灌溉实施，尤其是滴灌，使用和维护处理方法	10			
实操技能	能够有效利用网络、图书资源查找有用的相关信息，能将查到的信息有效地运用到学习中	10			
	能够在老师的带领下，按照预先准备完成温室灌溉设施相关问题的实地调研	10			
	能够通过查阅的资料和调研的结果总结分析出温室滴灌设施使用和维护的方案	10			
思政表现	能从全局上筹划相关事项或行动的具体安排	10			
	具有对我国日光温室进一步高质量发展做出贡献的情怀	10			
合计		100			
自我评价与总结					
教师点评					

项目三 设施园艺作物育苗原理与技术

项目导读

蔬菜育苗是指蔬菜种子从播种到定植的生育过程，是蔬菜生产过程的第一步，也是获得蔬菜早熟丰产高收益的重要环节。设施育苗可以为蔬菜的早期生长营造一个适宜的环境条件，缩短蔬菜的生长时间，增加种植茬口，提高土地利用率，同时增加单位面积产量，提高经济效益。所以在实际生产中，要熟练掌握设施育苗的关键技术。本项目有穴盘育苗基本操作、蔬菜的嫁接、蔬菜的扦插、常见蔬菜的设施育苗四个任务。

知识目标

①熟练掌握穴盘育苗的基本步骤。
②熟练掌握蔬菜的嫁接苗、扦插苗的管理技巧。
③熟练掌握黄瓜、番茄、芹菜的育苗管理注意事项。

技能目标

①对穴盘育苗的全程步骤能够进行熟练操作。
②能够掌握嫁接、扦插操作方法。
③能够根据实际情况提出黄瓜、番茄、芹菜的育苗方案。

素质目标

①具备独立自主查阅资料、获取知识、更新知识的能力。

②具有良好的沟通协调能力、团队协作能力，富有爱岗敬业的精神，能吃苦耐劳，动手实操。

③养成严谨的工作作风和树立精益求精的操作意识。

思政目标

①养成节约水资源的行为习惯。
②树立环保意识，具有节水节肥的思想。

任务一 穴盘育苗基本操作

任务导入

穴盘育苗技术是一种以草炭、蛭石、珍珠岩等轻型基质材料为育苗基质，以不同规格的塑料穴盘为育苗容器，将作物种子直接播入穴盘培育幼苗的育苗方法。穴盘育苗是设施育苗的主要方法之一，具有传统育苗不可比拟的优势。自1960年美国开发了穴盘育苗生产技术以来，以穴盘育苗为代表的设施育苗技术在欧美等农业发达国家推广普及应用，已形成规模化商品苗生产和供应。近年来，我国以穴盘育苗为代表的设施育苗技术在生产中迅速推广和应用，有力提升了我国设施农业的现代化水平，并取得了显著的社会效益、经济效益和生态效益。这就需要熟练掌握穴盘育苗的方法。

穴盘育苗在生产中具有节电节能、提高种苗质量、适于长距离运输、可实现机械化自动化的显著优势。为了掌握穴盘育苗技术，必须熟练掌握种子处理、育苗基质配置及装盘、播种覆盖及催芽、苗期水肥管理、苗期环境调控和苗期病虫害防治，才能够有的放矢地指导农业生产上的商品苗生产。

学校在建好的塑料薄膜大棚中种植番茄，现在需要先进行育苗，但是大棚管理员不是园艺相关专业，对如何进行番茄的育苗了解甚少，请你学习相关知识，帮助他了解番茄育苗相关的操作要点、注意事项等，并协助他利用穴盘育苗技术完成番茄的育苗。

任务工单

班级：________ 姓名：________ 学号：________

任务名称	番茄的穴盘育苗
任务描述	根据实际情况，填写本任务的内容、目的、流程和方法。 任务内容： 任务目的： 任务流程： 任务方法：

（续表）

<table>
<tr><td>获取信息</td><td colspan="4">要完成任务，需要掌握相关的知识。请收集资料，回答以下问题。
1. 穴盘育苗基质如何配制及处理？
2. 穴盘育苗如何播种及覆盖？
3. 穴盘育苗苗期如何进行环境和水肥的管理？
4. 番茄的穴盘育苗操作要点有哪些？
5. 番茄的穴盘育苗基质如何消毒？</td></tr>
<tr><td>制订计划</td><td colspan="4">根据学习任务，制订工作计划。</td></tr>
<tr><td rowspan="6">任务实施</td><td colspan="4">按照预先制订的工作计划，完成本任务，并记录任务实施过程。</td></tr>
<tr><td>序号</td><td>完成的任务</td><td>遇到的问题</td><td>解决办法</td></tr>
<tr><td></td><td></td><td></td><td></td></tr>
<tr><td></td><td></td><td></td><td></td></tr>
<tr><td></td><td></td><td></td><td></td></tr>
<tr><td></td><td></td><td></td><td></td></tr>
</table>

任务准备

一、知识准备

（一）穴盘育苗基质配制

1. 掌握基质配方

设施园艺作物生产上多使用不同类型基质按比例配成复合基质，也可以根据不同蔬菜对营养要求的不同，在育苗基质中加入一定比例的有机或无机肥料。在配制复合基质时，应根据其养分含量特点和不同作物种类对养分的需求添加不同的肥料。一般草炭与蛭石配制的基质应添加氮磷钾三元复合肥；基质中含有酒糟或醋糟时应适当提高氮磷钾添加量；用食用菌肥料（菇渣）配制基质时应多添加氮素营养。另外，在蔬菜秧苗生长过程中应根据基质的 pH 值适当添加生理酸性肥料或生理碱性肥料，以调节基质的酸碱度，使之适合于不同蔬菜秧苗的生长需要。

可以使用芦苇末、中药渣、食用菌菌渣、腐叶土、醋糟、酒糟、锯末、玉米芯、秸秆等多种材料复合有机基质，应用于穴盘育苗。常用配方有：泥炭：醋糟 =3：1、泥炭：醋糟：蛭石 =1：1：1、泥炭：菌渣：蛭石 =1：1：1、中药渣：蛭石：辅料 =3：1：1、芦苇末：蛭石 =3：1 等。

2. 基质配制

根据基质配方准备好所需材料，按比例混合不同基质。混合好的基质放置 4~5 d。进行基质消毒，把消毒剂与基质均匀搅拌，或者在 50~80 ℃温度下熏蒸或火烧，保持 20~40 min，按比例放入氮肥、复合肥或磷肥。配制好的基质，应及时装填容器，不立即使用时应归堆贮存，用防水布、塑料薄膜等覆盖起来，以免被雨水淋湿。

3. 基质消毒

（1）物理消毒

①高温消毒。利用高温杀死基质中混有的病菌及虫卵，常用的是蒸气消毒。方法是将 100~120 ℃的高温蒸汽通过基质或肥料，消毒 40~60 min，或将混有空气的水蒸气在 70 ℃通入基质，处理 1 h，可消灭几乎所有病菌和虫卵。

②日光暴晒消毒。当对基质及肥料消毒要求不太高时，也可采用日光暴晒的方法进行消毒。方法是先预先在基质或肥料上喷少量清水或氨水，再用塑料薄膜将待消毒的材料封严密实置于阳光下暴晒，视日光强度而定，一般 2~3 d 即可完成。经处理后基质或肥料不但杀灭了病菌及虫卵，而且增加了有机质及矿质的有效性。

③紫外线消毒。方法简便，效率高，需注意的是待消毒的基质和肥料不可堆积过厚，半小时须翻动 1 次，消毒过程最好密封进行。紫外线本身可杀菌外，还可诱使臭氧的产生，臭氧具有良好的杀菌效果。

（2）化学消毒

生产中应用较多的是化学消毒法，即利用化学药剂处理基质或肥料。这种方法操作方便，效果好，但成本较高，适用于少量基质或肥料的处理。常用药剂为福尔马林水溶液，一般用 36%~40% 的福尔马林加水 50 倍稀释均匀泼洒在翻晾的基质上，用量 25 kg/m^2，密闭 3~6 d，摊晾约 2 周即可使用。2% 的碘酊，过氧乙酸也都是高效消毒剂，能够杀灭包括细胞芽孢在内的各种微生物。还可用氯化苦进行消毒处理，将基质或有机肥料放入大箱中，每 10 cm 一层，每层喷洒氯化苦用量 42 mL/m^2，密封 10~15 d，翻晾后使用。

4. 基质装盘

基质装盘时应轻轻填充，然后刮去多余的基质，基质不宜堆积得太紧，穴盘也不要整齐摞起放置。由于加水之后基质颗粒的吸水膨胀可减少颗粒间的相互挤压，进而增大基质的透气性，所以在基质装盘前的 30 min 一定要加水到基质中，保持基质含水量在 50%~70%。

装好的穴盘要进行压穴，装好基质的穴盘垂直叠码在一起，4~5 穴盘一摞，上面放一只空穴盘，将双手平放在盘面上，均匀下压直至达到要求的深度为止。压穴的深度根据种子大小而定，一般为 0.5~1.5 cm，在穴孔中央形成一个凹陷的小坑，播种时将种子播入其中。

（二）穴盘育苗播种及覆盖

1. 播种

播种时直接用手将种子放在穴盘的孔穴中，每孔 1 粒，避免漏播。播种时应注意不要折断漏出的胚根，使胚根朝下，以利于秧苗根系向下生长。

2. 覆盖

种子播种后，为保证种子周围有足够的水分而又不缺氧，在种子上覆盖一层粗蛭石或珍珠岩等基质。覆盖时应注意厚度，覆盖过少则不起作用，覆盖太多，种子被埋得过深，易引起种子腐烂；此外，覆盖基质应均匀一致，如厚薄不均，易使出苗不整齐，种苗大小不一，不利于苗期管理，也影响整批苗的质量。播种结束，覆好基质后，向穴盘内浇水，要求将基质浇透、浇好。

3. 催芽

为了促进种子萌发，播种覆土浇水完毕后的穴盘应及时放入催芽室内催芽。对于茄果类催芽室白天保持 30~35 ℃，夜间室温不低于 18 ℃；对于叶菜类，白天保持 20~25 ℃，夜间室温维持 12~15 ℃。保持穴盘较高的湿度，子叶出土时及时转移穴盘至育苗温室，见光绿化。

（三）穴盘育苗苗期水肥管理

1. 水分管理

根据作物秧苗生长发育对水分的需求特点，特别是根系对水分的需求特点，可将作物育苗的水分管理分为以下 4 种情况。

①秧苗生长速度快，根系比较发达，吸水能力强，叶片比较大，但叶面有茸毛或蜡质，可以抑制水分过度散失，如西瓜、甜瓜、南瓜、甘蓝、花椰菜、青花菜等。为防止秧苗出现徒长，水分控制应较严格，只有穴盘中基质表面干燥，颜色发白时才可浇水。

②秧苗生长速度比较缓慢，但叶片较多，有一定的蒸腾量，而且根系分布较浅，吸收能力较弱，在育苗期间需要保持较高的水分条件。如茄子、辣椒、番茄等，应充分满足它们对水分的要求，水分控制不宜过严。育苗者要注意观察穴盘基质表面，不宜太干时再浇水，最好见干见湿。

③秧苗生长速度快，叶片面积较大，蒸腾量大，但根系较弱，分布较浅，如黄瓜、白菜及莴苣、芹菜等绿叶蔬菜，育苗时应保持较高的土壤湿度和较低的空气湿度，播种时应浇足底水，但整个苗期不宜多次或大量浇水，以免造成秧苗徒长或沤根。

④秧苗生长速度比较缓慢，植株根系不发达，多为须根系，分布浅，吸水能力差，但叶片面积较小，蜡质层丰富，水分散失少，如洋葱、大葱、大蒜等。育苗期间应保持较干燥的土壤或基质和较低的空气湿度。

根据作物秧苗生育阶段，苗期生长发育阶段不同，其对水分的需求不同（表 3–1）。

表3–1 秧苗不同阶段的水分管理要求

生育阶段	管理要求
从播种到出苗	播种前浇足底水，出苗前不浇水

（续表）

生育阶段	管理要求
从出苗到第一片真叶形成	控制浇水可让基质表面略微干燥，否则易引起秧苗徒长
籽苗期	穴盘或苗床缺水干旱时，可在晴天上午10点前，下午4点后，避免中午时间，进行喷小水
成苗期	随着幼苗生长浇水量逐渐加大，但应尽量减少浇水次数，以见干见湿为好

以籽苗期为例，籽苗期一般不轻易浇水，但当穴盘出现干旱迹象时应当酌情喷水增湿。为了有效防止“戴帽”现象的发生，播种前基质底水一定要浇透浇足，播种后覆盖基质要达到一定的厚度，一般为1 cm左右，并采用镇压或用平板轻压表面。从播种到出苗应对穴盘保温保湿，以利于籽苗出土时子叶脱除种皮。如果出苗后出现种皮包裹子叶的“戴帽”现象，不能在干燥情况下摘帽，应及时覆盖基质，在傍晚覆盖保温草帘之前用喷壶补水，让籽苗在夜间通过子叶的力量使种皮自行脱落。也可先喷少量清水，使种皮湿润后再轻轻摘帽。

当生长到小苗期，对于易徒长的甘蓝、番茄、黄瓜等蔬菜秧苗，不要勤浇小水，而应在干旱时浇透水，掌握见干见湿。应尽量减少浇水次数，防止引起徒长。对不易徒长的秧苗如茄子、辣椒等，以保持土表有0.5 cm左右的干燥层，干燥层以下保持湿润为原则。

成苗期的水分管理应采取“边蹲边长”、控温不控水的原则进行，即采取增大浇水量，减少浇水次数，使苗盘见干见湿。水分过多易引起徒长，水分控制过严则秧苗趋于老化。浇水要选择有连续晴天的上午进行，每次水量要足，中午不浇园。如浇水后遇连续阴天，秧苗容易患病。

不同天气条件下秧苗的水分管理原则是：晴天浇水，阴天不浇或少浇；土温低时不浇或少浇，必须浇水时可浇温水或在中午温度较高时浇水；秧苗生长后期，随着温度升高，每次浇水量适当增加，但浇水间隔时间应加长。

穴盘类型不同时浇水量也要作相应调整。穴孔越大，需要浇的水就越少，尤其是在籽苗期和成苗期。大孔穴盘的干燥时间要比小穴盘长2~4倍，浇水的间隔时间也相应延长。要特别注意穴盘边缘的浇水，生产中往往容易出现穴盘中间湿边缘干、含水量不均匀的情况。

2. 养分管理

基质中加入的养分多为缓释性的蔬菜育苗启动肥，表3-2所示养分在持续进行浇水后可持续缓慢放出，有利于蔬菜秧苗的吸收利用。

表3-2　无机基质穴盘育苗期养分管理标准

生育阶段	pH值	EC	N/（mg/L）	P/（mg/L）	K/（mg/L）	Ca/（mg/L）	Mg/（mg/L）	SO_4/（mg/L）	Cl/（mg/L）
萌芽期	5.8~6.5	0.75~1.2	40~75	10~15	35~50	50~75	25~35	75~200	10~20
成苗期	6.2~6.5	1.0~1.5	60~100	10~15	35~50	80~120	40~60	75~200	10~20

蔬菜秧苗出土后，根据蔬菜秧苗的生长进行养分补充，采用随水喷灌时一同施入，施用的多为全溶性高浓度肥料。

营养液配方，一般以大量元素为主，微量元素多由基质提供。氮肥以尿素态氮和铵态氮占40%~50%，硝态氮占50%~55%。N：P：K以1：1：1或1：1.7：1.7为适。要求基质pH值5.5~7.0为宜。表3-3为几种常用育苗营养液配方。

表3-3 几种常用育苗营养液配方

单位：g/m^3

肥料种类	配方1	配方2	配方3	配方4
硝酸钙	500	450	—	—
尿素	250	—	—	340
硝酸铵	—	250	200	—
磷酸氢二铵	500	—	—	—
硝酸钾	500	400	200	—
磷酸二氢钾	100	—	—	465
磷酸二氢钙	—	250	150	—
硫酸镁	50	25	—	—

注：配方1、配方2、配方3为无土基质育苗用配方，配方4仅限在含有培养土的基质育苗中使用。硫酸镁为中量元素，不宜大量使用。

3. **施肥管理**

利用穴盘育苗技术育苗，在水肥管理期间常用二氧化碳施肥来补充幼苗需要的肥料。二氧化碳施肥主要有以下几种方法。

①固体二氧化碳施肥法。也叫干冰气化法，利用固体二氧化碳即干冰在常温下吸热后升华为气体进行施肥。

②化学反应法。将浓硫酸与水按1：3比例稀释，待稀释溶液冷却后将其倒入反应容器中。反应容器为小塑料桶、玻璃缸或玻璃瓶。将称好的碳酸氢铵用纸或塑料袋包好，在袋上扎几个孔，一同投入反应容器中即可。施用一段时间后，桶内再加入碳铵，若无气泡放出，则说明碳酸氢铵和硫酸的反应已完全，需再更换稀硫酸。废液是硫酸铵水溶液（含硫酸铵25%~31%）可稀释后作追肥用。

③有机物燃烧法。用专制二氧化碳发生器在大棚内燃烧甲烷、丙烷、白煤油、天然气、液化石油气等，生成CO_2。

④吊袋二氧化碳施肥法。袋装二氧化碳肥产品由粉末状的发生剂和促进剂组成，发生剂每袋110 g，促进剂每袋5 g。将二者混合搅拌均匀，在袋上扎几个小孔，吊袋内由促进剂使发生剂产生CO_2，然后不断从小孔中释放出来，供植物吸收利用。

（四）穴盘育苗苗期环境管理

1. **籽苗期环境管理**

（1）温度管理

这一段时间是幼苗最易发生徒长的时期，所以籽苗期的管理以“控”为主，出苗后适当降低夜间气温可有效防止徒长。这一时期，喜温果菜类的夜间气温应控制在 10~15 ℃，耐寒蔬菜在 9~10 ℃比较合适；白天气温应保持在 25~26 ℃，耐寒蔬菜在 20 ℃左右。

（2）光照管理

籽苗期应特别注意对灾害性天气的管理，为了使籽苗接受较多光照，只要温度合适阴天也要揭帘见光。揭帘时先小部分揭开，隔一段时间再全部揭开，逐渐扩大温室受光面积，防止突然高温引起子叶萎蔫。

2. 小苗期环境管理

（1）温度管理

喜温果菜的环境温度白天控制在 25~28 ℃，夜间在 15~17 ℃；耐寒蔬菜白天为 20~22 ℃，夜间为 10~12 ℃。随着外界气温升高，应逐渐加大放风量，以防温度过高。

（2）光照管理

应保持透光覆盖物的清洁，逐渐提早揭帘时间，延迟覆盖的时间，以增长室内的光照时间，为培育壮苗提供良好的光照条件。

3. 成苗期环境管理

（1）温度管理

喜温果菜的环境温度白天为 25 ℃左右，夜间为 12~14 ℃；喜凉蔬菜的环境温度白天为 20 ℃左右，夜间为 8~10 ℃。但长时期连续夜温过低，如瓜类蔬菜在花芽分化期如果夜温低于 14 ℃，则花粉生活力降低，授粉不良；番茄幼苗在花芽分化期，如果气温低于 8~10 ℃，容易产生畸形果；甘蓝、芹菜在夜温低于 4~5 ℃时易发生未熟抽薹的现象。果菜类蔬菜幼苗在芽分化时期所需温度见表 3–4。

表3–4　幼苗在芽分化时期所需温度

蔬菜种类	开始花芽分化的叶片数	白天气温 /℃	夜间气温 /℃	低温 /℃
黄瓜	第一片真叶展开	22~25	15~17	10~13
西葫芦	第一片真叶展开	20~25	15~17	10~13
番茄	2~3 真叶展开	25~30	15~16	8~10
茄子	2~3 真叶展开	28~30	16~20	10~15
甜椒	2~3 真叶展开	28~30	16~20	10~15

注：低温指的是幼苗期避免出现的低温限度。

（2）光照管理

在幼苗封行前，苗距大，光照好，幼苗不易徒长，可适当少通风，一般仅在白天通风，并注意通风由小到大、由南向北逐渐增加的原则。封行后幼苗基部光照逐渐减弱，空气湿度较大，极易徒长，因而应加强通风，夜间也可适当通风。同时应经常清洁透明覆盖物，尽量增加设施内光照强度。随着秧苗的生长，应加大穴盘之间的距离，扩大幼苗生长空间；根据秧苗生长情况进行适当的倒盘，以防秧苗徒长、生长不均匀。

二、材料准备

（一）查找基质种类的相关资料

查阅相关资料，列出市面常见的基质种类，并分析每种基质的特点，并做好记录与分析。

（二）搜集相关案例资料

通过资料调研，拜访农业企业和种植户等途径，搜集相关案例资料，了解穴盘育苗的基本办法。

三、工具准备

草炭、蛭石、珍珠岩、细沙、无臭腐熟鸡粪、叶菜类种子、茄果类种子、尿素、磷酸二氢钾、福尔马林溶液、氯化苦、高锰酸钾、磷酸三钠、氢氧化钠、多菌灵、甲基托布津、赤霉素、油菜素内酯、瓷盘、纱布、蔬菜秧苗、育苗营养液、洒水壶、穴盘、催芽箱、多媒体设备、手套、口罩、白大褂。

四、人员准备

人员分组，每组 4 人。明确职责分工。

人员分工

任务角色	任务内容
组长：	任务：
组员 1：	任务：
组员 2：	任务：
组员 3：	任务：

任务实施

步骤一：深入当地农业企业或者种植户现场调研查看番茄穴盘育苗操作及管理。

步骤二：与周边种植户交流，了解当地气候环境对番茄苗期的影响。

步骤三：查找相关的资料，总结番茄种子处理、水肥管理、环境控制的方法。

步骤四：给出番茄穴盘育苗的具体方案。

步骤五：等待观察育苗效果。

步骤六：任务总结。

任务检测

请扫码答题。

任务评价

工作任务完成过程评价

班级:________________　组别:________________　姓名:________________

项目	评分标准	分值	自我评价	小组评价	教师评价
基本素质	学习态度良好，学习积极性高	10			
	积极主动与老师、同学交流，相互尊重。与老师、同学间能保持多向、丰富的信息交流	10			
理论知识	了解穴盘育苗基质的配制和处理方式	10			
	了解穴盘育苗播种及苗期的水肥、环境管理	10			
	了解番茄穴盘育苗的操作要点	10			
实操技能	能够有效利用网络、图书资源查找有用的相关信息，能将查到的信息有效地运用到学习中	10			
	能够在老师的带领下，按照预先准备的问题完成农业企业或种植户的实地调研学习	10			
	能够通过查阅的资料和调研的结果制定番茄穴盘育苗的方案，并按照方案实施育苗操作	10			
思政表现	能从全局上筹划相关事项或行动的具体安排	10			
	能够树立学习好知识掌握好技能服务农村、投身农业现代化建设的意识	10			
合计		100			
自我评价与总结					
教师点评					

任务二　蔬菜的嫁接

任务导入

将优良品种植株的芽或枝条转接到另一个植株个体的茎或根上，并使之愈合成为新的独立植株的技术称为嫁接。嫁接过程中，被嫁接的植株部分称为接穗，接受接穗的植株称为砧木，通过嫁接方法培育出来的幼苗称为嫁接苗。嫁接作为一种无性繁殖的重要方法，长期以来在生产上主要应用于木本植物，草本植物上应用较少。但随着科学技术的进步，嫁接技术的不断完善，应用范围也不断拓宽，不仅应用于果树，而且也应用于蔬菜、观赏植物、经济林、茶树以及药用植物。21 世纪以来，随着嫁接理论和技术的不断深入，嫁接育苗技术得到了快速发展。近年来，随着设施园艺生产面积的扩大，嫁接育苗可以显著提高植株的抗性，在设施生产中得到广泛应用。

为了掌握嫁接育苗技术，必须熟练掌握嫁接用具的选择与使用、接穗和砧木的选择、嫁接方法、嫁接苗环境控制、嫁接苗成活后管理等环节，提高植株整体对环境的适应性，从而达到早熟、增产及增收的目的。

某蔬菜种植大户想利用蔬菜嫁接技术进行茄果类蔬菜的育苗，以降低茄果类蔬菜种子价格不断上涨带来的成本，但是他对蔬菜嫁接技术还很陌生，请你结合所学习的知识和掌握的技能，协助他完成茄果类蔬菜的嫁接育苗。

任务工单

班级:____________　姓名:____________　学号:____________

任务名称	茄果类蔬菜的嫁接育苗
任务描述	根据实际情况，填写本任务的内容、目的、流程和方法。 任务内容: 任务目的: 任务流程: 任务方法:

（续表）

<table>
<tr><td rowspan="5">获取信息</td><td colspan="4">要完成任务，需要掌握相关的知识。请收集资料，回答以下问题。
1. 蔬菜嫁接常见的方法有哪些？

2. 如何选择嫁接用具？

3. 各种蔬菜嫁接育苗的操作要点是什么？

4. 如何对嫁接苗进行分级？

5. 如何对嫁接苗进行管理？</td></tr>
<tr><td>制订计划</td><td colspan="4">根据学习任务，制订工作计划。</td></tr>
<tr><td rowspan="6">任务实施</td><td colspan="4">按照预先制订的工作计划，完成本任务，并记录任务实施过程。</td></tr>
<tr><td>序号</td><td>完成的任务</td><td>遇到的问题</td><td>解决办法</td></tr>
<tr><td></td><td></td><td></td><td></td></tr>
<tr><td></td><td></td><td></td><td></td></tr>
<tr><td></td><td></td><td></td><td></td></tr>
<tr><td></td><td></td><td></td><td></td></tr>
</table>

任务准备

一、知识准备

（一）蔬菜嫁接育苗的方式

蔬菜嫁接有五种方式，分别是插接法、劈接法、靠接法、断根法和套管法，分别适用不同的设施栽培作物。

①插接法主要用于瓜类蔬菜嫁接育苗，砧木采用穴盘或营养钵育苗，播种时间比接穗早 5~7 d，接穗播种后 7~10 d 嫁接。

②劈接法主要用于茄果类蔬菜嫁接育苗。

③靠接法可用于瓜类或茄果类蔬菜嫁接育苗，接穗比砧木提前播种 5~10 d。

④断根法主要用于黄瓜和西瓜的嫁接育苗，有时候也可以用于葫芦等其他作物的嫁接育苗。

⑤套管法主要用于西瓜、甜瓜等瓜类蔬菜和茄果类蔬菜的嫁接育苗。

这些嫁接方法各有特点，适用于不同的蔬菜和生长条件。通过选择合适的嫁接方法，可以提高设施栽培蔬菜的抗逆性、避免或减轻土传病害，从而培育出更健壮的苗木和提高产量。

（二）蔬菜嫁接用具的选择

选择蔬菜嫁接用具时，应考虑以下 5 个方面，以确保嫁接过程的顺利进行和嫁接苗的成功生长。

1. 嫁接刀具的选择

选择高质量的嫁接刀，确保刀具锋利，能够精确切割砧木和接穗，避免切口不平整影响嫁接成功率。推荐使用多功能嫁接刀，因为它们通常配备不同形状和大小的刀片，适用于不同的嫁接方法，如劈接法、插接法等。

2. 嫁接夹的选择

嫁接夹用于固定接穗和砧木，确保它们紧密结合，避免移位。选择合适的嫁接夹，确保其材质耐用且易于操作，能够适应不同大小的切口。

3. 其他辅助工具

根据嫁接的具体需求，可能还需要准备其他辅助工具，如嫁接膜、修枝剪等。这些工具可以帮助保护切口、支撑接穗，以及在嫁接过程中提供便利。

4. 考虑嫁接方法

不同的嫁接方法需要不同的工具。例如，靠接法可能需要使用到特定的工具来固定接穗和砧木的位置，而插接法则需要使用到细长的工具（如竹签）来在砧木上打孔，以便插入接穗。

5. 考虑质量和耐用性

选择耐用且质量好的工具，这样可以减少在嫁接过程中因工具问题导致的操作失误，提高嫁接成功率。

综上所述，选择蔬菜嫁接用具时，应考虑刀具的锋利度、嫁接夹的适用性、其他辅助工具的必要性以及工具的质量和耐用性，以确保嫁接过程的顺利进行和嫁接苗的健康生长。

（三）蔬菜嫁接育苗的准备工作

1. 接穗的切削

在子叶节下 1.0~1.5 cm 处，用刀片将其削成斜面长约 1 cm 的楔形面。在接穗相应部位向上斜削，深度达茎粗的 1/2，切口长度与砧木切口相同。将接穗幼茎削成楔形，削面长 1.0~ 1.5 cm。常用刀片如图 3–1 所示。

2. 砧木的切削

在子叶下 0.5~1.0 cm 处，用刀片向下斜削一刀，深度达茎粗度的 1/2。从两片子叶中间将幼茎向下劈开，长度为 1.0~1.5 cm。

3. 自制竹签

用长 10 cm，粗度与接穗茎粗度相仿的竹签。一端削成长 1.0~1.5 cm 的双楔面或单楔面，尖端稍钝，用于插孔；另一端削成长约 0.5 cm、厚 0.2~0.3 mm、宽 1~2 mm 的扁平面。

4. 去砧木生长点

竹签削除砧木的真叶及生长点。

5. **熟悉嫁接夹**

用于番茄、甜椒和茄子的硬质嫁接夹和软质嫁接夹，如图 3–2、图 3–3 所示。用于瓜类的靠接夹和合接夹（外形类似，但尺寸有所不同），如图 3–4、图 3–5 所示。

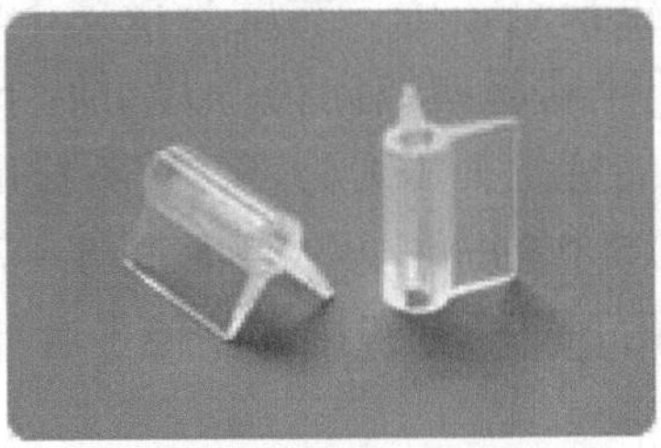

图 3–2　硬质嫁接夹

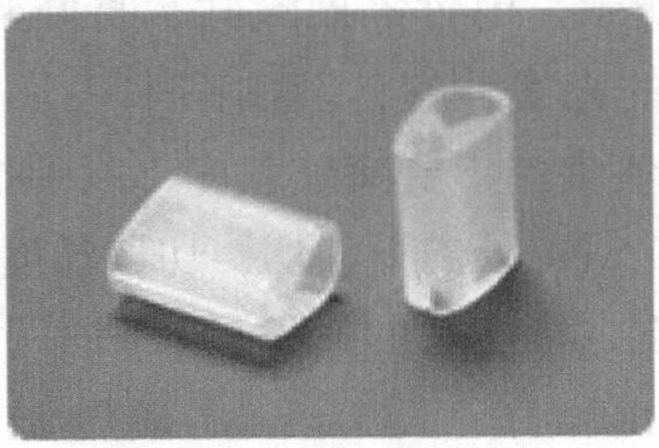

图 3–3　软质嫁接夹

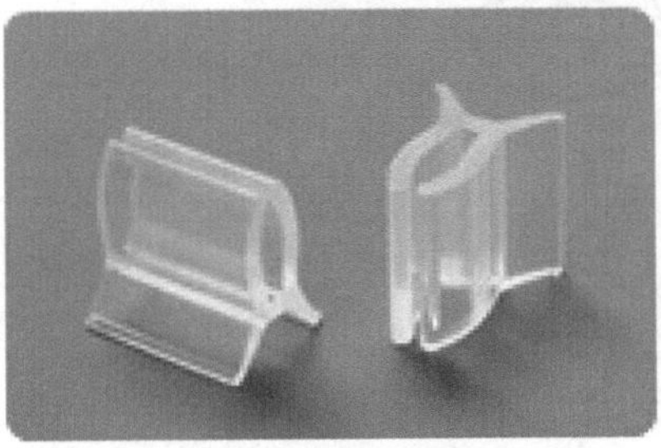

图 3–4　靠接夹

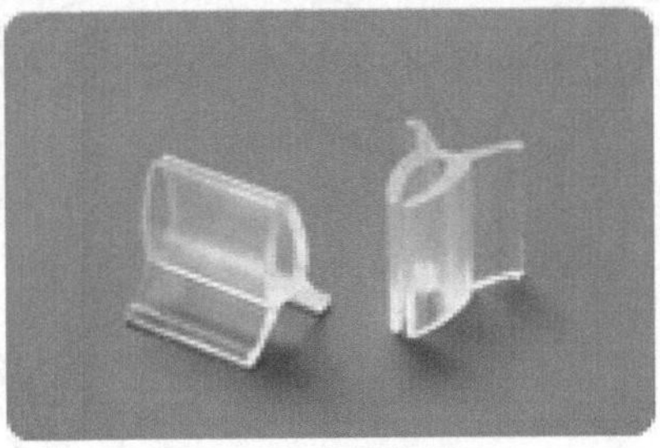

图 3–5　合接夹

图 3–6　捆扎带

6. **捆扎接穗枕木**

将塑料薄膜剪成 0.3~0.5 cm 宽的小条捆扎接口。也可将塑料薄膜剪成 1~1.5 cm、宽 5~6 cm 的小条，在接口处绕两圈后，用别针卡住两端。捆扎带如图 3–6 所示。

（四）蔬菜嫁接育苗操作要点

1. **靠接**

（1）瓜类蔬菜靠接

如图 3–7 所示，用刀片或竹签去除砧木生长点和真叶，在子叶节下 0.5~1.0 cm 处向下斜切，深度达胚轴直径 2/5~1/2，长度靠接后固定夹固定 0.6~0.8 cm；在接穗子叶下 1~1.5 cm 处向上斜切，切面长度同前，深度达胚轴直径的 1/2~2/3；将砧木和接穗切口相互套插在一起，用嫁接夹固定。

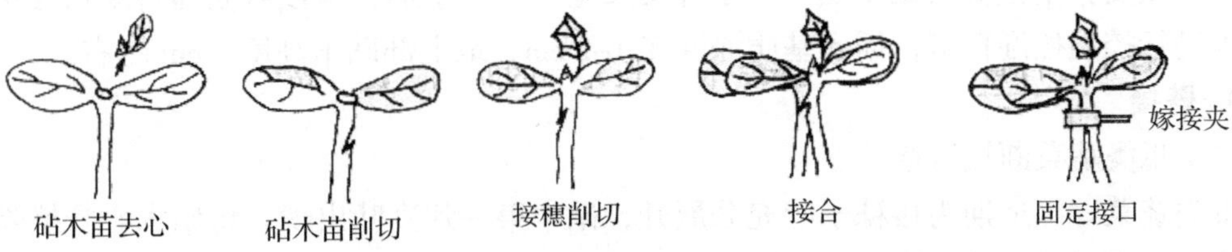

图 3–7　靠接操作示意

（2）茄果类蔬菜靠接

砧木和接穗的切口选在第一片与第二片真叶之间，或者子叶与第一片真叶之间，去除砧木的顶梢。方法同瓜类蔬菜靠接。

2. **插接**

（1）瓜类蔬菜插接

如图 3–8 所示，用竹签剔除砧木真叶和生长点，持一宽度与接穗下胚轴粗细相近、前端削尖略扁的光滑竹签，紧贴砧木一片子叶基部内侧向另一片子叶下方斜插，深度 0.5~0.8 cm，竹签尖端不要穿破表皮，以手指能感觉其压力为度，暂不拔出；用刀片在接穗子叶节下约 0.5 cm 处向下斜切，切口长度 0.5~0.8 cm，再从背面斜切一刀，使呈不对称楔形，拔出竹签，将削好的接穗插入砧木小孔，使两者密接。砧穗子叶伸展方向呈十字形，便于见光。

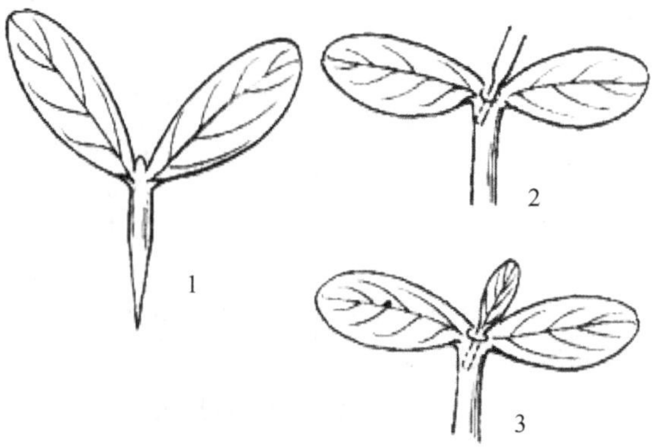

图 3–8　插接示意

（2）茄果类蔬菜插接

在砧木第一片或第二片真叶上方横切，去除腋芽，然后用竹签从切口处或叶腋部位向下斜插，以尖端不扎破表皮为度；将接穗在子叶或第一片真叶下切成楔形，插入砧木小孔。

3. **断根嫁接**

以瓜类蔬菜断根嫁接为例。当砧木长至 1 叶 1 心，接穗子叶展开时即可进行嫁接。嫁接时用刀片将砧木根切掉，生长点到断根处茎长留 4.0~4.5 cm。去掉砧木生长点，用竹签紧贴子叶脉基部向另一子叶柄基部呈 30°~45° 方向斜插，竹签稍穿透砧木表皮，露出竹签尖。然后在接穗苗子叶基部 0.5 cm 处平行于子叶斜削一刀，再垂直于子叶将胚轴切成楔形，切面长 0.5~0.8 cm。拔出竹签，将切下的接穗迅速准确地斜插入砧木切口内，尖端稍穿透砧木表皮，使接穗与砧木吻合，子叶交叉呈“十”字形。嫁接后立即将断根嫁接苗插入盘内进行控温控湿育苗，插入基质深度在 1~2 cm，地上部砧木高度 3 cm 左右。

4. **劈接**

（1）瓜类蔬菜断根劈接

瓜类蔬菜嫁接适期为接穗子叶充分展开，砧木第一片真叶出现。将砧木心叶摘除，用刀片在 2 片子叶中间下胚轴中央或一侧垂直下切，长度 1~1.5 cm；将接穗下胚轴削成楔形，削面长度与砧木切口长度对应；将接穗插入砧木切口，使两者密接并用嫁接夹固定。

（2）茄果类蔬菜劈接

茄果类蔬菜嫁接适期为砧木 5~6 片叶，茎粗 0.4~0.5 cm，接穗 4~5 片真叶。

如图 3–9 所示，茄果类蔬菜劈接，保留砧木基部 1~2 片真叶，将上部茎切除，从切口部位垂直纵切长度 1~2 cm；保留接穗上部 2~3 片真叶切断，将其基部削成楔形后插入。

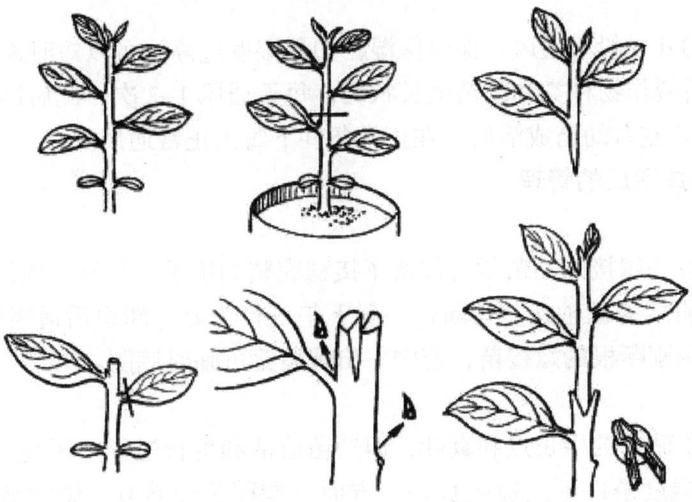

图 3–9　茄果类蔬菜劈接示意

5. **套管嫁接**

以瓜类、茄果类蔬菜套管嫁接为例。

嫁接时期为瓜类蔬菜砧穗子叶刚刚展开，下胚轴长度 4~5 cm。茄果类蔬菜砧穗 2~3 片真叶。嫁接时，在瓜类砧木的下胚轴、茄果类砧木的子叶或第一片真叶上方沿其伸长方向呈 25°~30° 切断，套上专用支持套管，其上端斜面与砧木斜面方向一致；在瓜类接穗下胚轴上部、茄果类接穗子叶或第一片真叶上方，按同样角度斜切；沿着与套管斜面相一致的方向将接穗插入，使砧穗切面很好地压附接合在一块。

（五）嫁接苗的生长环境控制

1. **光照控制**

①嫁接后前 3 d 全天遮光，保持一定强度的散射光（5 000 lx 左右），避免因光饥饿而黄化。

②嫁接 3 d 后早晚不再遮光，让幼苗见弱光，以后逐渐延长见光时间。

③嫁接 6 d 后只在中午强光下临时遮阴；待接穗新叶长出后彻底去除覆盖物，进行常规水肥管理。

2. **温度控制**

嫁接后保持较常规育苗稍高的温度可以促进愈伤组织形成。瓜类蔬菜白天 25~28 ℃，夜间 18~22 ℃。茄果类蔬菜白天 25~26 ℃，夜间 20~22 ℃；低于 15 ℃或高于 30 ℃均不利于切口愈合和成活。低温季节可以通过增温、保温设备提高室内温度。高温季节育苗则应使用遮阳网、湿帘等设备降温。

3. **湿度控制**

①幼苗嫁接完成后应立即将基质浇透，移入驯化设施内，用塑料薄膜覆盖，喷雾保湿。前 3 d 环境的相对湿度最好高于 85%，但是要低于 100%，避免过干或过湿。

②结合通风适当降低湿度，嫁接后 4~6 d，环境湿度在 80% 为宜，成活后转入正常环境湿度管理。

4. 通风控制

①嫁接后前 3 d 一般不通风，保温保湿，如果湿度过高，可以短时通风。

②嫁接 3 d 后视作物种类和幼苗生长状况，每天通风 1~2 次；此后通风量逐渐加大。

③嫁接后 10 d 左右幼苗成活后，在正常条件下每天正常通风。

（六）嫁接苗成活后的管理

1. 断根

采用靠接等方法嫁接的幼苗暂时保留了接穗完整的根系，待幼苗成活后，应及时在靠近接口部位下方将接穗胚轴或茎切断，一般下午进行为好。断根后适当提高温度、湿度，促进伤口愈合。刚刚断根的嫁接苗，若中午出现萎蔫可临时遮阴。

2. 去萌蘖

嫁接时去掉了砧木的生长点和真叶，但幼苗成活和生长过程中还会产生萌蘖。这些萌蘖在较高温度和湿度条件下迅速生长，一方面与接穗争夺养分，影响愈合成活和幼苗生长；另一方面其同化产物输送到植株上部会影响果实品质。因此需及时去除。

3. 去嫁接夹

在嫁接成活后 1 周左右去除嫁接夹等固定物，靠接法可适当推迟，但应以不影响幼苗正常生长为前提。

4. 幼苗分级管理

嫁接后 7~10 d，把嫁接质量好、接穗苗恢复生长较快的苗集中到一起，在培育壮苗的条件下进行管理。把嫁接质量较差、接穗苗恢复生长也较差的苗集中到一起，继续在原来的条件下进行管理，促其生长，待生长转旺后再转入培育壮苗的条件下进行管理。对已发生枯萎或染病致死的苗要从苗床中剔除。

（七）蔬菜嫁接的注意事项

蔬菜嫁接是一种重要的农业技术，用于提高设施园艺植物的生长性能和抗病能力。在进行蔬菜嫁接时，有 7 个关键的注意事项需要特别注意，以确保嫁接的成功率和蔬菜的健康生长。以下是一些重要的注意事项。

①选择合适的嫁接方法。不同的蔬菜种类适合不同的嫁接方法，如靠接、插接、劈接等。选择合适的嫁接方法对于提高嫁接成功率至关重要。例如，靠接法适合小型、家庭式苗厂及北方寒冷地区，而插接法则适用于砧木苗茎较粗的情况。

②嫁接工具的准备。嫁接时需要准备适当的工具，如刀片用于切削蔬菜苗和砧木苗的接口，竹签用于挑除砧木苗的心叶和生长点等。这些工具的处理和使用方法对嫁接的成功有很大影响。

③嫁接口的位置。嫁接口的位置不能过低，以免与土壤接触，感染土传病害。黄瓜的嫁接口位置不能低于 5 cm，茄子的嫁接口则在砧木苗 8~10 cm 处截掉。

④定植的深度。定植时要注意不要过深，以免影响嫁接苗的生长和增加感染病害的风险。适当的起垄栽培方法可以帮助提高土壤透气性和减少细菌性病害的发生。

⑤地膜破口的处理。覆盖地膜时留下的破口要用土压严，以避免湿气从破口处钻出，减少嫁接口感染病害的概率。

⑥温度和湿度的管理。嫁接后需要严格控制温度和湿度，保持适宜的温度和湿度对于嫁接苗的成活至关重要。嫁接后 8~10 d 为嫁接苗的成活期，需要严格控制温度和湿度，避免直接向苗上洒水或喷水。

⑦防止闪苗。蔬菜嫁接后如果受到不良环境的影响，常常会表现出叶片萎蔫的现象，即闪苗。为了避免闪苗，放风时要注意循序渐进，避免突然大放风。

通过注意这些关键点，可以提高设施蔬菜嫁接的成功率，促进设施蔬菜的健康生长。

二、材料准备

（一）查找嫁接用具的相关资料

查阅相关资料，列出市面常见的嫁接用具。

（二）搜集相关案例资料

通过资料调研，拜访农业企业和种植户等途径，搜集相关案例资料，了解嫁接育苗的基本办法。

三、工具准备

75% 酒精、多菌灵、双面刀片、10 cm 嫁接竹签、嫁接夹、捆扎带、接穗苗（黄瓜、西瓜、茄子、番茄）、砧木苗（黑籽南瓜、西瓜、冬瓜）、CO_2 气肥、遮阳网等。

四、人员准备

人员分组，每组 4 人。明确职责分工。

人员分工

任务角色	任务内容
组长：	任务：
组员 1：	任务：
组员 2：	任务：
组员 3：	任务：

任务实施

步骤一：深入农业企业或者种植户现场调研查看蔬菜嫁接育苗实际操作和管理。

步骤二：查找相关的资料，总结蔬菜嫁接操作、嫁接苗水肥管理、环境控制的方法。

步骤三：给出茄果类蔬菜嫁接育苗的具体方案。

步骤四：按照方案实施茄果类蔬菜的嫁接，等待观察育苗效果。

步骤五：任务总结。

任务检测

请扫码答题。

任务评价

工作任务完成过程评价

班级：＿＿＿＿＿＿＿＿ 组别：＿＿＿＿＿＿＿＿ 姓名：＿＿＿＿＿＿＿＿

项目	评分标准	分值	自我评价	小组评价	教师评价
基本素质	学习态度良好，学习积极性高	10			
	积极主动与老师、同学交流，相互尊重、理解。与老师、同学间能保持多向、丰富的信息交流	10			
理论知识	了解蔬菜嫁接育苗的方式，工具选择	10			
	了解蔬菜嫁接育苗后的管理措施，如水肥管理、环境控制	10			
	了解蔬菜嫁接育苗的注意事项	10			
实操技能	能够有效利用网络、图书资源查找有用的相关信息，能将查到的信息有效地运用到学习中	10			
	能够在老师的带领下，按照预先准备的问题完成农业企业或种植户的实地调研学习	10			
	能够通过查阅的资料和调研的结果制订茄果类嫁接育苗的方案，掌握茄果类蔬菜嫁接育苗的操作要点并按照方案实施育苗操作	10			
思政表现	能从全局上筹划相关事项或行动的具体安排	10			
	能够树立学习好知识掌握好技能服务农村、投身农业现代化建设的意识	10			
合计		100			
自我评价与总结					

（续表）

教师点评	

任务三　蔬菜的扦插

任务导入

扦插是利用植物营养器官（根、茎、叶、芽等，又称插条）的一部分，插入土壤或某种基质（也叫插壤）如河沙、蛭石、水等中，在适宜的条件（温度、水分、湿度、光照、空气、矿质营养、生长素、激动素等）下促使基部产生不定根，上部发出不定芽，培育成根茎兼备、完全独立的新植株的技术。扦插是利用植物的再生能力，人为地增加植物个体的一种方法。插条虽然是植物营养器官的一部分，却有和母株一样的遗传性，在适宜的条件下，能和母株一样生长发育、开花结果。扦插育苗是果树、木本花卉等园艺作物育苗繁殖的主要方式。

为了掌握扦插育苗技术，必须熟练掌握插条选择与处理、扦插苗床准备、多种扦插技术、扦插苗环境控制和扦插苗成活后管理，并在蔬菜、果树、花卉等多个领域广泛应用。

某瓜农想利用扦插育苗技术进行无籽西瓜的扦插育苗，以降低无籽西瓜种子价格不断上涨带来的成本，但是他对扦插育苗技术还很陌生，请你结合所学习的知识和掌握的技能，协助他完成无籽西瓜的扦插育苗。

任务工单

班级：＿＿＿＿＿＿＿＿　姓名：＿＿＿＿＿＿＿＿　学号：＿＿＿＿＿＿＿＿

任务名称	无籽西瓜的扦插育苗
任务描述	根据实际情况，填写本任务的内容、目的、流程和方法。 任务内容： 任务目的：

（续表）

<table>
<tr><td></td><td colspan="4">任务流程：

任务方法：</td></tr>
<tr><td>获取信息</td><td colspan="4">要完成任务，需要掌握相关的知识。请收集资料，回答以下问题。
1. 如何选择扦插材料？

2. 不同蔬菜品种如何选择植物生长调节剂进行处理？

3. 扦插的方法有哪些？

4. 如何对扦插苗进行管理？</td></tr>
<tr><td>制订计划</td><td colspan="4">根据学习任务，制订工作计划。</td></tr>
<tr><td rowspan="6">任务实施</td><td colspan="4">按照预先制订的工作计划，完成本任务，并记录任务实施过程。</td></tr>
<tr><td>序号</td><td>完成的任务</td><td>遇到的问题</td><td>解决办法</td></tr>
<tr><td></td><td></td><td></td><td></td></tr>
<tr><td></td><td></td><td></td><td></td></tr>
<tr><td></td><td></td><td></td><td></td></tr>
<tr><td></td><td></td><td></td><td></td></tr>
</table>

任务准备

一、知识准备

凡易于产生不定根的蔬菜，均可进行扦插育苗，可进行扦插育苗的设施栽培蔬菜主要有：番茄、茄子、黄瓜、无籽西瓜、辣椒、白菜、豆瓣菜、人参菜等。目前常用的是番茄和无籽西瓜。番茄扦插育种技术简单、容易掌握，无籽西瓜扦插育苗可节省大量的种子，是解决无籽西瓜制种困难、产种量低、不能大面积推广等问题的有效措施。扦插育苗必须选择蔬菜植物上适宜的扦插部位和扦插方法，以适当的生长调节剂处理，插后进行合理的温度、湿度管理，才能使扦插成功。扦插育苗应掌握如下几个技术环节。

（一）选择扦插材料

扦插材料必须是植物上易于产生不定根的部位，如番茄、无籽西瓜、黄瓜、茄子等扦插时一般取侧枝上的生长部位。部位不同时，茎组织的衰老程度和营养物质的含量不同，水插后发根的速度和数量也不同，一般枝条顶端水插后发根多，移栽后生长快，开花结果多。因此，水插育苗的插条，选择粗壮的侧枝为好，每株番茄可取 7~8 个插枝。插条的长度以 8~12 cm 为宜，插条切口要平滑，并在室内自然干燥愈合后再进行扦插，以减少水扦插中的腐烂现象，并增加发根数和根长度。白菜、甘蓝扦插，多采用叶插繁殖，取叶球中层或内层叶片切取一段中肋，带有一个腋芽及一小块茎的组织。

（二）植物生长调节剂处理

应用植物生长调节剂，如吲哚乙酸，吲哚丙酸，吲哚丁酸，萘乙酸或 2，4–D，均能促进扦插材料生根，提高成活率，不同的扦插材料对不同生长调节剂敏感程度不同，故不同材料应选用不同种类、不同浓度的植物生长调节剂处理，植物生长调节剂的使用数量要严格按照专业技术要求适量使用，浓度不应过高或过低。常见的蔬菜扦插育苗时使用的生长调节剂及浓度范围见表 3–5。

表3–5 常见的生长调节剂及浓度范围

蔬菜种类	植物生长调节剂的使用	温度	湿度
番茄	以 50 mg/L 的萘乙酸或 100 mg/L 的吲哚乙酸浸蘸材料 90% 基部 10 min，或两者的混合液蘸材料基部 10 min	白天：22~30 ℃ 夜间：12~18 ℃	90%
无籽西瓜	100~200 mg/L 的吲哚乙酸或萘乙酸快速浸蘸侧枝基部	白天：28~32 ℃ 夜间：20~22 ℃	1~3 d：90%~95% 4~6 d：90%~95% 7~10 d：85%~90% 10 d 后：80%~85%
茄子、辣椒	以 20 mg/L 的萘乙酸快速浸蘸侧枝基部	22~30℃	85%~95%
黄瓜	以 20 mg/L 的萘乙酸或 20 mg/L 的吲哚乙酸快速浸蘸侧枝基部	22~30℃	85%~95%
大白菜、甘蓝	以 10~20 mg/L 的吲哚乙酸或萘乙酸快速浸蘸，只浸茎切口底面，不浸到芽	20~25℃	85%~95%

（三）扦插方法

常见的方法有水扦插法和基质扦插法两种。水扦插法操作简单，但不如基质扦插法易管理。番茄、茄子、辣椒扦插育种多用水扦插法，而多数蔬菜可用基质扦插法。

对于扦插用的基质，要求质地舒松、透气性和保水性好，不易造成扦插材料腐烂。常用的基质有蛭石、珍珠岩或沙与菜园土 1∶1 混合。可用育苗盘（箱）或育苗床铺放培养基质，扦插前用 100 倍福尔马林喷洒消毒，然后扦插。

（四）扦插后的管理

扦插后发芽、生根的快慢及成活率的高低，一方面受扦插材料的影响，而更重要的是受扦插成活过程中的温度和湿度的影响。不同蔬菜扦插后控制的最适宜温度、湿度见表3–5。一般的材料要求20~25 ℃，喜温暖的蔬菜略高些，喜寒冷的蔬菜略低些，温度过高、过低都对扦插成活不利。温度过低（低于15 ℃）时，可在苗床上盖小拱棚，并在夜间加盖草苫；温度过高时，可用苇帘遮盖降温。相对湿度一般为85%~95%。在扦插3 d内可进行遮光，4~6 d中午前后遮阴，7 d后不必遮阴，特别是在幼苗开始生长时更需要见光。当幼苗形成了完整的根系，并达到适宜苗龄时，便可移栽到大田中。

二、材料准备

（一）查找扦插处理方法的资料

查阅相关资料，列出无籽西瓜的扦插处理方法。

（二）搜集相关案例资料

通过资料调研，拜访农业企业和种植户等途径，搜集无籽西瓜扦插育苗相关案例资料，了解其扦插育苗的基本操作办法。

三、工具准备

西瓜苗、萘乙酸、吲哚乙酸、酒精、福尔马林、ABT生根粉、沙子、腐殖质土、黏土、泥炭土、蛭石、珍珠岩、炉渣、铁锨、氮磷钾复合肥、喷壶、遮阳棚等。

四、人员准备

人员分组，每组4人。明确职责分工。

人员分工

任务角色	任务内容
组长：	任务：
组员1：	任务：
组员2：	任务：
组员3：	任务：

任务实施

步骤一：深入农业企业或者种植户现场调研查看无籽西瓜扦插育苗的实际操作。

步骤二：查找相关的资料，总结扦插育苗操作、扦插苗水肥管理、环境控制的方法。

步骤三：给出无籽西瓜扦插育苗的具体方案。

步骤四：按照方案实际开展育苗工作，等待观察育苗效果。

步骤五：任务总结。

任务检测

请扫码答题。

任务评价

工作任务完成过程评价

班级：________　组别：________　姓名：________

项目	评分标准	分值	自我评价	小组评价	教师评价
基本素质	学习态度良好，学习积极性高	10			
	积极主动与老师、同学交流，相互尊重、理解。与老师、同学间能保持多向、丰富的信息交流	10			
理论知识	了解蔬菜扦插育苗的方式，材料选择	10			
	了解不同蔬菜扦插如何选择合适的植物生长调节剂	10			
	了解蔬菜扦插育苗后的管理措施	10			
实操技能	能够有效利用网络、图书资源查找有用的相关信息，能将查到的信息有效地运用到学习中	10			
	能够在老师的带领下，按照预先准备的问题完成农业企业或种植户的实地调研学习	10			
	能够通过查阅的资料和调研的结果制定无籽西瓜扦插育苗的方案，并按照方案实施育苗操作	10			
思政表现	能从全局上筹划相关事项或行动的具体安排	10			
	能够树立学习好知识掌握好技能服务农村、投身农业现代化建设的意识	10			
合计		100			

（续表）

自我评价与总结	
教师点评	

任务四　常见蔬菜的设施育苗

任务导入

为满足蔬菜周年生产的需要，不同品种蔬菜一年中开展设施育苗的时期存在较大差异。一般冬季育苗主要满足日光温室冬春茬和塑料大棚“春提前”栽培的需要，春季育苗主要为塑料中小拱棚“春提前”栽培和露地栽培提供种苗，夏季育苗主要满足秋季露地和塑料拱棚秋延后生产需要，秋季育苗主要满足日光温室秋冬茬和越冬茬生产的需要。

本任务包括三种常见蔬菜（黄瓜、番茄和芹菜）的冬春季和夏秋季设施育苗。

任务工单

班级：________　姓名：________　学号：________

任务名称	黄瓜、番茄和芹菜的设施育苗
任务描述	根据实际情况，填写本任务的内容、目的、流程和方法。 任务内容： 任务目的： 任务流程： 任务方法：

（续表）

<table>
<tr><td>获取信息</td><td colspan="4">要完成任务，需要掌握相关的知识。请收集资料，回答以下问题。
1. 上述三种蔬菜设施育苗时品种如何选择？
2. 上述三种蔬菜设施育苗时基质如何选择和处理？
3. 上述三种蔬菜设施育苗时播种如何管理？
4. 上述三种蔬菜设施育苗时苗期如何进行管理？</td></tr>
<tr><td>制订计划</td><td colspan="4">根据学习任务，制订工作计划。</td></tr>
<tr><td rowspan="6">任务实施</td><td colspan="4">按照预先制订的工作计划，完成本任务，并记录任务实施过程。</td></tr>
<tr><td>序号</td><td>完成的任务</td><td>遇到的问题</td><td>解决办法</td></tr>
<tr><td></td><td></td><td></td><td></td></tr>
<tr><td></td><td></td><td></td><td></td></tr>
<tr><td></td><td></td><td></td><td></td></tr>
<tr><td></td><td></td><td></td><td></td></tr>
</table>

任务准备

一、知识准备

（一）夏秋黄瓜设施育苗技术

1. 确定育苗时期

育苗时期要根据当地气候和目标上市期进行确定。在正常季节天气状况下，夏秋黄瓜苗龄较短，一般需 23~28 d（3~4 片真叶）。因此，育苗生产者可根据黄瓜成品苗出棚上市的日期，倒推计算出黄瓜育苗播种期。

2. 品种选择

由于黄瓜主要生长季节在深秋或冬季，因此夏秋季节育苗必须采用嫁接育苗方式。接穗应选择耐低温、抗病性强、品质佳、产量高的品种，如津优 39、丽特 918、绿雪 2 号、戴多星、津优 37 等；砧木可用前一年的云南黑籽南瓜种子，也可选择当年的白籽南瓜或黄籽南瓜种子。

3. 育苗方式的选择

黄瓜夏秋季节育苗不易管理和保护，易受高温、雨淋和霜霉病及疫病的危害，且易徒长，最好采用集中穴盘育苗方式。

4. **育苗前杀菌消毒工作**

主要为棚室消毒和穴盘、基质消毒工作。育苗前 10~15 d，密闭育苗大棚或温室，用硫黄粉、辛硫磷与适量干木屑混合点燃，熏蒸 8~12 h，或利用 5~7 个晴日高温闷棚。

5. **基质混拌与装盘**

将拌好的基质装入穴盘中，稍加振摇填实，用刮板从穴盘的一方刮向另一方，使每个孔穴都平整填满。将 4~5 张叠在一起的穴盘压在装满基质的穴盘上，轻轻用力向下挤压即可。

6. **播种及管理**

播种前将基质浇透，每穴播种发芽的种子 1 粒，播种后覆盖基质，用刮板从穴盘一方刮向另一方，去掉多余的基质，小孔穴整平即可。

播种完毕并在种子上面覆盖基质后，在苗床上搭拱棚并覆农膜与遮阳网，促进出苗。出苗后揭去农膜，保留遮阳网，注意降温，维持室内温度 25~28 ℃。育苗基质发白时适量补水，并注意喷洒 75% 百菌清 600~800 倍液加 10% 吡虫啉 1 500 倍液，防治苗期病虫害。

7. **促进雌花发育**

在培育壮苗的基础上，黄瓜苗期喷施乙烯利可大大提高雌花数。首先，喷施乙烯利的浓度与苗龄大小有关，如 3~4 叶期，要求乙烯利浓度以 200~300 mg/kg 为宜，而 1~2 叶期小苗，乙烯利浓度以 100~200 mg/kg 为宜。其次，喷施乙烯利的浓度与温度高低有关，温度较高时，乙烯利浓度应稍低些，以 100~200 mg/kg 为宜；温度较低时喷施的乙烯利的浓度要高些，以 200~300 mg/kg 为宜。施乙烯利后，由于坐瓜增多，为了确保不化瓜，要特别加强水肥管理，定植后轻控或短控水，以提高坐瓜率和商品率。

8. **生理性病害防治**

（1）徒长

温度偏高、氮肥偏多、湿度大、光照弱等原因会造成徒长。表现为幼苗茎细，节间长，叶片薄，色稍淡，叶柄细长易折，根系发育不良，根条数少，根小，这类苗容易受病害侵染。遇到这种情况应设法降低温度，通风排湿。

（2）烤苗

苗床温度过高、光照过强或叶片与透明覆盖物接触，使得叶片极度失水，致使叶片萎蔫，甚至干枯，是烤苗现象。遇到这种情况应设法降低光照强度。

（二）夏秋番茄设施育苗技术

1. **确定育苗时期**

由于气温过高，且是病虫害高发期，因此夏秋季育苗技术难度大。一般番茄夏秋育苗时，自根苗苗龄以 30~35 d 为宜，定植时幼苗形态最好能达到 5 叶一心。播种期为 6 月下旬至 10 月上旬。

2. **品种选择**

宜选用较耐热抗病，果形端正且较耐储放的品种。

3. **育苗方式的选择**

夏秋季节番茄育苗不易管理和保护，且易受高温、虫害和病毒病等病害的危害，而番茄种子价格较高，目前最好采用集中穴盘育苗方式。

4. 育苗前杀菌消毒工作

播前进行种子处理，检测发芽率，选择种子发芽率大于90%以上、籽粒饱满、发芽整齐一致的种子。先将种子在阳光下暴晒3~4 h，用50%多菌灵10~15倍液浸种4 h可有效杀灭种子所带病菌；用10%磷酸二钠浸种，有钝化番茄花叶病毒作用。浸种完毕将种子放在55 ℃的温水中浸泡20 min，而且要不断搅动。捞出后用手搓洗，并用清水漂洗干净。捞出后沥去种子表面水分，放在25~30 ℃条件下催芽，出芽后及时播种。

5. 穴盘与基质的准备

番茄育苗选择72孔或50孔塑料穴盘，也可用10 cm×10 cm塑料育苗钵。基质配制可选用草炭、蛭石、珍珠岩、炉渣，例如用草炭、蛭石、珍珠岩按2∶2∶1或草炭、蛭石、炉渣按6∶3∶2比例配制。要求配制好的基质疏松透气、每1 m^3添加生物有机基质2.5 kg、氮磷钾三元素复合肥0.5 kg、50%多菌灵可湿性粉剂100 g，加水75 kg混合均匀，pH值为5.5~7.0。配制后用塑料膜覆盖，堆闷30 d即可装盘。

6. 播种及管理

集约化穴盘育苗采用直播方法，将处理好的种子直接种在穴盘中，可提高工作效率。播种后，穴盘内的温度保持白天25~30 ℃，夜间18~20 ℃。幼苗出土后，适当降低温度，尤其是要注意控制夜温，防止徒长，保持白天20~25 ℃、夜间16~18 ℃。

7. 苗期管理

（1）温度调控

基质温度应控制在22~24 ℃，高于28 ℃时幼苗生长太快，容易造成徒长，超过32 ℃则生长停滞。白天加大通风，降低空气相对湿度，并使用遮阳网以减轻阳光暴晒，并降低地温、气温。

（2）水分管理

播种后应浇透水，使基质达到最大持水量的200%，以利出苗；苗出齐后，基质持水量控制在最大持水量的90%以上；子叶展开到2叶1心期，基质持水量控制在最大持水量的75%~80%；3叶1心后，持水量以最大持水量的70%~75%为宜。夏季温度高，水分蒸发快，要及时给基质补充水分，如果管理不当，则会育成老化苗，定植后缓苗慢，生长也慢，影响早期产量，因此要多喷水，而且喷水次数要随着空气温度的高低做适当的调整。但要注意水管内水温过高损伤幼嫩的根系，灌溉水最好用井水，以利于降低基质温度。

（3）肥料管理

苗期可结合喷水用0.5%磷酸二氢钾、0.3%尿素或番茄叶面专用肥进行叶面喷肥，浓度宜低不宜高，如果浓度过大，幼苗容易受害，穴盘基质中也容易积累过多的盐分，影响幼苗的正常生长发育。有条件的也可喷施市售营养液。

（4）光照

夏季育苗必须采取遮阳措施，防止强光灼伤幼苗。一般在10:30—17:00采用60目的银灰色或黑色遮阳网遮阳，采用循序渐进的方法，逐渐扩大遮阳面积，使幼苗逐渐适应不断变化的光照强度。

（5）防止徒长

幼苗子叶展平后，可喷施 100 mg/kg 缩节胺或矮壮素溶液防治徒长，如果采用多效唑防治徒长，一定要控制好浓度，浓度过大容易形成僵化苗。

（6）炼苗

定植前 5~7 d，应加强光照强度，延长光照时间，适当控制水分进行炼苗。

（7）病虫害防治

育苗时前茬作物一般尚未收获，大棚内各种病虫害易传播，因此一定要加强管理。常见病害有猝倒病、晚疫病，常见害虫有蚜虫等迁飞性害虫。猝倒病防治时除了要做好苗床营养土消毒外，发现病苗应立即拔除，并对苗床喷洒 50% 多菌灵 500 倍液或 72.2% 普力克水剂 600 倍液。晚疫病为苗期易发病害，应注意苗床通风排湿。若发现病株，应先拔除，并用 78% 科博可湿性粉剂 600 倍液等喷洒苗床防治。蚜虫、白粉虱、美洲斑潜蝇是常见且较难防治的 3 种害虫，多混合发生，对叶片危害严重，对产量影响也较大。防治时可用 10% 吡虫啉 4 000 倍液、25% 灭螨猛乳油 1 000 倍液、20% 斑潜净微乳剂 1 000 倍液、40% 绿莱宝乳油 1 000 倍液等交替喷施，或用 10% 棚杀（异丙威烟剂进行夜间闭棚闷杀），防治效果好。

（8）壮苗标准

株高 20~25 cm，茎粗 0.4~0.5 cm、叶面积在 9~10 cm^2，达 5~6 片真叶，根系完好，侧根呈鲜白色，苗期 25~30 d。当番茄苗达到上述标准时，其根系紧紧缠绕基质，起苗时不会散坨。定植取苗前浇透水，穴盘苗可远距离运输，定植成活率可达 100%。

（三）芹菜设施育苗技术

1. 品种选择

选用早熟、耐热的品种。

2. 苗床准备或穴盘准备

在温室或塑料大棚内，平整畦面后，撒施充分腐熟的农家肥 3 cm 厚，翻 10 cm 深，划碎土块，使粪土掺和均匀，整平畦面。准备好竹竿和遮阳网，以备播种后遮阴。

3. 浸种催芽

芹菜种子皮厚，含油腺，又很细小，在高温干旱条件下出芽很慢，常需十几天。当夏末初秋播种时，常常采用以下措施：播前先将种子用清水浸种 12~24 h，然后置于阴凉处催芽。经 3~4 d 有 80% 种子出芽后播种。也可以将种子与湿润的河沙混合后置冷凉处催芽。

4. 播种及管理

每平方米苗床播种 10 g 左右。先踩一遍畦面，然后浇水，水渗下后用细土补平畦面，播撒种子。撒种后，覆盖 1 cm 厚细沙。畦面覆盖地膜。穴盘育苗采用基质，可以点播，也可不进行催芽，直接机械播种于穴盘，然后在催芽室内催芽。

5. 苗期管理

（1）环境管理

采用营养土苗床育苗时，芹菜种子发芽后，撒 1 层薄薄的蔬菜基质盖种芽，以利扎根。空气湿度较高、通风量少时，要注意控水。芹菜苗期一般不追肥。如果长势弱，缺肥时，在 4~5 片叶时可随水追施尿素 1 次，每亩 5 kg 或叶面喷施 0.2% 尿素溶液。穴盘育苗时，一般不进行追肥。不管是营养土育苗还是穴盘育苗，芹菜出苗后均应保持室温 13~25 ℃，湿度 75% 左右。

（2）间苗促长

芹菜的苗期需间苗两次，第一次在幼苗出土后，子叶展开真叶刚露出时进行；第二次在幼苗长到 2 叶 1 心时再间苗，苗距 3 cm，把小苗、弱苗、病苗全部拔掉。

（3）防除杂草

营养土苗床育苗时，播种覆盖细沙后，应及时拔除杂草。

（4）防治害虫

要保护好瓢虫、黄蜂等蚜虫的天敌。芹菜苗期发现蚜虫时，最好用黄板进行诱杀，也可选用阿维菌素、吡虫啉、啶虫脒、苦参碱等进行防治。

（5）适期定植

当苗龄 40 d 左右、苗高达 10~15 cm、有 3~4 片真叶时即可开始定植大田。

二、材料准备

（一）查找常见蔬菜设施育苗方法

通过现场调查，查找相关资料，找出生产上常见蔬菜的设施育苗技术。

（二）搜集相关案例资料

通过资料调研，拜访种植户等途径，搜集蔬菜设施育苗操作相关案例资料，重点学习黄瓜、番茄、芹菜的育苗季技巧。

三、工具准备

草炭、蛭石、珍珠岩、黄瓜种子、番茄种子、芹菜种子、尿素、多菌灵、阿维菌素、吡虫啉、啶虫脒、育苗营养液、洒水壶等。

四、人员准备

人员分组，每组 4 人。明确职责分工。

人员分工

任务角色	任务内容
组长：	任务：
组员 1：	任务：
组员 2：	任务：
组员 3：	任务：

任务实施

步骤一：深入农业企业或种植户现场学习黄瓜、番茄和芹菜的设施育苗实际操作。

步骤二：查找相关的资料，总结黄瓜、番茄、芹菜育苗过程中水肥管理、环境控制的方法。

步骤三：给出黄瓜、番茄、芹菜设施育苗的具体方案。

步骤四：按照方案实施育苗操作，等待观察育苗效果。

步骤五：任务总结。

任务检测

请扫码答题。

任务评价

工作任务完成过程评价

班级：__________ 组别：__________ 姓名：__________

项目	评分标准	分值	自我评价	小组评价	教师评价
基本素质	学习态度良好，学习积极性高	10			
	积极主动与老师、同学交流，相互尊重、理解。与老师、同学间能保持多向、丰富的信息交流	10			
理论知识	了解蔬菜设施育苗的方式，品种选择	10			
	了解不同蔬菜设施育苗的播种方式及管理	10			
	了解不同蔬菜设施育苗的苗期管理措施	10			
实操技能	能够有效利用网络、图书资源查找有用的相关信息，能将查到的信息有效地运用到学习中	10			

（续表）

项目	评分标准	分值	自我评价	小组评价	教师评价
实操技能	能够在老师的带领下，按照预先准备的问题完成农业企业或种植户的实地调研学习	10			
	能够通过查阅的资料和调研的结果制定黄瓜、番茄和芹菜设施育苗的方案，并按照方案实施育苗操作	10			
思政表现	能从全局上筹划相关事项或行动的具体安排	10			
	能够树立学习好知识掌握好技能服务农村、投身农业现代化建设的意识	10			
合计		100			
自我评价与总结					
教师点评					

项目四 瓜果类的设施栽培

项目导读

从田间地头到家庭餐桌，可口的瓜果滋润了我们的日常生活，但露地栽培瓜果类蔬菜时，由于环境气候的限制，只能因时而种，因地而种，不能满足消费者对新鲜瓜果的需求。随着设施瓜果栽培技术的发展，消费者从过去的“有什么吃什么”到现在的“吃什么有什么”，极大地丰富了人们的菜篮子。然而，设施内的环境与露地不同，所以在实际生产中需要系统学习设施农业瓜果类栽培技术，做好设施瓜果类蔬菜的栽培管理。本项目设置有黄瓜的设施栽培、西瓜的设施栽培、厚皮甜瓜的设施栽培、番茄的设施栽培、辣椒的设施栽培、茄子的设施栽培六个任务。

知识目标

①了解设施瓜果主栽品种的生物学特征和生长习性。

②掌握设施瓜果主栽品种的茬口安排。

③掌握设施瓜果主栽品种的品种选择、定植、环境调控、植株调整、采收等相关设施栽培技术要点。

技能目标

①对设施瓜果主栽品种的品种特征和生长周期能够准确识别。

②对不同生长周期、不同品种的瓜果能够进行科学的设施栽培田间实践。

素质目标

①具备独立自主查阅资料、获取知识、更新知识的能力。

②具有良好的沟通协调能力、团队协作能力，富有爱岗敬业的精神，能吃苦耐劳、动手实操。

思政目标

①增强职业责任感和使命感。
②培养科技兴农、服务农业现代化建设的意识。

任务一　黄瓜的设施栽培

任务导入

某种植户计划在日光温室内种植黄瓜，但对黄瓜品种选择、设施栽培技术等不了解，请你根据所学知识，帮助该种植户设计黄瓜的设施栽培管理方案。

任务工单

班级:______________ 姓名:______________ 学号:______________

任务名称	黄瓜的设施栽培
任务描述	根据实际情况，填写本任务的内容、目的、流程和方法。 任务内容: 任务目的: 任务流程: 任务方法:
获取信息	要完成任务，需要掌握相关的知识。请收集资料，回答以下问题。 1. 如何进行黄瓜设施栽培的品种选择? 2. 黄瓜设施栽培的茬口安排是怎样的? 3. 黄瓜设施栽培的环境管理技术有哪些? 4. 黄瓜设施栽培的植株调整和采收技术有哪些?

（续表）

<table>
<tr><td>制订计划</td><td colspan="4">根据学习任务，制订工作计划。</td></tr>
<tr><td rowspan="6">任务实施</td><td colspan="4">按照预先制订的工作计划，完成本任务，并记录任务实施过程。</td></tr>
<tr><td>序号</td><td>完成的任务</td><td>遇到的问题</td><td>解决办法</td></tr>
<tr><td></td><td></td><td></td><td></td></tr>
<tr><td></td><td></td><td></td><td></td></tr>
<tr><td></td><td></td><td></td><td></td></tr>
<tr><td></td><td></td><td></td><td></td></tr>
</table>

任务准备

一、知识准备

（一）黄瓜的起源及其主要生物学特性

1. 黄瓜的起源

黄瓜为葫芦科植物，原产于喜马拉雅山南麓热带雨林的下部，长期处于水肥充足、有机质丰富的土壤和潮湿多雨的环境中，形成了根系浅、叶片大、茎蔓攀援、喜温喜湿和耐弱光的特性。

2. 黄瓜主要生物学特性

①黄瓜根系主要特征。根系浅，80% 侧根分布于表土下 20~25 cm 土层中；根量少；木栓化早，损伤后难恢复；喜氧不耐涝；喜肥但吸收能力差；对土壤温度十分敏感。

②黄瓜茎主要特征。蔓生，中空，含水量高，易折，6~7 片叶后，茎不能直立生长，在吊蔓时尤其要注意；叶腋间可分生侧蔓，后期需整枝打杈。根据茎的粗细、节间的长短、卷须的生长状态还可以进行植株诊断，一般认为，茎粗 0.7~1.0 cm，第二、第三节间较短，以后逐渐加长，卷须粗且长，不打卷，是健壮植株的标志，否则为弱株。

③黄瓜叶片主要特征。包括子叶和真叶，子叶是黄瓜早期主要营养来源；真叶大，蒸腾高，需水量大。健壮幼苗的真叶表现为叶片中等大小，顺次往上一个比一个稍大，色深绿而肉厚，叶片和叶柄上的刺较硬，有扎手感。

④黄瓜花主要特征。黄瓜有雄花、雌花、完全花 3 种花型，多为单性花；有完全花株、雌性株、雄性株、雌雄同株、雌全同株、雄全同株、雌雄全同株 7 种株型，生产上最常见的为雌雄同株异花的株型。雌花芽的早分化、多分化、分化好，有利于设施黄瓜的早熟高产、优质高效。

（二）黄瓜生长发育周期

①发芽期。从种子萌动到第一片真叶露出（破心），7~8 d。

②幼苗期。从第一片真叶显露到 4~5 片真叶（定植），20~30 d，营养器官生长和花芽

陆续分化，是花芽分化的关键期。

③初花期（伸蔓期）。从 4~5 片真叶（定植）到根瓜坐住，约 25 d，茎蔓明显伸长，花芽继续形成，花数不断增加。这是地上部与地下部、营养生长与生殖生长均衡发展的重要时期。

④结果期。从根瓜坐住到拉秧，露地栽培 1~2 个月，设施栽培 4~5 个月甚至更长。其间，果实大量形成，茎、叶、根系生长均达到高峰，是高产、稳产、优质的关键时期。

（三）黄瓜生长发育对设施环境条件的要求

①温度。生育界限温度为 10~30 ℃，最适气温为白天 25~30 ℃，夜间 13~18 ℃。要求较大的昼夜温差。

②光照。黄瓜在瓜类蔬菜中最耐弱光，光合作用饱和点为 5 万 ~5.5 万 lx，补偿点 1 000~2 000 lx。

③肥水。对空气湿度和土壤水分要求高，栽培中不能缺水，但也怕涝、怕积水。根系吸肥能力弱，因此黄瓜要重施基肥，追肥要少量多次，并结合浇水进行。

④土壤。对土壤适应范围比较广，最适宜富含腐殖质的肥沃、微酸性土壤。

（四）黄瓜设施栽培的茬口安排

塑料大棚中可进行春提前、秋延后、越夏茬生产。日光温室中可进行秋冬茬、冬春茬、越冬茬生产，茬口安排见表 4–1。

表4–1　华北地区黄瓜设施生产茬口安排

茬口	播种期（月 / 旬）	定植期（月 / 旬）	采收期（月 / 旬）
春提前	2/ 上中	3/ 中下	4/ 中至 6/ 上
秋延后	7/ 下至 8/ 上	—	9/ 中至 10/ 下
秋冬茬	8/ 中至 9/ 上	9/ 上至 9/ 下	10/ 上至 12/ 下
越冬茬	9/ 中至 10/ 中	10/ 中至 11/ 中	11/ 中至 6/ 上
冬春茬	12/ 上至 1/ 中	1/ 中至 2/ 上	2/ 中至 6/ 下

（五）黄瓜设施栽培关键技术

1. 选用优良品种

（1）越冬茬优良品种

要求：早熟；瓜码密；品质好；前期产量高，总产量高；耐寒性较强，结瓜期耐低温弱光。

（2）冬春茬优良品种

要求：早熟；耐低温弱光；植株长势强；不易徒长；分枝少；雌花节位低；节成性好；瓜条商品性好；高产抗病。

（3）秋冬茬优良品种

要求：苗期耐热、抗病性强，结瓜期耐低温，早中熟、中熟、中晚熟品种依栽培目的而定。

2. **确定适宜播种期**

（1）确定播期的依据

现代设施黄瓜栽培可实现一年四季随时种植，因此，设施黄瓜的播种期主要依据经济效益而定，而非受季节限制，即使商品瓜盛产期，与市场紧缺、畅销、高价期相重合，避免出现丰产不丰收现象。

（2）确定播期的方法

根据高效益的上市期推算播种期。再结合以下条件进行适当调整。

①品种熟性。中熟品种提前 10 d，晚熟品种提前 20 d。

②温光条件。有改善措施的，可延后 3~10 d。如，加温温室延后 3 d，电热温床延后 5 d，无土育苗延后 10 d。

③嫁接育苗：采用嫁接育苗，黄瓜播种期提前 3~5 d。靠接法黄瓜播种后 5~7 d 播种砧木；插接法黄瓜播种前 3~5 d 播种砧木。

3. **实施黄瓜促雌技术**

①配制优良营养土，增施腐熟有机肥，保证土壤营养完全，疏松透气。

②通过通风、遮光等措施，形成 13~15 ℃的低夜温和 8 h 左右的短日照，促进雌花分化。

③通过覆盖地膜、及时灌溉等保持适宜的土壤（基质）水分，土壤相对湿度维持在 80% 左右较好，土壤湿度大于 90% 或低于 40%，均不利于雌花分化。

④增加二氧化碳浓度达到 1 000~1 500 mg/kg。

⑤在 2~4 片真叶期喷洒 2 遍 100~150 mg/kg 乙烯利。

4. **起垄定植，覆盖地膜**

定植前 10~15 d 进行田间清理、土壤消毒，注意施有机肥（15 kg/m^2）。设施黄瓜定植密度一般为 3 000~3 500 株 / 亩，采用宽窄行定植，宽行距 80~90 cm，窄行距 50~60 cm，株距 20~25 cm。定植后覆地膜，浇透定植水。

5. **加强黄瓜定植后的管理**

（1）温度管理

黄瓜缓苗期密闭保温，分段逐步提高室内温湿度。日温 25~28 ℃，夜温 13~15 ℃，地温 15 ℃以上。抽蔓期实行四段变温管理，上午 26~28 ℃，下午 20~22 ℃，前半夜 15~17 ℃，后半夜 10~12 ℃。盛果期仍实行变温管理，上午 28~30 ℃，下午 22~24 ℃，前半夜 17~19 ℃，后半夜 12~14 ℃。

（2）光照管理

通过揭盖草苫等不透明覆盖保温物，争取每天 8~10 h 的短光照；勤擦拭棚膜除尘，增加棚膜透光性；张挂镀铝反光幕，增加反光照，尽可能增加光照强度。采用宽窄行定植，及时去掉侧枝、病叶和老叶，改善行间和下部通风透光情况。

（3）湿度管理

主要通过行间覆盖塑料薄膜，另外可采取定期放风和喷雾、浇水方式来实现环境的湿度管理。

（4）肥水管理

黄瓜缓苗期，浇 1 次缓苗水，水量要充足。抽蔓期，根瓜形成前一般不追肥灌水。结果期，根瓜长到 15 cm 时，结合浇水每亩施三元复合肥 15 kg。采收初期至结瓜盛期 10~20 d 灌 1 次水，隔 1 次水追 1 次肥。结果盛期，5~10 d 灌 1 次水，10~15 d 追 1 次肥，并施用 CO_2 气肥，以达增产目的。

（5）CO_2 施肥

黄瓜生长盛期增施 CO_2 可增产 20%~25%，可提高黄瓜品质，增强植株的抗病性。通常在开始结果期施 CO_2 气肥，施肥时间为日出后 30 min 至通风换气前 2~3 h 内。

（6）植株调整

当黄瓜植株长到 15 cm 或 4~5 片真叶时，开始插架引蔓或吊蔓。及时摘除侧枝、雄花、卷须和砧木发出的萌蘖，以及化瓜和畸形瓜。生长中后期摘除植株底部的病叶、老叶。随时落蔓，落蔓前打掉下部老叶，使黄瓜龙头下落至一定的高度，落下的蔓盘卧在地膜上，注意避免与土壤接触。打老叶和摘除侧枝、卷须，应在上午进行，引蔓宜在下午进行。

（7）病虫害防治

霜霉病用 72.2% 普力克水剂 800 倍液加蔗糖 200 倍液喷洒，或高温闷棚。茶黄螨、斑潜蝇用阿维菌素类药剂防治效果较好。蚜虫、白粉虱用吡虫啉、扑虱灵等喷雾防治，或用黄板法防治。

（8）成熟和采收

黄瓜从播种至采收一般需要生长时间长度为 50~60 d。注意“根瓜早采、掐断果柄、掌握标准、顶花带刺、摆放整齐、遮光保湿”。

二、材料准备

（一）调查当地自然条件和市场需求

通过现场观测、查阅相关资料等方法调查当地气候、地形、水文、土壤等自然环境条件和市场需求，做好记录与分析，进行黄瓜品种的选择。

（二）搜集相关案例资料

通过资料调研、拜访种植户等途径，搜集日光温室内种植黄瓜相关案例资料，了解黄瓜设施栽培方案的设计步骤。

三、工具准备

卷尺、游标卡尺、放大镜、挖铲、温度计、湿度计、光照度计、土壤检测仪、手套、口罩、白大褂。

四、人员准备

人员分组，每组 4 人。明确职责分工。

人员分工

任务角色	任务内容
组长：	任务：
组员 1：	任务：
组员 2：	任务：
组员 3：	任务：

任务实施

步骤一：调研当地黄瓜市场行情。

步骤二：深入农业企业或种植户现场测试栽培黄瓜的日光温室内外温度、湿度、光照、土壤等环境条件。

步骤三：与农户交流上一茬口的栽培情况、病虫害流行情况等。

步骤四：查找相关的资料，找出适宜的黄瓜品种和栽培茬口。

步骤五：讨论、确定日光温室内黄瓜栽培的定植方案并做好定植后的管理预案。

步骤六：按照方案实施黄瓜的设施栽培，任务完成后进行总结。

任务检测

请扫码答题。

任务评价

工作任务完成过程评价

班级：____________ 组别：____________ 姓名：____________

项目	评分标准	分值	自我评价	小组评价	教师评价
基本素质	学习态度良好，学习积极性高	10			
	积极主动与老师、同学交流，相互尊重、理解。与老师、同学间能保持多向、丰富的信息交流	10			

（续表）

项目	评分标准	分值	自我评价	小组评价	教师评价
理论知识	了解日光温室内栽培黄瓜的品种和栽培茬口选择	10			
	了解日光温室内黄瓜设施栽培的定植技术	10			
	了解日光温室内黄瓜设施栽培定植后管理措施	10			
实操技能	能够有效利用网络、图书资源查找有用的相关信息，能将查到的信息有效地运用到学习中	10			
	能够在老师的带领下，按照预先准备的问题完成农业企业或种植户的实地调研学习	10			
	能够通过查阅的资料和调研的结果制定日光温室黄瓜栽培的方案，并按照方案完成栽培操作	10			
思政表现	能从全局上筹划相关事项或行动的具体安排	10			
	能够树立学习好知识掌握好技能服务农村、投身农业现代化建设的意识	10			
合计		100			
自我评价与总结					
教师点评					

任务二　西瓜的设施栽培

任务导入

某种植户计划在日光温室内种植西瓜，但对西瓜的品种选择、设施栽培技术等不了解，请你根据所学知识，帮助该种植户设计西瓜的设施栽培方案。

任务工单

班级：________ 姓名：________ 学号：________

<table>
<tr><td>任务名称</td><td colspan="4">西瓜的设施栽培</td></tr>
<tr><td>任务描述</td><td colspan="4">根据实际情况，填写本任务的内容、目的、流程和方法。
任务内容：

任务目的：

任务流程：

任务方法：</td></tr>
<tr><td>获取信息</td><td colspan="4">要完成任务，需要掌握相关的知识。请收集资料，回答以下问题。
1. 如何进行西瓜设施栽培的品种选择？

2. 西瓜设施栽培的茬口安排是怎样的？

3. 西瓜设施栽培的环境管理技术有哪些？

4. 西瓜设施栽培的植株调整技术有哪些？</td></tr>
<tr><td>制订计划</td><td colspan="4">根据学习任务，制订工作计划。</td></tr>
<tr><td rowspan="6">任务实施</td><td colspan="4">按照预先制订的工作计划，完成本任务，并记录任务实施过程。</td></tr>
<tr><td>序号</td><td>完成的任务</td><td>遇到的问题</td><td>解决办法</td></tr>
<tr><td></td><td></td><td></td><td></td></tr>
<tr><td></td><td></td><td></td><td></td></tr>
<tr><td></td><td></td><td></td><td></td></tr>
<tr><td></td><td></td><td></td><td></td></tr>
</table>

任务准备

一、知识准备

（一）西瓜的起源及其主要生物学特性

1. 西瓜的起源

西瓜又称夏瓜、寒瓜，为葫芦科植物，原产于非洲沙漠地区，5 000 多年前古埃及人引种生产。

2. 西瓜的主要生物学特性

西瓜根系主要特征：直根系，发达，分布深而广，耐旱；木栓化较早，再生能力差；好氧，忌黏重土壤或积水。

西瓜茎主要特征：蔓生，幼苗茎直立，节间短缩，4~5 节后节间伸长匍匐生长；蔓长因品种和栽培条件而异，节间一般长 10 cm 左右；分枝性强，尤其是基部 3~5 节侧枝出现早，长势壮；也有短蔓类型、无分枝类型的西瓜。

西瓜叶片主要特征：深裂（个别品种为全缘叶），表面有蜡质和茸毛，耐空气干燥；裂片大小和宽窄是品种的重要特征；一般叶柄长小于叶片，但肥水过大，光照弱，徒长时叶柄长大于叶片。

西瓜花主要特征：单性腋生，异花同株，性型分化具可塑性；雄花始花节位 3~5 节，雌花始花节位 5~11 节。花瓣和花萼各 5 片，花冠黄色。子房下位，虫媒花，清晨开放，下午闭合。雌雄花比例：孙蔓 > 子蔓 > 主蔓，主蔓坐果单果重最大。

西瓜果实主要特征：果实为圆形、长椭圆形，3 心室，瓠果。果皮颜色有白、绿、黑、黄、花皮等，肉色有白、黄、红、粉色，肉质有紧肉、沙瓤。小型瓜单果重 1~2 kg，中型瓜单果重 4~5 kg，大型瓜单果重 10~15 kg。

西瓜种子主要特征：小粒千粒重 25~40 g，中粒千粒重 25~50 g，大粒千粒重 80~100 g，常温可贮存 2~3 年，低温干燥可贮存 8~10 年。

（二）西瓜生长发育周期

1. 发芽期

从种子萌动到第一片真叶露出（破心），7~10 d。

2. 幼苗期

从第一片真叶显露到 4 叶 1 心，25~30 d，茎叶生长缓慢，以根系生长为主。土壤过湿，地温过低，易沤根。

3. 伸蔓期

分为伸蔓前期和后期。从 4 叶 1 心到雄花开放为伸蔓前期，以茎叶生长为中心，浇水追肥。从雄花开放到雌花开放为伸蔓后期，营养生长、生殖生长同时进行，控肥水，整枝压蔓，抑制茎叶，促进花器发育。

4. **结果期**

分为坐果期、膨瓜期和成熟期。从雌花开放到退毛为坐果期，4~6 d，从营养生长为主向生殖生长为主过渡时期，控秧促坐果。从退毛到定个为膨瓜期，18~25 d，果实迅速膨大，需肥水最多。从定个到成熟为成熟期，10 d 左右。

（三）西瓜生长发育对设施环境条件的要求

1. **温度**

喜高温、干燥、不耐寒，生育界限温度 10~40 ℃，发芽期 28~30 ℃；幼苗期 22~25 ℃；伸蔓期 25~28 ℃；结果期 30~35 ℃。昼夜温差大，则品质好。

2. **光照**

喜光，饱和点 8 万 lx，补偿点 1 500 lx；光照不足会导致茎叶细弱，节间长，化瓜等。西瓜对日照长短要求不严。

3. **水分**

耐旱，耐空气干燥。发芽期要求水分充足；幼苗期适应能力强，干旱可促根系发育；伸蔓前期增加水分，促茎叶生长；伸蔓后期控水，抑制营养生长；坐果期严格控水；膨瓜期水分充足；成熟期停水。

4. **土壤**

沙壤土最好，pH 值 5~7，对盐碱敏感。

5. **营养**

N∶P∶K=3.28∶1∶4.23，幼苗期和伸蔓期以 N 肥为主，配合 P、K，结果期以 P、K 肥为主，配合 N 肥。

6. **CO_2 需求**

CO_2 补偿点 1 500 mg/kg。

（四）西瓜设施栽培的茬口安排

双膜覆盖：利用地膜 + 小拱棚进行双膜覆盖，可进行春提前设施栽培，2 月下旬播种，3 月下至 4 月上定植，6 月上市。

大棚三层覆盖：利用地膜 + 小拱棚 + 大棚进行双膜覆盖，可进行春提前设施栽培，2 月上旬播种，3 月上旬定植，5 月中下旬上市。

日光温室冬春茬：12 月上旬播种，1 月中下旬定植，4 月上旬上市。

（五）西瓜设施栽培关键技术

选用西瓜优良品种如表 4–2 所示。

表4–2 西瓜设施栽培主要品种及其特性

类型	品种	品种特性
早熟品种	京欣一号、京欣二号	全生育期 90~95 d，果实发育期 28~30 d，第一雌花节位 6~7 节，雌花间隔 5~6 节，抗枯萎病、炭疽病较强，在低温弱光条件下容易坐果。果实圆形，果皮绿色，上有薄薄的白色蜡粉，有明显绿色条带 15~17 条，果皮厚度 1 厘米，肉色桃红，含糖量 11%~12%，平均单果重 5~6 kg

（续表）

类型	品种	品种特性
早熟品种	早佳 84–24	开花至果实成熟 28~30 d，生长势中等，坐果性好。果实圆形，绿皮上覆墨绿窄条带，外形美观，红瓤，质脆口感极佳，中心含糖 11%~12%。平均单瓜重 3~4 kg。极适合长江流域栽培。采瓜前 3 d 不宜浇水，以防裂瓜和降低糖度
中晚熟品种	西农 8 号（金钟冠龙）	果皮浅绿，覆有深绿色齿条带花纹，果实椭圆形，红瓤，中熟或中晚熟，较耐贮运，是 20 世纪 90 年代大果型品种中推广发展较快的类型。全生育期 95~100 d，开花到果实成熟约 36 d，果实含糖量 9.6% 左右
	丰收 2 号	主要特点是黑皮，果实椭圆形，红瓤，皮韧，极耐贮运，中晚熟。是山东、河南等一些地区的主栽品种
袖珍西瓜	特小凤	原产台湾，果实圆球形，花皮，黄瓤，单果重 1.5 kg
	红小玉	原产日本，全生育期 88 d，果实生育期 28 d 左右。果实圆球形，花皮，红瓤，单果重 2 kg
无籽西瓜	黑蜜 2 号	中晚熟，全生育期 100~110 d，果实发育期 36~40 d。果实圆球形，墨绿皮上带有暗宽条带，白色秕籽少而小，无籽性好。平均单瓜重 5~7 kg
特色品种	晶迪、中选 11 与中选 12、丰乐 8 号、金帅 2 号、京雪	黄皮类型、黄瓤类型、白瓤类型等。黄皮品种皮色金黄，商品外观美，价格较高。黄瓤品种肉质细，纤维少，汁多，口感风味特佳。白瓤类型更是稀缺品种

1. 培育壮苗

采用营养钵或穴盘进行护根育苗。播种前用 50 ℃温水浸种 15 min，水温降至 30 ℃后，再继续浸种 6~8 h，接着将种子放在 28~30 ℃温度下催芽，经 24~48 h，种子露白后即可进行播种。早春栽培，为提高抗病性和耐低温性，普遍实行嫁接换根。西瓜嫁接用砧木，根据其亲和性、抗病性、商品性状及栽培特性综合分析，瓠瓜和野生西瓜作砧木对西瓜果实品质无不良影响，目前应用较多，主要砧木品种有勇士、相生、超丰 F1、圣奥力克等。嫁接方法以插接为主。西瓜苗或嫁接苗培育到 3~4 叶时即可定植。定植前 1 周，依栽培形式不同进行幼苗锻炼。

2. 定植

西瓜常见的栽培形式有单行栽培、宽窄行栽培、吊蔓栽培。塑料大棚内常采用单行栽培，行距 1.8 m，株距 50~60 cm，适合早熟品种，双蔓或三蔓整枝，定植密度为每亩 800~1 100 株。露地栽培常采用宽窄行栽培，宽行距 2 m，窄行距 1 m，株距 50~60 cm，适合中熟品种，双蔓整枝，定植密度为每亩 650~700 株。温室内常采用吊蔓栽培，行距 1 m，株距 40~50 cm，适合中小型早熟西瓜，双蔓整枝，定植密度为每亩 1 000~1 600 株。西瓜是深根性作物，忌连作，为提高产量，需深耕。每亩施优质腐熟堆厩肥 5 000 kg，做成宽 40 cm、高 10~15 cm 龟背垄，在垄中间开沟再按每亩施饼肥 100 kg、草木灰 100 kg、过磷酸钙 20 kg，与土混匀后浇水，并覆盖地膜。设施西瓜栽培行向多为南北向。

3. 加强定植后的管理

（1）温湿度管理

定植后密闭保温，提高室内温湿度，促进缓苗。缓苗后，白天棚室内温度超过 35 ℃放风，降到 25 ℃以下时闭棚，夜间温度尽量维持在 15 ℃以上。遇到寒潮时增加保温覆盖，保持棚室内气温不低于 10 ℃。开花期注意通风除湿，保持空气相对湿度在 50% 左右，白天温度控制在 25~28 ℃，夜间温度控制在 15~18 ℃。膨瓜期，白天适温 30 ℃左右，最高不能超过 35 ℃，夜间温度控制在 15~18 ℃。西瓜定个后可适当增大昼夜温差，促进果实生长。

（2）光照管理

选用长寿、无雾滴、防老化棚膜。每天早晨揭开草苫后，清扫棚膜，擦净灰尘，还可以在温室北墙张挂反光幕，尽可能增加光照。另外，也可通过及时去掉侧枝、病叶和老叶等植株调整技术，改善行间和下部通风透光情况。

（3）肥水管理

西瓜定植至坐果前一般不再施肥，可根据苗的长势、土壤及天气情况来管理肥水。定植水浇足后，前期一般不用浇水。当茎蔓开始迅速生长时，浇 1 次水以促进茎蔓生长。之后要控制浇水，进行蹲瓜，待瓜坐住如鸡蛋大小时施 1 次膨瓜肥，促进幼果迅速生长，通常每亩施硫酸钾复合肥 20 kg，再加 10 kg 尿素，施后充分浇水催瓜。此后也可用 0.3% 磷酸氢二钾叶面追肥 1~2 次。

（4）植株调整

设施栽培中常采用双蔓整枝法和吊蔓式栽培法。双蔓整枝法：主蔓长 30 cm 左右时，在基部选留 1 个粗壮侧蔓与主蔓平行生长，以后摘除所有的侧蔓；每株西瓜插两根竹竿或用尼龙绳吊蔓；双蔓整枝蔓数较多，叶面积较大，雌花数较多，主侧蔓均可坐果，果形较大。吊蔓式栽培法：植株甩蔓后主蔓用绳吊起，侧蔓在畦上爬蔓，全部封垄后侧蔓摘心，商品瓜坐稳、开始膨大时对主蔓及时摘心，当幼瓜长到 0.5 kg 时用网袋吊瓜；日光温室栽培要根据设施前屋面形状，使龙头排列在南低北高一条斜线上，以利受光；绑蔓时要防止叶片重叠，坐瓜后顶部留 15 片叶摘心，全株留叶片 50~55 片。华南地区冬季大棚西瓜以运销“三北”地区为主，以高产为目标，通常行地爬栽培，整枝方法与北方春季早熟栽培留主蔓早结瓜早上市完全不同，通常选中晚熟品种采用三蔓整枝。三蔓整枝：除主蔓外，基部选留 2 个侧蔓与主蔓平行生长，以后摘除所有的侧蔓。三蔓整枝叶面积更大，果形大，雌花数多，坐果机会多，是露地栽培中晚熟品种常用的整枝方法，每株留 2~3 个瓜。

（5）人工授粉

设施西瓜必须进行人工授粉。晴天，凌晨 5:00 左右花冠开始松动，6:00 左右花粉开始裂开，散出花粉，花冠全部展开。至 12:00，花冠颜色变淡，开始闭合。人工授粉时间应在上午 8:00—11:00，这段时间是雌花柱头和雄花花粉生理活动旺盛的时间，也是人工授粉的最佳时间。阴天可延迟到 10:00—12:00 进行授粉。授粉后，挂牌标记授粉日期，以便适时采收。

（6）留瓜、翻瓜

15~18 节位留瓜，鸡蛋大小时即可留瓜，其余摘除，优先保留主蔓。每 3~4 d 翻动

1次，使光照均匀，皮色、糖度一致。吊蔓栽培的西瓜，瓜径20 cm（500 g）时用网袋吊瓜，根据植株的生长及时调整瓜的位置。

（7）成熟和采收

一般依授粉日期来确定西瓜的成熟和采收日期，早熟品种授粉24~30 d后可成熟采收，中晚熟品种授粉35~40 d后可成熟采收。

二、材料准备

（一）调查当地自然条件和市场需求

通过现场观测、查阅相关资料等方法调查当地气候、地形、水文、土壤等自然环境条件和市场需求，做好记录与分析，进行西瓜品种的选择。

（二）搜集相关案例资料

通过资料调研，拜访种植户等途径，搜集相关案例资料，了解西瓜设施栽培方案的设计步骤。

三、工具准备

卷尺、游标卡尺、放大镜、挖铲、温度计、湿度计、光照度计、土壤检测仪、手套、口罩、白大褂。

四、人员准备

人员分组，每组4人。明确职责分工。

人员分工

任务角色	任务内容
组长：	任务：
组员1：	任务：
组员2：	任务：
组员3：	任务：

任务实施

步骤一：调研当地西瓜市场行情。

步骤二：深入农业企业或种植户现场测试栽培西瓜的日光温室内外温度、湿度、光照、土壤等环境条件。

步骤三：与农户交流上一茬口的栽培情况、病虫害流行情况等。

步骤四：查找相关的资料，找出适宜的西瓜品种和栽培茬口。

步骤五：讨论、确定日光温室内西瓜栽培的定植方案并做好定植后的管理预案。

步骤六：按照方案实施西瓜的设施栽培，任务完成后进行总结。

任务检测

请扫码答题。

任务评价

工作任务完成过程评价

班级：__________ 组别：__________ 姓名：__________

项目	评分标准	分值	自我评价	小组评价	教师评价
基本素质	学习态度良好，学习积极性高	10			
	积极主动与老师、同学交流，相互尊重、理解。与老师、同学间能保持多向、丰富的信息交流	10			
理论知识	了解日光温室内栽培西瓜的品种和栽培茬口选择	10			
	了解日光温室内西瓜设施栽培的定植技术	10			
	了解日光温室内西瓜设施栽培定植后管理措施	10			
实操技能	能够有效利用网络、图书资源查找有用的相关信息，能将查到的信息有效地运用到学习中	10			
	能够在老师的带领下，按照预先准备的问题完成农业企业或种植户的实地调研学习	10			
	能够通过查阅的资料和调研的结果制定日光温室西瓜栽培的方案，并按照方案完成栽培操作	10			
思政表现	能从全局上筹划相关事项或行动的具体安排	10			
	能够树立学习好知识掌握好技能服务农村、投身农业现代化建设的意识	10			
合计		100			

（续表）

自我评价与总结	
教师点评	

任务三 厚皮甜瓜的设施栽培

任务导入

某种植户计划在日光温室内种植厚皮甜瓜，但对厚皮甜瓜品种选择、设施栽培技术等不了解，请你根据所学知识，帮助该种植户设计厚皮甜瓜的设施栽培技术方案。

任务工单

班级:________________ 姓名:________________ 学号:________________

任务名称	厚皮甜瓜的设施栽培
任务描述	根据实际情况，填写本任务的内容、目的、流程和方法。 任务内容: 任务目的: 任务流程: 任务方法:
获取信息	要完成任务，需要掌握相关的知识。请收集资料，回答以下问题。 1. 如何进行厚皮甜瓜设施栽培的品种选择? 2. 厚皮甜瓜设施栽培的茬口安排是怎样的? 3. 厚皮甜瓜设施栽培的环境管理技术有哪些?

（续表）

<table>
<tr><td>获取信息</td><td colspan="4">4. 厚皮甜瓜设施栽培的植株调整技术有哪些？</td></tr>
<tr><td>制订计划</td><td colspan="4">根据学习任务，制订工作计划。</td></tr>
<tr><td rowspan="6">任务实施</td><td colspan="4">按照预先制订的工作计划，完成本任务，并记录任务实施过程。</td></tr>
<tr><td>序号</td><td>完成的任务</td><td>遇到的问题</td><td>解决办法</td></tr>
<tr><td></td><td></td><td></td><td></td></tr>
<tr><td></td><td></td><td></td><td></td></tr>
<tr><td></td><td></td><td></td><td></td></tr>
<tr><td></td><td></td><td></td><td></td></tr>
</table>

任务准备

一、知识准备

（一）厚皮甜瓜的起源及其主要生物学特性

厚皮甜瓜起源于我国新疆，喜干燥、高温、强光、大温差。厚皮甜瓜根系较发达，较耐干旱、贫瘠；好气性强；伤根后不易恢复。茎的分枝能力极强；主蔓生长势较弱，侧蔓生长十分旺盛。叶形为近圆形，正反面均被茸毛，叶缘不分裂或浅裂。雌雄同株异花，雌花多为两性花；主蔓雌花出现较迟，子蔓、孙蔓雌花出现较早。果实大，单瓜重 2~5 kg，最大可达 10 kg 以上。果皮厚而不可食，肉较厚，产量较高，果实肉质绵软，香气浓郁，含糖量 10%~15%，有些品种可达 20% 以上。果皮较韧，耐贮运，晚熟品种可储存 3~4 个月以上。厚皮甜瓜多在我国西北地区种植，在华北、东北及南方不能露地栽培。生育期长，植株长势强，抗逆性差。

（二）厚皮甜瓜生长发育周期

1. 发芽期

从种子萌动到第一片真叶露出，历时 7~10 d。

2. 幼苗期

从第一片真叶显露到第五片真叶显露，历时 25~30 d。

3. 伸蔓期

从第五片真叶到留瓜部位结实花开放，历时 20~25 d。

4. 结果期

从留瓜部位结实花开放到果实成熟，历时 30~60 d。

（三）厚皮甜瓜生长发育对设施环境条件的要求

1. 温度要求

厚皮甜瓜是喜温作物，种子萌发适温为 30~35 ℃；幼苗生长适温（日 / 夜）为 26~

27 ℃/15~20 ℃；茎叶生长的适温（日 / 夜）为 25~30 ℃/16~18 ℃；开花期最适温度为 25 ℃；果实发育期间适温（日 / 夜）为 30~35 ℃/15~18 ℃。适宜地温为 22~25 ℃，厚皮甜瓜的耐热性较强。

2. 光照要求

厚皮甜瓜是喜强光作物，生育期间要求充足的光照，植株正常生长通常要求 10~12 h 以上的日照时数。厚皮甜瓜对光照度要求严格。

3. 水分要求

厚皮甜瓜耐旱不耐涝，需水量较大。要求空气干燥，适宜相对湿度为 50%~60%。开花坐果期要求相对湿度为 80% 左右。

4. 土壤要求

厚皮甜瓜对土壤的适应性强，能耐轻度盐碱（土壤 pH 值 7~8），但以土层深厚，疏松透气的沙壤土为最好，适宜土壤 pH 值 6.0~6.8。需肥量较大，每生产 1 000 kg 产品需氮 3.75 kg，磷 1.7 kg，钾 6.8 kg。喜磷钾肥，对钙镁硼的要求量也比较大。

（四）厚皮甜瓜设施栽培的茬口安排

主要栽培季节为春夏两季，设施栽培茬口以早春茬为主，如表 4–3 所示，秋延后茬口前期高温多雨，后期低温寡照且病虫害频繁，栽培生产难度较大，较少安排。

表4–3 厚皮甜瓜春早熟设施栽培茬口安排

设施类型	播种期	定植期	采收期
日光温室	12 月上旬至翌年 1 月上旬	2 月	4 月上中旬
塑料大棚	2 月中下旬	3 月下旬	5 月上中旬

（五）厚皮甜瓜设施栽培关键技术

1. 选用优良品种

我国厚皮甜瓜种植区集中在新疆、甘肃、宁夏、内蒙古等省份。常见品种有新疆的红心脆、炮台红、皇后、芙蓉等；兰州的黄河蜜；宁夏、内蒙古的河套蜜瓜。目前，厚皮甜瓜设施栽培的品种也更加丰富，除伊丽莎白外，还引进了白皮的西布洛托等国外品种；同时由国内甜瓜育种家选育的维多利亚、郑甜 1 号等厚皮甜瓜新品种也开始在生产中推广。日光温室现已成为我国北方地区厚皮甜瓜栽培效益最高的设施栽培生产形式。日光温室冬春茬甜瓜一般在 11—12 月播种，翌年 1—2 月定植，收获期为 3 月下旬至 5 月上旬。应选用耐低温弱光、生育快、早熟、株型紧凑的品种。

2. 培育壮苗

厚皮甜瓜常采用嫁接育苗方式，砧木品种较常用的有圣砧系列，甬砧系列品种，亲和性、抗病性、增产效果较好。

3. 整地、定植

温室消毒后，按每亩施优质农家肥 5 000 kg，过磷酸钙 50 kg，硫酸钾 20 kg，镁肥 3~5 kg，硼锌等微量肥 2~3 kg，翻整土地，达到疏松透气。定植采取株距 50 cm，交错开定植穴，根据各方面的条件和技术水平来定，厚皮甜瓜的定植密度 2 000~3 000 株 / 亩。

4. 加强定植后的管理

（1）温光调节

缓苗期，日温保持在 26~30 ℃，夜温不低于 10 ℃，地温应稳定在 15 ℃以上。伸蔓期，降温蹲苗，日温 25~28 ℃，夜温 15~20 ℃。结果期，开花坐果期最适为 25 ℃左右；果实膨大期白天温度要保持在 27~35 ℃，夜温要在 12 ℃左右，地温保持 20 ℃以上。设施栽培期间，注意增光补光。

缓苗期密闭保温，提高室内温湿度。日温 25~28 ℃，夜温 13~15 ℃，地温 15 ℃以上。抽蔓期实行四段变温管理，上午 26~28 ℃，下午 20~22 ℃，前半夜 15~17 ℃，后半夜 10~12 ℃。盛果期仍实行变温管理，上午 28~30 ℃，下午 22~24 ℃，前半夜 17~19 ℃，后半夜 12~14 ℃。

（2）肥水管理

缓苗期浇好缓苗水，在伸蔓期管理好伸蔓水、伸蔓肥，按每亩施用磷酸二铵 10 kg，尿素 5 kg 及硫酸钾 5 kg。坐果后 7~20 d 开始浇膨瓜水，每 10 d 浇一次小水。结合浇膨瓜水，每亩随水冲施磷酸二铵 30 kg，硫酸钾 15 kg，硫酸镁 5 kg。果实接近成熟时，控制水分，15~20 d 叶面喷肥 1 次。

（3）植株调整

单蔓整枝主蔓先不摘心，选留中部 12~15 节的子蔓作结果预备蔓，一般留 2~3 条子蔓，每条蔓留一个瓜，瓜前留 2 片叶摘心。结果蔓以上再发出的子蔓摘除，最顶部 2 个子蔓，留 3~4 片叶摘心。单蔓整枝的，主蔓长到 25~30 节摘心。单蔓整枝适用于早、中熟品种。双蔓整枝在幼苗主蔓 7~8 片叶摘心；当子蔓长到 15 cm 左右，选留两条健壮子蔓，分别引向两根吊绳，其余子蔓全部摘除。在每条子蔓中部 10~13 节处选留 3 条孙蔓作结果蔓，每条结果蔓于雌花开放前在花前留 2 片叶摘心。子蔓 20~25 节摘心。甜瓜整枝应根据品种结果习性而定。甜瓜结果以孙蔓和子蔓结果为主，主蔓结果少，因此大部分品种均进行主蔓摘心。孙蔓一般在第一节上即发生雌花，生产上用此蔓留果，瓜农称为果衩，发生晚的孙蔓摘除。摘心的作用主要是养分调节、平衡，摘心要及时，彻底。

（4）人工辅助授粉

一般在上午 8:00—10:00，温度在 20~25 ℃时进行授粉。常采用毛笔授粉、雄蕊涂抹的方法，对子蔓第二节及以后、孙蔓第 1 节及以后的雌花进行授粉。也可采用激素处理，用 40 mg/kg 的坐果灵［4– 氯苯氧乙酸（4–CPA）］对雌花和瓜胎进行喷雾处理，处理的适宜温度保持在 22~25 ℃。

（5）留瓜、吊瓜的选择

授粉后 5~10 d，幼果鸡蛋大小（果径 2~3 cm）时选留。选择果形端正、果柄较粗的果实保留。顺便去掉残留花瓣。软绳或塑料绳绑缚在果梗处或用网袋来吊瓜、护瓜。

（6）成熟和采收

厚皮甜瓜早熟品种成熟期需 35~45 d，晚熟品种需 45~55 d，结合果皮颜色、叶片状态等外观进行成熟度鉴定，适时采收。

二、材料准备

（一）调查当地自然条件和市场需求

通过现场观测、查阅相关资料等方法调查当地气候、地形、水文、土壤等自然环境条件和市场需求，做好记录与分析，进行厚皮甜瓜品种的选择。

（二）搜集相关案例资料

通过资料调研，拜访种植户等途径，搜集相关案例资料，了解厚皮甜瓜设施栽培方案的设计步骤。

三、工具准备

卷尺、游标卡尺、放大镜、挖铲、温度计、湿度计、光照度计、土壤检测仪、手套、口罩、白大褂。

四、人员准备

人员分组，每组 4 人。明确职责分工。

人员分工

任务角色	任务内容
组长：	任务：
组员 1：	任务：
组员 2：	任务：
组员 3：	任务：

任务实施

步骤一：调研当地厚皮甜瓜市场行情。

步骤二：深入农业企业或种植户现场测试栽培厚皮甜瓜的日光温室内外温度、湿度、光照、土壤等环境条件。

步骤三：与农户交流上一茬口的栽培情况、病虫害流行情况等。

步骤四：查找相关的资料，找出适宜的厚皮甜瓜品种和栽培茬口。

步骤五：讨论、确定日光温室内厚皮甜瓜栽培的定植方案并做好定植后的管理预案。

步骤六：按照方案实施厚皮甜瓜的设施栽培，任务完成后进行总结。

任务检测

请扫码答题。

任务评价

工作任务完成过程评价

班级:________ 组别:________ 姓名:________

项目	评分标准	分值	自我评价	小组评价	教师评价
基本素质	学习态度良好，学习积极性高	10			
	积极主动与老师、同学交流，相互尊重、理解。与老师、同学间能保持多向、丰富的信息交流	10			
理论知识	了解日光温室内栽培厚皮甜瓜的品种和栽培茬口选择	10			
	了解日光温室内厚皮甜瓜设施栽培的定植技术	10			
	了解日光温室内厚皮甜瓜设施栽培定植后管理措施	10			
实操技能	能够有效利用网络、图书资源查找有用的相关信息，能将查到的信息有效地运用到学习中	10			
	能够在老师的带领下，按照预先准备的问题完成农业企业或种植户的实地调研学习	10			
	能够通过查阅的资料和调研的结果制定日光温室厚皮甜瓜栽培的方案，并按照方案完成栽培操作	10			
思政表现	能从全局上筹划相关事项或行动的具体安排	10			
	能够树立学习好知识掌握好技能服务农村、投身农业现代化建设的意识	10			
合计		100			

自我评价与总结	
教师点评	

任务四　番茄的设施栽培

任务导入

某种植户计划在日光温室内种植番茄，但对番茄品种选择、设施栽培技术等不了解，请你根据所学知识，帮助该种植户设计番茄的设施栽培方案。

任务工单

班级：＿＿＿＿＿＿＿＿　姓名：＿＿＿＿＿＿＿＿　学号：＿＿＿＿＿＿＿＿

任务名称	番茄的设施栽培
任务描述	根据实际情况，填写本任务的内容、目的、流程和方法。 任务内容： 任务目的： 任务流程： 任务方法：
获取信息	要完成任务，需要掌握相关的知识。请收集资料，回答以下问题。 1. 如何进行番茄设施栽培的品种选择？ 2. 番茄设施栽培的茬口安排是怎样的？ 3. 番茄设施栽培的环境管理技术有哪些？ 4. 番茄设施栽培的植株调整技术有哪些？
制订计划	根据学习任务，制订工作计划。

（续表）

<table>
<tr><td rowspan="6">任务实施</td><td colspan="4">按照预先制订的工作计划，完成本任务，并记录任务实施过程。</td></tr>
<tr><td>序号</td><td>完成的任务</td><td>遇到的问题</td><td>解决办法</td></tr>
<tr><td></td><td></td><td></td><td></td></tr>
<tr><td></td><td></td><td></td><td></td></tr>
<tr><td></td><td></td><td></td><td></td></tr>
<tr><td></td><td></td><td></td><td></td></tr>
</table>

任务准备

一、知识准备

（一）番茄的起源及其主要生物学特性

番茄原产于南美洲安第斯山脉地区，分为有限生长型和无限生长型。番茄为直根系，根系发达，根系分枝能力强。茎多为半直立，需搭架栽培；腋芽萌发能力极强，需及时整枝打杈；茎节上易发生不定根。叶片单叶互生，羽状深裂，每叶有小裂片 5~9 对，叶片和茎上有茸毛及分泌腺，分泌出特殊气味。番茄花为完全花，花冠黄色，小花的花柄和花梗连接处有离层，条件不适合时易落花。大中型果的番茄为聚伞花序，小型番茄为总状花序。果实颜色有红色、粉色、黄色等，果实多汁，富含番茄红素。番茄种子比果实成熟早，授粉后 35 d 具发芽力，50~60 d 完熟。种子扁平，肾形，银灰色，表面具茸毛。千粒重 3.0~4.3 g，发芽年限 3~4 年。

（二）番茄生长发育周期

1. 发芽期

从种子萌动到第一片真叶露出，历时 7~9 d。

2. 幼苗期

从第一片真叶显露到第一花序现蕾，历时 50~80 d。

3. 开花着果期

第一花序现蕾至坐果。

4. 结果期

第一花序坐果到生产结束。开花至花后 4~5 d 为坐果，花后 5~30 d 为果实膨大，花后 30 d 至果成熟为定个及转色期。

（三）番茄生长发育对设施环境条件的要求

1. 温度要求

番茄为喜温作物，生长适温 12~33 ℃，地温范围 18~23 ℃。其中，发芽期 25~30 ℃，幼苗期（日 / 夜）23~28 ℃/13~18 ℃，开花期（日 / 夜）23~28 ℃/16~20 ℃，结果期（日 /

夜）23~28 ℃/15~20 ℃。适宜地温 20~22 ℃。

2. 光照要求

喜充足阳光，光照不足常引起落花。强光伴随高温干旱，则会引起卷叶、坐果率低或果面灼伤。

3. 空气湿度要求

番茄为半耐旱作物，在较低空气湿度下生长良好。发芽期温度宜在 80% 以内，幼苗期、开花期适宜温度 65%~70%，结果期湿度宜大于 75%。

4. 酸碱性和土壤肥力要求

番茄适合微酸性至中性土壤（pH 值 6~7）。需肥量大，后期需增施磷钾肥。生长期间缺钙易引发果实生理障害。生产 1 000 kg 番茄需要氮肥 3 kg、磷肥 1 kg、钾肥 5 kg。

（四）番茄设施栽培的茬口安排

塑料大棚中可进行春提前、秋延后、越夏一大茬生产，如表 4–4 所示。日光温室中可进行秋冬茬、冬春茬、越冬茬生产，高温时段，不适宜设施蔬菜的生长发育。

表4–4　北方地区番茄设施生产茬口安排

茬口	播种期（月 / 旬）	定植期（月 / 旬）	采收期（月 / 旬）
日光温室秋冬茬	7/ 下至 8/ 中	9/ 中	10/ 上至 1
日光温室冬春茬	9/ 上至 10/ 上	11/ 上至 12/ 上	1/ 上至 5
日光温室早春茬	12/ 上	2/ 上至 3/ 上	3/ 中至 6/ 上
塑料大棚春早熟	12/ 中至 1/ 上	3/ 上至 4/ 中	5/ 上至 6/ 中
塑料大棚秋延后	6/ 上至 7/ 中	7/ 上至 8/ 上	9 至 10
小拱棚春早熟	1/ 上至 2/ 上	3/ 下至 4/ 下	5/ 上至 6

（五）日光温室冬春茬番茄栽培关键技术

1. 选用优良品种

宜选择果实形状、颜色等符合销售地区消费习惯，且结果期长、产量高、品质好，耐贮运的中晚熟品种。

2. 定植

宽窄行定植，窄行距 50 cm，宽行距 60 cm，株距 30~35 cm，定植深度使第一片真叶和地面平齐。

3. 加强定植后的管理

（1）温光调节

缓苗期闭棚升温，高温高湿条件下促进缓苗，温度超过 30 ℃时可回苫降温。

缓苗后日温 20~25 ℃，夜温 13~17 ℃。

结果期“四段变温管理”，即上午 25~28 ℃，促进植株的光合作用；下午光合作物减弱，20~25 ℃；前半夜 15~20 ℃，促进同化物运输；后半夜 10~12 ℃（不低于 6 ℃），抑制呼吸消耗。整个生长期注意增光补光。

（2）水肥管理

第一穗果膨大期一般不浇水；第一穗果采收前可不追肥，缓苗后每周喷施 1 次磷酸二氢钾溶液。第二穗果长至核桃大小时，结合灌水进行第一次追肥，每亩磷酸二铵 15 kg，硫酸钾 10 kg 或三元复合肥 25 kg。以后气温升高，放风量增大，一般 1 周左右灌 1 次水，明暗沟交替进行。结合灌水，在第四穗果、第六穗果膨大时分别追 1 次肥。结果期可增施 CO_2 气肥。

（3）植株调整

单干整枝，除主干以外，所有侧枝全部摘除，留 3~4 穗果，在最后一个花序前留 2 片叶摘心。多穗单干整枝，每株留 8~9 穗果，2~3 穗成熟后，上部 8~9 穗已开花，即可摘心。摘心时花序前留 2 片叶，打杈去老叶，减少养分消耗。为降低植株高度，生长期间可喷布 2 次矮壮素。连续换头整枝，头三穗采用单干整枝，其余侧枝全部打掉，以免影响通风透光。第一穗果开始采收时，植株中上部选留 1 个健壮侧枝作结果枝，采用单干整枝再留 3 穗果。当第四穗果开始采收时，再按上述方法留枝作结果枝，上留 3 穗果摘心，其余侧枝留 1 片叶摘心。

（4）花果期管理

采用 15~20 mg/kg 的 2,4–D、25~50 mg/L 的番茄灵（对氯苯氧乙酸 / 防落素）、20~30 mg/L 的番茄丰产剂 2 号进行保花保果。还可以采用熊蜂授粉，可增产 15%~35%，改善果实品质，一方面解决了激素残留问题，另一方面使得番茄商品果率提高。为提高果实品质，还需根据番茄品种特性进行疏花疏果，大果型品种每穗留果 3~4 个，中型留 4~5 个。第一次疏果，在每一穗花大部分开放时，疏掉畸形花和开放较晚的小花。第二次在果实坐住后，再把发育不整齐，形状不标准的果疏掉。

（5）成熟和采后管理

番茄成熟采收后需要长途运输的，可在转色期提前采收。采收后就近销售的，可在成熟期马上进行采收。

二、材料准备

（一）调查当地自然条件和市场需求

通过现场观测、查阅相关资料等方法调查当地气候、地形、水文、土壤等自然环境条件和市场需求，做好记录与分析，进行番茄品种的选择。

（二）搜集相关案例资料

通过资料调研，拜访种植户等途径，搜集相关案例资料，了解番茄设施栽培方案的设计步骤。

三、工具准备

卷尺、游标卡尺、放大镜、挖铲、温度计、湿度计、光照度计、土壤检测仪、手套、口罩、白大褂。

四、人员准备

人员分组，每组 4 人。明确职责分工。

人员分工

任务角色	任务内容
组长：	任务：
组员 1：	任务：
组员 2：	任务：
组员 3：	任务：

任务实施

步骤一：调研当地番茄市场行情。

步骤二：深入农业企业或种植户现场测试栽培番茄的日光温室内外温度、湿度、光照、土壤等环境条件。

步骤三：与农户交流上一茬口的栽培情况、病虫害流行情况等。

步骤四：查找相关的资料，找出适宜的番茄品种和栽培茬口。

步骤五：讨论、确定日光温室内番茄栽培的定植方案并做好定植后的管理预案。

步骤六：按照方案实施番茄的设施栽培，任务完成后进行总结。

任务检测

请扫码答题。

任务评价

工作任务完成过程评价

班级：________________ 组别：________________ 姓名：________________

项目	评分标准	分值	自我评价	小组评价	教师评价
基本素质	学习态度良好，学习积极性高	10			
	积极主动与老师、同学交流，相互尊重、理解。与老师、同学间能保持多向、丰富的信息交流	10			

（续表）

项目	评分标准	分值	自我评价	小组评价	教师评价
理论知识	了解日光温室内栽培番茄的品种和栽培茬口选择	10			
	了解日光温室内番茄设施栽培的定植技术	10			
	了解日光温室内番茄设施栽培定植后管理措施	10			
实操技能	能够有效利用网络、图书资源查找有用的相关信息，能将查到的信息有效地运用到学习中	10			
	能够在老师的带领下，按照预先准备的问题完成农业企业或种植户的实地调研学习	10			
	能够通过查阅的资料和调研的结果制定日光温室番茄栽培的方案，并按照方案完成栽培操作	10			
思政表现	能从全局上筹划相关事项或行动的具体安排	10			
	能够树立学习好知识掌握好技能服务农村、投身农业现代化建设的意识	10			
合计		100			
自我评价与总结					
教师点评					

任务五　辣椒的设施栽培

任务导入

某种植户计划在日光温室内种植辣椒，但对辣椒品种选择、设施栽培技术等不了解，请你根据所学知识，帮助该种植户设计辣椒的设施栽培方案。

任务工单

班级：________________　姓名：________________　学号：________________

<table>
<tr><td>任务名称</td><td colspan="4">辣椒的设施栽培</td></tr>
<tr><td>任务描述</td><td colspan="4">根据实际情况，填写本任务的内容、目的、流程和方法。
任务内容：

任务目的：

任务流程：

任务方法：</td></tr>
<tr><td>获取信息</td><td colspan="4">要完成任务，需要掌握相关的知识。请收集资料，回答以下问题。
1. 如何进行辣椒设施栽培的品种选择？

2. 辣椒设施栽培的茬口安排是怎样的？

3. 辣椒设施栽培的环境管理技术有哪些？

4. 辣椒设施栽培的植株调整技术有哪些？</td></tr>
<tr><td>制订计划</td><td colspan="4">根据学习任务，制订工作计划。</td></tr>
<tr><td rowspan="6">任务实施</td><td colspan="4">按照预先制订的工作计划，完成本任务，并记录任务实施过程。</td></tr>
<tr><td>序号</td><td>完成的任务</td><td>遇到的问题</td><td>解决办法</td></tr>
<tr><td></td><td></td><td></td><td></td></tr>
<tr><td></td><td></td><td></td><td></td></tr>
<tr><td></td><td></td><td></td><td></td></tr>
<tr><td></td><td></td><td></td><td></td></tr>
</table>

任务准备

一、知识准备

（一）辣椒的起源及其主要生物学特性

辣椒原产于中南美洲的安第斯山脉，明朝末年从墨西哥传入我国，至今已有300余年的栽培历史。辣椒根系浅，不易发生不定根，易倒伏，再生力差，根系两排侧根，方向与子叶平行，根系对氧要求严格。辣椒茎直立生长，木质化程度强，有限生长型和无限生长型，茎高因辣椒品种、气候、栽培条件等而异，30~150 cm，二叉或三叉分枝。辣椒叶片为单叶互生，长卵圆形，全缘，叶面光滑，稍有光泽，少数品种叶面密生茸毛。辣椒的花为单生完全花，个别簇生，着生于分枝点上，花冠白、绿白或紫白；3~4片真叶时开始花芽分化，虫媒花，常自交作物。辣椒根系分泌一些微生物，导致辣椒重茬生长不好，加上辣椒疫病等病害发生，设施栽培辣椒生产中问题很多。辣椒果实为浆果；果形、大小、颜色因品种而异；胎座不发达，形成较大的空腔，辣椒2室，甜椒3~6室。辣椒自下而上所结果实分别称为：门椒、对椒、四母斗、八面风、满天星。

（二）辣椒生长发育周期

1. **发芽期**

从种子萌动到第一片真叶露出，历时20~25 d。

2. **幼苗期**

从第一片真叶显露到门椒现大蕾，历时60~90 d。

3. **初花期**

从门椒现大蕾到门椒坐果，历时20~30 d。

4. **结果期**

从门椒坐果到拉秧，历时90~120 d。

（三）辣椒生长发育对设施环境条件的要求

1. **温度要求**

辣椒喜温不耐寒，发芽期适温25~32 ℃；幼苗要求较高的温度，日温25~28 ℃，夜温18~20 ℃；开花结果期适温日温25~28 ℃，夜温15~20 ℃。温度低于15 ℃或高于35 ℃时，生长受限，土温不宜过高，尤其是强光直射地面，对根系发育不利。

2. **光照要求**

对光强要求不严格，耐弱光，过强光对生长发育不利，较适于设施栽培。日中性植物，对光周期要求不严格，10~12 h短日照和适度的光强能促进花芽分化和发育；种子萌发要避光。

3. **水分要求**

单株需水量不多，但因根系不发达，必须经常供给水分，并保持土壤较好的通透性；既不耐旱也不耐涝，干旱易诱发病毒病，淹水数小时，植株就会萎蔫死亡，要小水勤浇。

对空气相对湿度的要求以 60%~80% 为宜，过湿易引发病害；空气干燥，又严重降低坐果率。

4. 土壤酸碱性和营养要求

要求土质疏松、通透性好的土壤，忌低洼地；对土壤酸碱度要求不严，pH 值 6.2~7.2；需肥量大，不耐贫瘠，但耐肥力又较差，因此一次性施肥量不宜过多。

（四）辣椒设施栽培的茬口安排

北方节能型日光温室和现代加温温室主要采用冬春茬栽培甜椒，一般于 8 月中旬育苗，9 月下旬至 10 月上旬定植，12 月至翌年 5 月成熟采收，多应用于甜椒类型的长季节栽培。日光温室也可进行春提前栽培和秋延后栽培。春提前栽培，一般于 10—11 月播种育苗，翌春 2 月定植，3—4 月始收，6—7 月拉秧；秋延后栽培一般自 7 月下旬至 8 月中旬播种，苗龄 25~30 d 定植，10~12 月成熟采收。

（五）设施辣椒长季节栽培关键技术

1. 选用优良品种

选用耐低温弱光，中晚熟品种。适合的优良品种有大果型辣椒和长辣椒。

大果型辣椒如辽椒 4 号、沈椒 4 号、农乐、中椒 2 号、牟椒 1 号、海花 3 号、苏椒 5 号、甜杂 2 号，茄门等。

长辣椒如湘研 1 号、湘研 3 号、湘研 19 号、保加利亚尖椒、沈椒 3 号等。

2. 播种和育苗

按照栽培茬次确定适宜的播种时间。种子播种前需消毒、浸种催芽，幼苗 2~3 片叶时分苗，分苗后浇足水，提高气温至日温 26~30 ℃、夜温 18~20 ℃缓苗，缓苗后降低 2~4 ℃。定植前 7~10 d 炼苗，日温 15~20 ℃、夜温 5~10 ℃，5~6 片真叶时定植。

3. 整地、定植

定植前 10~15 d 进行田间清理、土壤消毒，每亩沟施农家肥 5 000 kg，氮磷钾三元复合肥 40 kg，过磷酸钙 50 kg。设施辣椒采用宽窄行定植，宽行距 60~80 cm，窄行距 40~60 cm，株距 30~40 cm。定植后覆地膜，浇透定植水。

4. 定植后的田间管理

①温度光照调控。辣椒定植后 1 周内，白天不通风，多层覆盖，一定范围内的高温高湿，起到促缓苗作用。缓苗后日温 23~25 ℃，夜温 15~18 ℃。结果期，随着外温的升高，白天加强通风，外界最低温度稳定在 15 ℃以后，昼夜进行通风。夏季注意遮光降温，进入 10 月逐步减少通风量，11 月开始做好夜间保温。

②水肥管理。浇好缓苗水以后进入蹲苗期，水量稍大。门椒坐果后，开始浇水，视土壤墒情与植株长势确定灌水量。门椒采收后，应经常浇水保持土壤湿润；结果前期 7 d 左右浇 1 次水，结果盛期 4~5 d 浇 1 次水。追肥把握少量多次的原则，门椒坐果后，结合浇水进行第一次追肥，每亩随水冲施尿素 10~15 kg，硫酸钾 10 kg。盛果期，根据植株长势，可追施化肥或腐熟有机肥 1~2 次。

③植株调整。门椒以下侧枝尽早抹去，老、黄、病叶及时摘除，如密度过大，对椒上发出的两杈中留一杈去一杈，控制生长。

④成熟和采收。一般开花后 35~40 d 后就可进入采收适期；设施栽培辣椒的实际生产中待辣椒的果实充分膨大，果肉变硬、果皮发亮后采收；门椒、对椒应适当早采收。

二、材料准备

（一）调查当地自然条件和市场需求

通过现场观测、查阅相关资料等方法调查当地气候、地形、水文、土壤等自然环境条件和市场需求，做好记录与分析，进行辣椒品种的选择。

（二）搜集相关案例资料

通过资料调研，拜访种植户等途径，搜集相关案例资料，了解辣椒设施栽培方案的设计步骤。

三、工具准备

卷尺、游标卡尺、放大镜、挖铲、温度计、湿度计、光照度计、土壤检测仪、手套、口罩、白大褂。

四、人员准备

人员分组，每组 4 人。明确职责分工。

人员分工

任务角色	任务内容
组长：	任务：
组员 1：	任务：
组员 2：	任务：
组员 3：	任务：

任务实施

步骤一：调研当地辣椒市场行情。

步骤二：深入农业企业或种植户现场测试栽培辣椒的日光温室内外温度、湿度、光照、土壤等环境条件。

步骤三：与农户交流上一茬口的栽培情况、病虫害流行情况等。

步骤四：查找相关的资料，找出适宜的辣椒品种和栽培茬口。

步骤五：讨论、确定日光温室内辣椒栽培的定植方案并做好定植后的管理预案。

步骤六：按照方案实施辣椒的设施栽培，任务完成后进行总结。

任务检测

请扫码答题。

任务评价

工作任务完成过程评价

班级：＿＿＿＿＿＿＿＿＿＿　组别：＿＿＿＿＿＿＿＿＿＿　姓名：＿＿＿＿＿＿＿＿＿＿

项目	评分标准	分值	自我评价	小组评价	教师评价
基本素质	学习态度良好，学习积极性高	10			
	积极主动与老师、同学交流，相互尊重、理解。与老师、同学间能保持多向、丰富的信息交流	10			
理论知识	了解日光温室内栽培辣椒的品种和栽培茬口选择	10			
	了解日光温室内辣椒设施栽培的定植技术	10			
	了解日光温室内辣椒设施栽培定植后管理措施	10			
实操技能	能够有效利用网络、图书资源查找有用的相关信息，能将查到的信息有效地运用到学习中	10			
	能够在老师的带领下，按照预先准备的问题完成农业企业或种植户的实地调研学习	10			
	能够通过查阅的资料和调研的结果制定日光温室辣椒栽培的方案，并按照方案完成栽培操作	10			
思政表现	能从全局上筹划相关事项或行动的具体安排	10			
	能够树立学习好知识掌握好技能服务农村、投身农业现代化建设的意识	10			
合计		100			

（续表）

自我评价与总结	
教师点评	

任务六 茄子的设施栽培

任务导入

某种植户计划在日光温室内种植茄子，但对茄子品种选择、设施栽培技术等不了解，请你根据所学知识，帮助该种植户设计茄子的设施栽培方案。

任务工单

班级：________ 姓名：________ 学号：________

任务名称	茄子的设施栽培
任务描述	根据实际情况，填写本任务的内容、目的、流程和方法。 任务内容： 任务目的： 任务流程： 任务方法：
获取信息	要完成任务，需要掌握相关的知识。请收集资料，回答以下问题。 1. 如何进行茄子设施栽培的品种选择？ 2. 茄子设施栽培的茬口安排有哪些？ 3. 茄子设施栽培的环境管理技术有哪些？ 4. 简述茄子双干整枝操作技术流程？

（续表）

<table>
<tr><td>制订计划</td><td colspan="4">根据学习任务，制订工作计划。</td></tr>
<tr><td rowspan="6">任务实施</td><td colspan="4">按照预先制订的工作计划，完成本任务，并记录任务实施过程。</td></tr>
<tr><td>序号</td><td>完成的任务</td><td>遇到的问题</td><td>解决办法</td></tr>
<tr><td></td><td></td><td></td><td></td></tr>
<tr><td></td><td></td><td></td><td></td></tr>
<tr><td></td><td></td><td></td><td></td></tr>
<tr><td></td><td></td><td></td><td></td></tr>
</table>

任务准备

一、知识准备

（一）茄子的起源及其主要生物学特性

茄子，起源于亚洲东南部热带地区（印度、缅甸）。目前，我国栽培茄子已有近两千年的历史。茄子根系发达，由主侧根组成，木质化较早；不定根发生能力较弱，根系再生能力比番茄弱，不宜多次移植；对氧要求严格，土壤板结影响根发育。茄子茎秆幼苗期为草质，后木质化增强，粗壮且直立性强；分枝习性为假二叉分枝；颜色与果实、叶柄相同，再生能力较强，主干截断后可很快发枝。茄子叶片单叶互生、有长柄；叶缘波浪状，形状与品种株形有关，叶面粗糙有茸毛，叶柄和叶脉有刺。茄子花为两性花，一般单生，但也有 2~3 朵簇生的；花瓣 5~6 片，花色为紫色或白色，多为自花授粉；根据花柱的长短，可分为长柱花、中柱花及短柱花。3~4 片叶时进行花芽分化。果实属浆果；果实形状、颜色（白、白绿、绿、紫、黑紫）因品种而异；果皮、胎座的海绵组织为主要食用部分。种子发育晚，果实将近成熟时才迅速发育成熟；种子为扁平肾形，黄色，新种子有光泽。千粒重 4~5 g，种子寿命 4~5 年，使用年限 2~3 年。

（二）茄子生长发育周期

1. 发芽期

从种子萌动到第一片真叶露出，历时 10~13 d。

2. 幼苗期

从第一片真叶显露到第一朵花显蕾，历时 50~60 d。

3. 开花坐果期

第一朵花显蕾到门茄坐果（即门茄“瞪眼”），历时 8~12 d。

4. 结果期

从门茄“瞪眼”到拉秧，历时 50~60 d。

（三）茄子生长发育对设施环境条件的要求

1. 温度

喜温耐热，生长发育适温 20~30 ℃。发芽期适温 25~30 ℃；花芽分化期适宜温度日温 20~25 ℃，夜温 15~20 ℃；根系生长最适温 28 ℃左右。高于 35 ℃会使花芽分化质量下降、落花；低于 20 ℃则授粉受精不良，果实发育不良；低于 15 ℃则生长缓慢、落花；低于 13 ℃则生长停止。

2. 光照

喜光作物，光照弱或光照时数短，光合作用能力降低，植株长势弱，短柱花增多，果实着色不良，尤其是紫茄着色。

3. 水分

耐旱不耐涝，适宜土壤湿度为田间最大持水量的 70%~80%，适宜空气相对湿度为 70%~80%。门茄形成前需水少，门茄迅速生长后需水逐渐增加。

4. 土壤

对土壤适应性较广，但以在疏松肥沃、保水保肥力强、排水良好的壤土上生长最好。适宜 pH 值为 6.8~7.3，较耐盐碱。对土壤含氧量要求较高，以 5%~10% 为宜。

5. 肥料

生育期长，需肥量大，尤以氮肥最多，其次是钾肥和磷肥。果实膨大期需氮、钾肥较多，幼苗期需磷肥较多。每生产 1 000 kg 茄子，需氮 3.2 kg，五氧化二磷 0.94 kg，氧化钾 4.5 kg

（四）茄子设施栽培的茬口安排

大体分春茬、秋冬茬、冬茬、冬春茬、长季节栽培等。具体应根据当地环境条件、设施状况及蔬菜市价与市场需求而确定栽培方式。

（五）日光温室冬春茬栽培关键技术

1. 选用优良品种

冬春季生产应选择耐低温、耐弱光，抗病性强的品种。目前主要以长茄和圆茄为主。

2. 嫁接育苗

常选用托鲁巴姆、CRP、耐病 FV、赤茄等作为砧木，砧木 5~6 片真叶，接穗 3~4 片真叶时进行嫁接。

3. 整地定植

定植前 10~15 d 进行田间清理、土壤消毒。设施茄子采用宽窄行定植，宽行距 60 cm，窄行距 50 cm，株距 30~40 cm。定植后覆地膜，浇透定植水。

4. 加强定植后的管理

①温光调节。缓苗期，闭棚升温，高温高湿条件下促进缓苗。缓苗后，白天超过 30 ℃放风，降到 25 ℃以下缩小放风口，20 ℃时关闭风口，温度保持在 20 ℃以上，夜温尽量保持 15 ℃左右，凌晨不低于 10 ℃。结果期，四段变温管理，即上午 25~28 ℃，下午 20~24 ℃，前半夜温度不低于 16 ℃，后半夜温度控制在 10~15 ℃。阴雨天注意增光补光。

②水肥管理。定植水浇足后，门茄坐果前可不浇水；门茄膨大后开始浇水，采用膜下暗灌；升温至 30 ℃时放风，并开始追肥，每亩施三元复合肥 25 kg，溶解后随水冲施。对茄采收后每亩追施磷酸二铵 15 kg，硫酸钾 10 kg，每周喷施 1 次磷酸二氢钾等叶面肥，结果期，可适量施用 CO_2 气肥。

③植株调整。主要采用双干整枝。保留门茄下第一侧枝形成双干；反复处理四门斗、八面风的分枝，只留 2 个枝干生长；每株留 5~8 个果后在幼果上留 2 片叶摘心；后期秧体较大时可进行吊秧。定植初期，保证有 4 片功能叶，清除其余底叶；门茄开花后，花蕾下面留 1 片叶，再下面的叶片全部打掉；门茄采收后，在对茄下留 1 片叶，再打掉下边的叶片。

④保花保果。采用生长调节剂处理。每小袋丰产剂 2 号兑水 350~500 mL 或防落素 40~50 mg/kg 喷花或蘸花；生长调节剂处理后的花瓣不易脱落，但对果实着色有影响，且容易从花瓣处感染灰霉病，应在果实膨大后摘除。

⑤病虫害防治。蚜虫、茶黄螨、斑潜蝇、白粉虱等可用齐螨素或吡虫啉防治。灰霉病、枯萎病、黄萎病等用速克灵防治。枯萎病、黄萎病等土传病害用嫁接砧木预防。

⑥采收。采收时用剪刀剪下果实，防止撕裂枝条；为保持产品鲜嫩，最好每个茄子都用纸包装，运输时注意保温；避免中午高温时采收。

二、材料准备

（一）调查当地自然条件和市场需求

通过现场观测、查阅相关资料等方法调查当地气候、地形、水文、土壤等自然环境条件和市场需求，做好记录与分析，进行茄子品种的选择。

（二）搜集相关案例资料

通过资料调研，拜访种植户等途径，搜集相关案例资料，了解茄子设施栽培方案的设计步骤。

三、工具准备

卷尺、游标卡尺、放大镜、挖铲、温度计、湿度计、光照度计、土壤检测仪、手套、口罩、白大褂。

四、人员准备

人员分组，每组 4 人。明确职责分工。

人员分工

任务角色	任务内容
组长：	任务：
组员 1：	任务：
组员 2：	任务：
组员 3：	任务：

任务实施

步骤一：调研当地茄子市场行情。

步骤二：深入农业企业或种植户现场测试栽培茄子的日光温室内外温度、湿度、光照、土壤等环境条件。

步骤三：与农户交流上一茬口的栽培情况、病虫害流行情况等。

步骤四：查找相关的资料，找出适宜的茄子品种和栽培茬口。

步骤五：讨论、确定日光温室内茄子栽培的定植方案并做好定植后的管理预案。

步骤六：按照方案实施茄子的设施栽培，任务完成后进行总结。

任务检测

请扫码答题。

任务评价

工作任务完成过程评价

班级：____________ 组别：____________ 姓名：____________

项目	评分标准	分值	自我评价	小组评价	教师评价
基本素质	学习态度良好，学习积极性高	10			
	积极主动与老师、同学交流，相互尊重、理解。与老师、同学间能保持多向、丰富的信息交流	10			
理论知识	了解日光温室内栽培茄子的品种和栽培茬口选择	10			
	了解日光温室内茄子设施栽培的定植技术	10			
	了解日光温室内茄子设施栽培定植后管理措施	10			
实操技能	能够有效利用网络、图书资源查找有用的相关信息，能将查到的信息有效地运用到学习中	10			
	能够在老师的带领下，按照预先准备的问题完成农业企业或种植户的实地调研学习	10			

（续表）

项目	评分标准	分值	自我评价	小组评价	教师评价
实操技能	能够通过查阅的资料和调研的结果制定日光温室茄子栽培的方案，并按照方案完成栽培操作	10			
思政表现	能从全局上筹划相关事项或行动的具体安排	10			
	能够树立学习好知识掌握好技能服务农村、投身农业现代化建设的意识	10			
合计		100			

自我评价与总结	
教师点评	

项目五 叶菜类蔬菜的设施栽培

项目导读

叶菜类蔬菜家族十分庞大，口感脆嫩的芹菜、风味独特的韭菜、细嫩清脆的莴苣等。叶菜类蔬菜受到市场的欢迎，但露地栽培茄果类蔬菜时，由于环境气候的限制，只能因时而种，因地而种，而且病虫害严重，生长周期较长，不能满足消费者对新鲜、绿色蔬菜的需求。随着设施栽培技术的发展，消费者从过去的“有什么吃什么”到现在的“吃什么有什么”，菜篮子得到了极大的丰富。设施与露地的环境不同，做好叶菜类蔬菜的设施栽培管理，提高生产效益，需要熟练掌握叶菜类蔬菜的设施栽培管理技术。本项目主要讲解芹菜的设施栽培、韭菜的设施栽培、莴苣的设施栽培。

知识目标

①了解设施叶菜类主栽品种的生物学特征和生长习性。

②掌握设施叶菜类主栽品种的茬口安排。

③掌握设施叶菜类主栽品种的品种选择、定植、环境调控、植株调整、采收等相关设施栽培技术要点。

技能目标

①对设施叶菜类主栽品种的品种特征和生长周期能够准确识别。

②对不同生长周期、不同品种的叶菜类能够进行科学的设施栽培田间实践。

素质目标

①具备独立自主查阅资料、获取知识、更新知识的能力。

②具有良好的沟通协调能力、团队协作能力，富有爱岗敬业的精神，能吃苦耐劳、动手实操。

思政目标

①了解生态优先的战略，明确树立绿色发展思想。
②树立服务“三农”意识、服务农业现代化建设的意识。

任务一　芹菜的设施栽培

任务导入

某种植户计划在日光温室内种植芹菜，但对芹菜品种选择、设施栽培技术等不了解，请你根据所学知识，帮助该种植户设计芹菜的设施栽培方案。

任务工单

班级:________________　姓名:________________　学号:________________

任务名称	芹菜的设施栽培
任务描述	根据实际情况，填写本任务的内容、目的、流程和方法。 任务内容: 任务目的: 任务流程: 任务方法:
获取信息	要完成任务，需要掌握相关的知识。请收集资料，回答以下问题。 1. 如何进行芹菜设施栽培的品种选择? 2. 芹菜设施栽培的定植技术要点有哪些? 3. 芹菜设施栽培的环境管理技术有哪些?

（续表）

<table>
<tr><td>制订计划</td><td colspan="4">根据学习任务，制订工作计划。</td></tr>
<tr><td rowspan="6">任务实施</td><td colspan="4">按照预先制订的工作计划，完成本任务，并记录任务实施过程。</td></tr>
<tr><td>序号</td><td>完成的任务</td><td>遇到的问题</td><td>解决办法</td></tr>
<tr><td></td><td></td><td></td><td></td></tr>
<tr><td></td><td></td><td></td><td></td></tr>
<tr><td></td><td></td><td></td><td></td></tr>
<tr><td></td><td></td><td></td><td></td></tr>
</table>

任务准备

一、知识准备

（一）芹菜的起源及其主要生物学特性

芹菜是伞形科芹属2年生草本植物，原产于地中海地区沿岸的沼泽地区，在我国有2 000多年的历史。芹菜为直根系、浅根性蔬菜，根群在10 cm表土层密集分布，吸收面积小、吸收能力弱、不耐旱、涝。茎短缩，花芽分化后茎端抽生花薹并发生分枝。二回奇数羽状复叶，由小复叶和叶柄组成。叶柄发达、挺立，占总株重的70%~80%。复伞形花序，异花授粉作物，虫媒花。双悬果，生产中播种用，内含2粒种子。芹菜种子寿命3~5年，使用年限2~3年。

（二）芹菜生长发育周期

①发芽期：种子萌动至第一片真叶出现，历时10 d。

②幼苗期：第一片真叶出现至4~5片真叶展开，本芹需历时25~35 d，西芹需历时30~40 d。

③外叶生长期：4~5片真叶展开至心叶直立生长，历时15~25 d。

④心叶肥大期：心叶直立生长至收获，需历时20~30 d。

⑤花芽分化期：历时约30 d。

⑥抽薹期：历时约25 d。

⑦种子形成期：历时约25 d，大部分时间与开花期重叠。

（三）芹菜生长发育对设施环境条件的要求

①温度。发芽最适温度15~20℃；营养生长最适温度15~20℃；春化最适温度5~10℃（绿体春化型）。

②光照。种子发芽需光；营养生长期对光照要求不严；开花需长日照植物（16 h）。

③水分。喜湿润的空气和土壤条件（75%~85%）。

④土壤营养。喜有机质丰富、保水保肥力强的壤土或黏壤土；喜氮，对硼和钙等中微

量元素比较敏感。

（四）芹菜设施栽培的茬口安排

芹菜设施栽培茬口要求主要包括越冬栽培模式、春季避抽薹栽培模式、夏季降温栽培模式和秋季避雨栽培模式。

越冬栽培模式 8—9 月播种，10—11 月定植，冬季采收上市。这种模式下，每亩产量为 3 000~5 000 kg，平均产值在 6 000~15 000 元。大棚保温栽培更适宜芹菜生长。

春季避抽薹栽培模式在 10~11 月播种，翌年 1—2 月定植，3—4 月采收上市。每亩产量为 2 500~3 500 kg，产值在 6 000~12 000 元。春季芹菜低温春化后易抽薹，因此需要选择耐抽薹品种，合理安排播种时间，并采取一定的保温措施或适当使用植物生长调节剂。

夏季降温栽培模式在 3—4 月播种育苗，5—6 月间苗定植，6—7 月采收上市。每亩产量约为 2 000 kg，产值在 16 000~25 000 元。夏季高温不适宜芹菜生长，因此需要采取特别的降温措施。

秋季避雨栽培模式（可种植 2 茬）在 5—7 月分批播种，8 月中旬至 9 月定植，9—11 月上市。每亩产量约为 3 000 kg，产值在 16 000~18 000 元。秋季适宜芹菜生长，但前期高温需采取低温催芽和降温育苗措施。

这些茬口安排考虑了芹菜在不同季节的生长特性和环境要求，通过合理安排播种时间和采取相应的栽培技术，以确保芹菜的高产和优质

（五）日光温室秋冬茬芹菜栽培关键技术

1. 选用优良品种

综合考虑品种特性、设施与栽培条件、市场需求及消费习惯等，本芹可选用津南实芹 1 号、棒儿芹、菊花大叶、岚芹、天津马厂芹菜、铁杆芹菜等，西芹可选用意大利冬芹、嫩脆、文图拉等。

2. 育苗

苗床打足底水。种子与细沙混匀，按 60~80 g/ 亩播种，采用条播或撒播的方式。播种后盖细沙或细土，扣上小拱棚。出齐苗后，逐步撤掉遮阴覆盖物；2~3 片真叶前，畦面见干见湿；5~6 片叶时，适当控水防徒长。

3. 整地定植

每亩施用优质农家肥 5 000 kg，过磷酸钙 25 kg，草木灰 100 kg，尿素 10 kg 作基肥。深翻 30 cm，做成 1.0~1.2 m 宽的畦。分畦栽植，本芹按照株行距 10 cm × 10 cm，每穴栽 1~2 株栽植。西芹按照行距 15~25 cm，株距 10~15 cm，单株栽植。栽培深度：浅不露根，深不淤心。栽完苗后立即浇 1 次大水。

4. 加强定植后的管理

①温光调节。扣棚初期，及时通风，保持日温 18~22 ℃、夜温 13~15 ℃。后期加强保温覆盖，严寒冬季 2~3 d 通 1 次风，夜温保持在 5 ℃以上。

②水肥管理。旺盛生长阶段土壤始终保持湿润，内层叶旺盛生长时追肥 2~3 次。本芹擗收后 1 周之内不浇水。收获前 30 d 禁止施用速效氮肥。

③收获。本芹叶柄高 50~60 cm 时开始擗收。分次擗收，每隔 20~30 d 个擗收 1 次。每

次收获1~3片，留2~3片。西芹植株高度达70 cm左右，单株重1 kg以上时一次性收获。

二、材料准备

（一）调查当地自然条件和市场需求

通过现场观测、查阅相关资料等方法调查当地气候、地形、水文、土壤等自然环境条件和市场需求，做好记录与分析，进行芹菜品种的选择。

（二）搜集相关案例资料

通过资料调研，拜访种植户等途径，搜集相关案例资料，了解芹菜设施栽培方案的设计步骤。

三、工具准备

卷尺、游标卡尺、放大镜、挖铲、温度计、湿度计、光照度计、土壤检测仪、手套、口罩、白大褂。

四、人员准备

人员分组，每组4人。明确职责分工。

人员分工

任务角色	任务内容
组长：	任务：
组员1：	任务：
组员2：	任务：
组员3：	任务：

任务实施

步骤一：调研当地芹菜市场行情。

步骤二：深入农业企业或种植户现场测试栽培芹菜的日光温室内外温度、湿度、光照、土壤等环境条件。

步骤三：与农户交流上一茬口的栽培情况、病虫害流行情况等。

步骤四：查找相关的资料，找出适宜的芹菜品种和栽培茬口。

步骤五：讨论、确定日光温室内芹菜栽培的定植方案并做好定植后的管理预案。

步骤六：按照方案实施芹菜的设施栽培，任务完成后进行总结。

任务检测

请扫码答题。

任务评价

工作任务完成过程评价

班级:＿＿＿＿＿＿　组别:＿＿＿＿＿＿　姓名:＿＿＿＿＿＿

<table>
<tr><th>项目</th><th>评分标准</th><th>分值</th><th>自我评价</th><th>小组评价</th><th>教师评价</th></tr>
<tr><td rowspan="2">基本素质</td><td>学习态度良好，学习积极性高</td><td>10</td><td></td><td></td><td></td></tr>
<tr><td>积极主动与老师、同学交流，相互尊重、理解。与老师、同学间能保持多向、丰富的信息交流</td><td>10</td><td></td><td></td><td></td></tr>
<tr><td rowspan="3">理论知识</td><td>了解日光温室内栽培芹菜的品种选择</td><td>10</td><td></td><td></td><td></td></tr>
<tr><td>了解日光温室内芹菜设施栽培的定植技术</td><td>10</td><td></td><td></td><td></td></tr>
<tr><td>了解日光温室内芹菜设施栽培定植后管理措施</td><td>10</td><td></td><td></td><td></td></tr>
<tr><td rowspan="3">实操技能</td><td>能够有效利用网络、图书资源查找有用的相关信息，能将查到的信息有效地运用到学习中</td><td>10</td><td></td><td></td><td></td></tr>
<tr><td>能够在老师的带领下，按照预先准备的问题完成农业企业或种植户的实地调研学习</td><td>10</td><td></td><td></td><td></td></tr>
<tr><td>能够通过查阅的资料和调研的结果制订日光温室芹菜栽培的方案，并按照方案完成栽培操作</td><td>10</td><td></td><td></td><td></td></tr>
<tr><td rowspan="2">思政表现</td><td>能从全局上筹划相关事项或行动的具体安排</td><td>10</td><td></td><td></td><td></td></tr>
<tr><td>能够树立学习好知识掌握好技能服务农村、投身农业现代化建设的意识</td><td>10</td><td></td><td></td><td></td></tr>
<tr><td colspan="2">合计</td><td>100</td><td></td><td></td><td></td></tr>
<tr><td colspan="2">自我评价与总结</td><td colspan="4"></td></tr>
<tr><td colspan="2">教师点评</td><td colspan="4"></td></tr>
</table>

任务二 韭菜的设施栽培

任务导入

某种植户计划在日光温室内种植韭菜，但对韭菜的品种选择、设施栽培技术等不了解，请你根据所学知识，帮助该种植户设计韭菜的设施栽培方案。

任务工单

班级：__________ 姓名：__________ 学号：__________

任务名称	韭菜的设施栽培
任务描述	根据实际情况，填写本任务的内容、目的、流程和方法。 任务内容： 任务目的： 任务流程： 任务方法：
获取信息	要完成任务，需要掌握相关的知识。请收集资料，回答以下问题。 1. 如何进行韭菜设施栽培的品种选择？ 2. 简述韭菜设施栽培的定植技术要点。 3. 简述韭菜设施栽培的水肥管理技术要点。

（续表）

制订计划	根据学习任务，制订工作计划。			
任务实施	按照预先制订的工作计划，完成本任务，并记录任务实施过程。			
	序号	完成的任务	遇到的问题	解决办法

任务准备

一、知识准备

（一）韭菜的起源及其主要生物学特性

韭菜，百合科韭菜属多年生宿根草本植物，原产于亚洲东南部，包括中国。弦状须根系，柔嫩肉质，分布于20~30 cm土层，寿命短，新根增生能力强。韭菜的茎分为营养茎和花茎。营养茎短缩成盘状，短缩茎盘下方形成根状茎。2~3年更新1次，植株养分的重要贮存器官。花茎即为韭薹。叶片扁平带状、簇生，被蜡粉，叶鞘闭合形成筒状假茎，基部分生能力强，可多次收割。伞形花序，异花授粉。果实为蒴果，种子黑色、盾形，千粒重4 g，寿命一般为12个月，隔年的种子一般不发芽。

（二）韭菜生长发育周期

1. 营养生长阶段

发芽期，从萌动到第一片真叶出现，10~20 d；幼苗期，第一片真叶到2~3片真叶，40~60 d；营养生长盛期，5片真叶到花芽分化。

2. 生殖生长阶段

抽薹期，花芽分化到花序总苞破裂；开花期，总苞破裂到整个花序开花结束，7~10 d；种子成熟期，开花结束到整个花序种子成熟，30 d。

（三）韭菜生长发育对设施环境条件的要求

1. 温度

种子萌发适温为15~18 ℃；茎叶生长适温12~23 ℃；抽薹开花适温20~25 ℃。

2. 光照

产品形成期喜弱光；花芽分化需要有长日照的诱导，属长日照植物。

3. 水分

吸水力弱，喜湿、耐涝，但湿度过高，根系易缺氧腐烂。

4. **肥力**

对土壤适应性较强，成株可耐一定盐碱。耐肥力强，对肥料的要求以氮肥为主。

（四）韭菜设施栽培的茬口安排

韭菜设施栽培的茬口安排主要分为春播（清明前后播种）、夏播（立夏前后播种）和秋播（立秋后播种）。这种安排考虑了韭菜的生长特性和环境因素，以确保韭菜能够在设施条件下健康生长，并提供优质的产量。春播和夏播主要在温暖季节进行，而秋播则是在立秋后，这时气候逐渐转凉，有利于韭菜的生长和储存养分。这样的茬口安排可充分利用设施条件，如温室或大棚，来控制温度和光照等环境因素，从而促进韭菜的生长和发育。

1. **播种期**

春季播种：通常在3—4月进行，当气温稳定在15 ℃以上时最为适宜。这一时期播种的韭菜，经过春季的生长，可以在夏季或秋季进行首次收割。

秋季播种：在9—10月进行，如果冬季气候温和，可以适当推迟到次年春季进行定植。秋季播种的韭菜，主要利用冬季的低温进行休眠养根，为来年的高产打下基础。

2. **定植期**

春季定植：对于春季播种的韭菜，一般在6—7月进行定植。此时韭菜苗已经长到一定高度，具备移栽条件。

秋季定植：对于秋季播种的韭菜，应让幼苗越冬，在来年清明前后（即春季）进行定植。这样可以让韭菜苗充分适应环境，提高成活率。

3. **收割期**

韭菜的收割期根据品种、栽培条件和管理水平而异。一般来说，露地韭菜一年中可收割5~6次，主要集中在春季和秋季。

设施栽培的韭菜，由于环境可控，可以更加灵活地安排收割时间。但同样需要注意养根和恢复生长的时间，避免过度收割导致韭菜早衰。

（五）日光温室韭菜栽培关键技术

1. **选用优良品种**

宽叶韭叶片宽厚，叶鞘粗壮，色泽较浅，品质柔嫩，生长旺盛，产量高，但香味稍淡，易倒伏。窄叶韭叶片狭长，叶鞘较细，叶色深绿，纤维稍多。叶鞘细高，直立性强，不易倒伏，香味浓，品质优，产量较宽叶韭略低，耐寒耐热性较强。

2. **培育壮苗**

按每亩施优质圈肥7 500~10 000 kg，过磷酸钙100~150 kg，腐熟饼肥100~200 kg，硫铵50 kg，施足基肥。按4~5 kg/亩播种，播后保持地表土壤不干，喷除草剂。

3. **定植**

株高达18~20 cm尚未分蘖时定植，春播夏定、夏播秋定。沟栽，沟距30 cm，穴距15~20 cm，每穴20~30株，22万~30万株/亩。畦栽，平畦宽1.5~1.6 m，畦内分8~10行，行距15~18 cm，穴距10~15 cm，每穴8~10株，20万~25万株/亩。

4. **加强定植后的管理**

①温度管理。扣膜初期昼夜通风；日温不高于20 ℃，夜温不高于10 ℃，之后逐步

升温。控制日温 18~24 ℃，夜间 8~12 ℃，昼夜温差控制在 10~15 ℃范围内。日温不超过 27 ℃，夜温不低于 5 ℃。

②多次培土。每刀韭菜长到 10 cm 左右时，要在行间取土培到韭菜根部，每次培土 3~4 cm，随着韭菜生长共培土 2~3 次，最后培成 10 cm 的小高垄。

③水肥管理。头刀韭菜收割前 5~7 d 浇 1 次增产水。韭菜叶片喜干燥，空气湿度不宜过大，应尽量使相对湿度低于 80%。收割后 4~5 d，收割的伤口愈合、新叶长出时施肥，每亩 10 kg 尿素，可随水施入或开沟施入。

二、材料准备

（一）调查当地自然条件和市场需求

通过现场观测、查阅相关资料等方法调查当地气候、地形、水文、土壤等自然环境条件和市场需求，做好记录与分析，进行韭菜品种的选择。

（二）搜集相关案例资料

通过资料调研，拜访种植户等途径，搜集相关案例资料，了解韭菜设施栽培方案的设计步骤。

三、工具准备

卷尺、游标卡尺、放大镜、挖铲、温度计、湿度计、光照度计、土壤检测仪、手套、口罩、白大褂。

四、人员准备

人员分组，每组 4 人。明确职责分工。

人员分工

任务角色	任务内容
组长：	任务：
组员 1：	任务：
组员 2：	任务：
组员 3：	任务：

任务实施

步骤一：调研当地韭菜市场行情。

步骤二：深入农业企业或种植户现场测试栽培韭菜的日光温室内外温度、湿度、光照、土壤等环境条件。

步骤三：与农户交流上一茬口的栽培情况、病虫害流行情况等。

步骤四：查找相关的资料，确定适宜的韭菜品种和栽培茬口。

步骤五：讨论、确定日光温室内韭菜栽培的定植方案并做好定植后的管理预案。

步骤六：按照方案实施韭菜的设施栽培，任务完成后进行总结。

任务检测

请扫码答题。

任务评价

工作任务完成过程评价

班级：＿＿＿＿＿＿＿＿ 组别：＿＿＿＿＿＿＿＿ 姓名：＿＿＿＿＿＿＿＿

项目	评分标准	分值	自我评价	小组评价	教师评价
基本素质	学习态度良好，学习积极性高	10			
	积极主动与老师、同学交流，相互尊重、理解。与老师、同学间能保持多向、丰富的信息交流	10			
理论知识	了解日光温室内栽培韭菜的品种选择	10			
	了解日光温室内韭菜设施栽培的定植技术	10			
	了解日光温室内韭菜设施栽培定植后管理措施	10			
实操技能	能够有效利用网络、图书资源查找有用的相关信息，能将查到的信息有效地运用到学习中	10			
	能够在老师的带领下，按照预先准备的问题完成农业企业或种植户的实地调研学习	10			
	能够通过查阅的资料和调研的结果制定日光温室韭菜栽培的方案，并按照方案完成栽培操作	10			

（续表）

项目	评分标准	分值	自我评价	小组评价	教师评价
思政表现	能从全局上筹划相关事项或行动的具体安排	10			
	能够树立学习好知识掌握好技能服务农村、投身农业现代化建设的意识	10			
合计		100			
自我评价与总结					
教师点评					

任务三　莴苣的设施栽培

任务导入

某种植户计划在日光温室内种植莴苣，但对莴苣品种选择、设施栽培技术等不了解，请你根据所学知识，帮助该种植户设计莴苣的设施栽培方案。

任务工单

班级：________　姓名：________　学号：________

任务名称	莴苣的设施栽培
任务描述	根据实际情况，填写本任务的内容、目的、流程和方法。 任务内容： 任务目的： 任务流程： 任务方法：

（续表）

<table>
<tr><td>获取信息</td><td colspan="4">要完成任务，需要掌握相关的知识。请收集资料，回答以下问题。
1. 如何进行莴苣设施栽培的品种选择？

2. 简述莴苣设施栽培的茬口安排。

3. 莴苣设施栽培的环境管理技术有哪些？

4. 简述莴苣采收的操作技术要点。</td></tr>
<tr><td>制订计划</td><td colspan="4">根据学习任务，制订工作计划。</td></tr>
<tr><td rowspan="6">任务实施</td><td colspan="4">按照预先制订的工作计划，完成本任务，并记录任务实施过程。</td></tr>
<tr><td>序号</td><td>完成的任务</td><td>遇到的问题</td><td>解决办法</td></tr>
<tr><td></td><td></td><td></td><td></td></tr>
<tr><td></td><td></td><td></td><td></td></tr>
<tr><td></td><td></td><td></td><td></td></tr>
<tr><td></td><td></td><td></td><td></td></tr>
</table>

任务准备

一、知识准备

（一）莴苣的起源及其主要生物学特性

莴苣为菊科莴苣属一年生或二年生草本植物，原产地中海沿岸，喜冷凉湿润气候。直根系，根浅而密集，根系分布在 15~25 cm 土层中。叶用莴苣的茎在营养生长期短缩，后期抽生花茎；茎用莴苣幼苗期茎短缩，莲座叶形成后茎伸长膨大。头状花序，花黄色，自花授粉。种子扁平锥形，灰白色，成熟时顶端具伞状冠毛。

（二）莴苣生长发育周期

①发芽期：播种至真叶出现（露心），需历时 7~8 d。

②幼苗期：露心至第一叶环叶片全部展开（团棵），历时 20~30 d。

③发棵期（莲座期）：团棵至第二叶环叶片全部展开，需历时 15~30 d。

④产品器官形成期：结球莴苣从抱心至采收，莴笋从短缩茎开始肥大、伸长到采收，需历时 20~30 d。

（三）莴苣生长发育对设施环境条件的要求

①温度。发芽最适温度 15~20 ℃；茎叶生长最适温度 15~20 ℃；结球莴苣生长最适温

度 17~18 ℃。

②光照。种子需光发芽，生长期间需中等强度光照，莴苣为长日照植物。

③水分。需水量大，对土壤水分状态反应极为敏感，栽培中应保持土壤湿润。

④肥力。以富含有机质、疏松透气的壤土或黏质壤土为宜。需较多的氮肥和一定量的钾肥。

（四）莴苣设施栽培的茬口安排

莴苣设施栽培的茬口安排可以根据不同地区的气候条件、市场需求以及栽培设施的类型灵活调整。温室或大棚栽培可以实现莴苣的周年生产，主要可以安排春提前和秋延后两个茬口。

1. 春提前茬口

栽种时间。一般在 3 月中旬进行栽种。此时外界温度较低，温室或大棚可以提供适宜的生长环境，使莴苣提前上市。

管理要点。注意保温和通风，根据温室或大棚内的温度和湿度条件及时调整管理措施，以促进莴苣的正常生长。

2. 秋延后茬口

栽种时间。可在 8 月下旬至 9 月上旬进行栽种。此时外界温度逐渐降低，温室或大棚可以延长莴苣的生长期，使其延迟上市。

管理要点。加强肥水管理，注意防治病虫害，同时根据天气变化及时调整温室或大棚内的温度和湿度条件。

（五）莴苣设施栽培的关键技术

1. 选用优良品种

夏季栽培选耐抽薹的散叶类型，其他季节以结球莴苣为主。

2. 培育壮苗

①种子处理。一般多用干籽直播，种子只进行晾晒处理。如浸种催芽，则先用凉水浸泡 5~6 h，然后放到 16~18 ℃条件下见光催芽。经 2~3 d 即可出芽。

②播种。一般每平方米播种量为 5~10 g。

③苗期管理。移植缓苗期，要保温保湿，气温在 20 ℃左右为宜。缓苗后，要降湿降温，气温降至 16 ℃左右。冬春季保护地育苗要重视保持适宜温度，选用采光好，便于通风的温室做苗床，适当控制浇水。夏秋露地育苗，需采取遮阴、防雨、降温措施以利生长。

3. 整地定植

苗龄 30~35 d，幼苗具 5~6 片真叶时定植。定植前施腐熟优质农家肥 4 000 kg/ 亩，复合肥 20 kg/ 亩，施后浅耕 15~20 cm，然后作畦，畦宽 1 m，畦高 10~15 cm。

秋、冬季节提前 1 周覆膜烤地，地温稳定在 8 ℃以上时即可定植。株行距 17 cm×20 cm，定植时带土护根，栽植深度以不埋住心叶为宜，及时浇定植水。设施栽培日温控制在 12~22 ℃。

4. 加强定植后的管理

（1）水肥管理。缓苗后，浇水追肥。结球莴苣可实行 1 周蹲苗，蹲苗结束后再进行水肥管理。保持土壤潮湿，收获前 30 d 停止追施速效氮肥。结球莴苣心叶内卷初期，应叶面喷施 0.2% 磷酸二氢钾溶液。结球后期视植株生长情况，再适当追施重肥 1 次，促使叶球紧实。

（2）温度管理。气温超过 25 ℃时，应通风降温或采取遮阳措施。雨后须及时排水。

（3）采收。采收时，尤以叶片充分长大、叶绿叶厚的脆嫩期为好。叶球的松紧度适中时采收为最好。散叶生长的莴苣，可擗摘大叶留小叶，也可整株割下。

二、材料准备

（一）调查当地自然条件和市场需求

通过现场观测、查阅相关资料等方法调查当地气候、地形、水文、土壤等自然环境条件和市场需求，做好记录与分析，进行莴苣品种的选择。

（二）搜集相关案例资料

通过资料调研，拜访种植户等途径，搜集相关案例资料，了解莴苣设施栽培方案的设计步骤。

三、工具准备

卷尺、游标卡尺、放大镜、挖铲、温度计、湿度计、光照度计、土壤检测仪、手套、口罩、白大褂。

四、人员准备

人员分组，每组 4 人。明确职责分工。

人员分工

任务角色	任务内容
组长：	任务：
组员 1：	任务：
组员 2：	任务：
组员 3：	任务：

任务实施

步骤一：调研当地莴苣市场行情。

步骤二：深入农业企业或种植户现场测试栽培莴苣的日光温室内外温度、湿度、光照、土壤等环境条件。

步骤三：与农户交流上一茬口的栽培情况、病虫害流行情况等。

步骤四：查找相关的资料，找出适宜的莴苣品种和栽培茬口。

步骤五：讨论、确定日光温室内莴苣栽培的定植方案并做好定植后的管理预案。

步骤六：按照方案实施莴苣的设施栽培，任务完成后进行总结。

任务检测

请扫码答题。

任务评价

工作任务完成过程评价

班级：____________ 组别：____________ 姓名：____________

项目	评分标准	分值	自我评价	小组评价	教师评价
基本素质	学习态度良好，学习积极性高	10			
	积极主动与老师、同学交流，相互尊重、理解。与老师、同学间能保持多向、丰富的信息交流	10			
理论知识	了解日光温室内栽培莴苣的品种和栽培茬口选择	10			
	了解日光温室内莴苣设施栽培的定植技术	10			
	了解日光温室内莴苣设施栽培定植后管理措施	10			
实操技能	能够有效利用网络、图书资源查找有用的相关信息，能将查到的信息有效地运用到学习中	10			
	能够在老师的带领下，按照预先准备的问题完成农业企业或种植户的实地调研学习	10			
	能够通过查阅的资料和调研的结果制定日光温室莴苣栽培的方案，并按照方案完成栽培操作	10			
思政表现	能从全局上筹划相关事项或行动的具体安排	10			
	能够树立学习好知识掌握好技能服务农村、投身农业现代化建设的意识	10			
合计		100			

（续表）

自我评价与总结	
教师点评	

项目六 果树的设施栽培

项目导读

水果营养丰富，酸甜可口，深受消费者喜爱。随着果树设施栽培技术的发展，通过调节光照、温度、湿度和CO_2浓度等环境条件，不仅可以减轻自然灾害带来的影响，还可以人为调控果树成熟期，提早或延迟上市，周年供应新鲜果品，丰富了消费者的“果篮子”，鼓起了农民的“钱袋子”。此外，设施果树栽培还可以扩大果树种植范围，如火龙果等热带水果在我国北方地区的日光温室里引种成功，欧亚种葡萄在高温多雨的南方地区栽培获得成功等，提高果树的经济效益。因此，实际生产中需要系统学习果树的设施栽培技术，做好设施果树的栽培管理。本项目设置葡萄的设施栽培、草莓的设施栽培、樱桃的设施栽培三个任务。

知识目标

①了解设施果树主栽品种的生物学特征和生长习性。

②掌握设施果树主栽品种的茬口安排。

③掌握设施果树主栽品种的品种选择、定植、环境调控、植株调整、采收等相关设施栽培技术要点。

技能目标

①对设施果树主栽品种的品种特征和生长周期能够准确识别。

②对不同生长周期、不同品种的果树能够进行科学的设施栽培田间实践。

素质目标

①具备独立自主查阅资料、获取知识、更新知识的能力。

②具有良好的沟通协调能力、团队协作能力，富有爱岗敬业的精神，能吃苦耐劳、动手实操。

思政目标

①了解生态优先的战略，明确树立绿色发展思想。
②树立科技兴农、服务“三农”和农业现代化建设事业的意识。

任务一　葡萄的设施栽培

任务导入

某种植户计划在日光温室内种植葡萄，但对葡萄品种选择、设施栽培技术等不了解，请你根据所学知识，帮助该种植户设计葡萄的设施栽培方案。

任务工单

班级：＿＿＿＿＿＿＿＿　姓名：＿＿＿＿＿＿＿＿　学号：＿＿＿＿＿＿＿＿

任务名称	葡萄的设施栽培
任务描述	根据实际情况，填写本任务的内容、目的、流程和方法。 任务内容： 任务目的： 任务流程： 任务方法：
获取信息	要完成任务，需要掌握相关的知识。请收集资料，回答以下问题。 1. 如何进行葡萄设施栽培的品种选择？ 2. 葡萄设施栽培的环境管理技术有哪些？ 3. 葡萄设施栽培的整形修剪技术有哪些？

（续表）

制订计划	根据学习任务，制订工作计划。			
任务实施	按照预先制订的工作计划，完成本任务，并记录任务实施过程。			
	序号	完成的任务	遇到的问题	解决办法

任务准备

一、知识准备

（一）葡萄的起源及其主要生物学特性

葡萄起源于中亚地区或地中海沿岸，为葡萄科葡萄属藤本植物。葡萄茎蔓生，具有细长、坚韧、组织疏松、质地轻软、生长迅速的特点，着生有卷须供攀缘，通常称“枝蔓”或“蔓”。葡萄的枝蔓由主干（也有无主干）、主蔓、侧蔓、结果母蔓和新梢组成。葡萄枝梢上的芽，实际上是新枝的茎叶、花过渡性器官，着生于叶腋中。根据分化的时间分为冬芽和夏芽，这两类芽在外部形态和特性上具有不同的特点。冬芽是着生在结果母枝各节上的芽，体形比夏芽大，外被鳞片，鳞片上着生茸毛。冬芽具有晚熟性，一般都经过越冬后，翌年春萌发生长。夏芽着生在新梢叶腋内冬芽的旁边，是无鳞片保护的“裸芽”，不能越冬。夏芽具早熟性，不需休眠，在当年夏季自然萌发成新梢，通称副梢。葡萄的花有三种类型：两性花（完全花）、雌能花和雄能花。葡萄的花序和卷须均着生在叶片的对面，在植物学上是同源器官，都是茎的变态。

（二）葡萄的生长发育周期

葡萄设施栽培的生育阶段主要包括休眠期、萌芽期、新梢生长发育期、花期、浆果生长期、浆果成熟期、落叶期和休眠期。

①休眠期。葡萄设施栽培中的休眠期是葡萄生长周期中的一个重要阶段，它分为生理休眠和被迫休眠。这个阶段的时间较长，特别是在较冷的区域，需要做好防寒防冻工作。

②萌芽期。萌芽期是从葡萄开始萌芽到展叶的阶段，这个时期的管理对于葡萄的生长至关重要，包括温度和湿度的控制，以及病虫害的防治。

③新梢生长发育期。在新梢生长发育期，葡萄植株的新梢开始生长，这个阶段需要注意控制温度和湿度，以及适当的水肥管理，以促进新梢的健康生长。

④花期。花期是葡萄生长周期中的一个关键时期，适宜的温度和良好的授粉条件对于提高坐果率至关重要。

⑤浆果生长期。浆果生长期是葡萄果实开始膨大到着色的阶段，这个时期的管理重点

在于促进果实膨大和预防病害。

⑥浆果成熟期。浆果成熟期是葡萄果实成熟和转色的阶段，需要适当的管理来促进果实增甜和防止落果。

⑦落叶期。落叶期是葡萄叶片开始黄化脱落的阶段，这个时期叶片中的养分开始回流到茎秆，为下一年的生长做好准备。

⑧再次进入休眠期。落叶后，葡萄再次进入休眠期，这个阶段的管理对于保证葡萄的安全越冬和来年的生长至关重要。

这些生育阶段的顺利过渡和管理对于保证葡萄的高产和优质至关重要。

（三）葡萄生长发育对设施环境条件的要求

1. 温度

葡萄为喜温性果树，不同种群、品种和生长阶段对温度要求不同。葡萄根系发达，多分布于20~60 cm土层范围内。早春土温高于6~9 ℃时开始活动并出现伤流，葡萄萌芽后伤流停止。根系12 ℃时开始生长，21~24 ℃为适宜生长温度。每年6—8月是发根的高峰期，在炎热的夏季及寒冷的冬季，根系生长减弱甚至停长。开花的适宜温度为25~28 ℃，正常条件下花期多为6~7 d，气温越高开花越早，花期也短。果实成熟的适宜温度为28~32 ℃，20 ℃以上果实成熟快，低于14 ℃时果实成熟缓慢。

2. 光照

葡萄喜光，对光照的反应极为敏感，通常要求良好的光照条件。光照充足，枝条充分成熟，花芽分化良好，可促进果实着色，提高品质。设施栽培条件下容易光照不足，栽培时要特别注意。

3. 水分

葡萄萌芽期需水多，到开花时降低，果实生长期对水分要求增高，成熟时对水分要求最低。南方雨季对葡萄生产影响很大，采用设施栽培可以避开雨季，减少因高温、高湿而带来的病害及落果。

4. 土壤

葡萄对土壤的适应性很强，除极黏重土壤、沼泽地区及盐碱土外，其他类型土壤均可生长，砾质壤土和沙质壤土最适于葡萄栽培。葡萄在含石灰质丰富的土壤上生长良好，根系发达，果实含糖量高，风味浓，为保证葡萄正常生长结果，土层深度应在80 cm以上。

（四）葡萄的设施栽培茬口安排

葡萄设施栽培的茬口安排涉及多个方面，包括种植时间、品种选择以及与其他作物的间作或轮作安排。以下是一些具体的茬口安排细节。

①种植时间。温室葡萄栽培最适宜的时间是4月中旬至5月下旬进行定植，这样可以在翌年的5—7月收获成熟的葡萄。葡萄作为多年生果树，不需要像蔬菜那样每一茬都需要换苗，栽植后可以长达10~25年无须换苗。

②品种选择。设施栽培的意义在于通过人为创造一种能使葡萄提前或延长萌芽、生长、成熟的设施生态环境，从而获得较高的经济效益。设施栽培的类型包括促成栽培和

延迟栽培等，其中促成栽培通过设施提早葡萄的成熟采收时期，是生产上应用最广的类型。

③与其他作物的间作或轮作。在某些地区，葡萄园可以进行间作或轮作安排，以提高土地利用率和经济效益。例如，在葡萄采收后，可以进行蔬菜或其他作物的种植。一种模式是在葡萄采收后种植2茬蔬菜，第一茬在10月中旬播种，第二茬在1月上旬播种。另一种模式是在幼龄葡萄园篱架行间种植蘑菇，然后在葡萄收获后再种植草莓。

综上所述，葡萄设施栽培的茬口安排涉及选择合适的种植时间、品种，以及与其他作物的合理间作或轮作安排，以最大化利用土地资源并提高经济效益。

（五）葡萄的设施栽培关键技术

1. 选用优良品种

按照需冷量低、早熟、品质优、季节差价大的原则选用优良品种。

2. 架式与定植

春季定植，南北行，单臂篱架栽培，株行距0.8 m×1.5 m；双臂篱架，株行距（0.5~0.8）m×2 m；棚架，东西向栽一行，距日光温室南底脚1 m，株距0.8~1 m。定植沟宽深50~60 cm，分层施入优质腐熟有机肥，踩实、作畦、浇水后栽植。栽植前进行苗木修整、消毒；栽后浇水。

3. 加强定植后的管理

①温度管理。根据葡萄的生育进程进行温度管理。覆膜后，可以采取双层膜覆盖、根际覆膜和加风障等方法增加棚温和地温。花期要保持大棚内通风状况良好，遇冷空气时闭膜保温，保持夜间温度5 ℃以上。果实生长期棚内温度急剧升高，高温成为设施栽培主要障碍，此时大棚应保持25 ℃左右，最高不超过30 ℃，否则将导致生理落果严重，果皮粗糙、品质低劣。新梢生长期防止温度超过35 ℃，加强通风透光。

②抹芽、疏枝。葡萄萌芽后，抹去隐芽、双芽和过密芽。新梢长30 cm见花穗时，疏去弱枝、徒长枝和过密枝。

③整穗。对花芽分化能力强、坐果率高的品种，可花前定穗，反之花后定穗。开花后1周左右对大花穗品种整穗，疏去上端支梗和穗尖，疏去过密枝梗。

④摘心。巨峰系葡萄初花期摘心，欧亚种落花落果轻，可依梢长摘心，顶端副梢可留5~6片叶摘心。副梢抽生过多时应连续摘心，或喷3 000 μL/L多效唑，抑制树势。

⑤修剪。促成栽培的早熟品种落叶早，晚熟避雨栽培品种落叶较迟，冬季修剪在落叶半个月之后即可以进行。花芽分化节位较低的品种如早玫瑰、秋红、绯红等可留1~2个芽短梢修剪。对中梢修剪品种，可留5~6个芽修剪，并施行反方向绑扎，促使基部芽的萌发。

⑥套袋。在葡萄落花后2周左右，进行果穗整形。整形后对果穗仔细喷药，杀灭病菌害虫，然后进行套袋。

⑦水肥管理。葡萄落叶后到发芽前，都是施基肥的时期，但秋施比春施好，常采用沟状施肥法，每株施腐熟有机肥50~70 kg，并混入2~3 kg过磷酸钙，覆土后灌水。追肥的施用在整个生长季中都可进行。根外追肥则可结合喷药进行。花前喷数次0.2% KH_2PO_4+

0.1% 硼砂，提高坐果率；对弱树势品种，可加 0.3%~0.5% 尿素，做叶面追肥。坐果后至浆果成熟前，喷 0.3% 过磷酸钙提高产量增进品质。枝条老熟期喷 0.3%~0.5% K_2SO_4 或 2% 草木灰浸出液，可促进枝条成熟与提高浆果含糖量。浆果着色期应适当灌水，采前则要严格控制水分，提高果实品质及贮藏期。

⑧病虫害防治。葡萄设施栽培条件下病虫害较露地明显减少，主要病害是白粉病、灰霉病和霜霉病等。冬季彻底清园，剪除病虫枝，刮树皮，将扫出枝叶烧毁。在萌芽前及花后分别喷布石硫合剂或 25% 粉锈宁可湿性粉剂 1 500~2 000 倍液防治白粉病。花期前后喷施 50% 速克灵 800 倍液防治灰霉病。喷 1 ∶ 2 ∶ 150 波尔多液防治霜霉病，或采用 25% 瑞毒霉 500~800 倍液或 40% 乙磷铝 200~300 倍液防治。其他如炭疽病、黑痘病在新梢展叶 3~6 片时有发生，可喷波尔多液或甲基硫菌灵、多菌灵进行防治。同时注意喷 50% 亚胺硫磷乳油 1 000 倍液等药剂防止绿盲蝽，金龟子、葡萄透翅蛾等危害。

⑨采收、包装及保鲜。设施葡萄主要供鲜食，当果实达到固有风味和色泽时采收，注意轻拿轻放，整穗后包装。短期保鲜可用冷库或窖藏保鲜。

二、材料准备

（一）调查当地自然条件和市场需求

通过现场观测、查阅相关资料等方法调查当地气候、地形、水文、土壤等自然环境条件和市场需求，做好记录与分析，进行葡萄品种的选择。

（二）搜集相关案例资料

通过资料调研，拜访种植户等途径，搜集相关案例资料，了解葡萄设施栽培方案的设计步骤。

三、工具准备

卷尺、游标卡尺、放大镜、挖铲、温度计、湿度计、光照度计、土壤检测仪、手套、口罩、白大褂。

四、人员准备

人员分组，每组 4 人。明确职责分工。

人员分工

任务角色	任务内容
组长：	任务：
组员 1：	任务：
组员 2：	任务：
组员 3：	任务：

任务实施

步骤一：调研当地葡萄市场行情。

步骤二：深入农业企业或种植户现场测试栽培葡萄的日光温室内外温度、湿度、光照、土壤等环境条件。

步骤三：与农户交流上一茬口的栽培情况、病虫害流行情况等。

步骤四：查找相关的资料，找出适宜的葡萄品种和栽培茬口。

步骤五：讨论、确定日光温室内葡萄栽培的定植方案并做好定植后的管理预案。

步骤六：按照方案实施葡萄的设施栽培，任务完成后进行总结。

任务检测

请扫码答题。

任务评价

工作任务完成过程评价

班级：＿＿＿＿＿＿＿＿ 组别：＿＿＿＿＿＿＿＿ 姓名：＿＿＿＿＿＿＿＿

项目	评分标准	分值	自我评价	小组评价	教师评价
基本素质	学习态度良好，学习积极性高	10			
	积极主动与老师、同学交流，相互尊重、理解。与老师、同学间能保持多向、丰富的信息交流	10			
理论知识	了解日光温室内栽培葡萄的品种选择	10			
	了解日光温室内葡萄设施栽培的定植技术	10			
	了解日光温室内葡萄设施栽培定植后管理措施	10			
实操技能	能够有效利用网络、图书资源查找有用的相关信息，能将查到的信息有效地运用到学习中	10			
	能够在老师的带领下，按照预先准备的问题完成农业企业或种植户的实地调研学习	10			
	能够通过查阅的资料和调研的结果制定日光温室葡萄栽培的方案，并按照方案完成栽培操作	10			

（续表）

项目	评分标准	分值	自我评价	小组评价	教师评价
思政表现	能从全局上筹划相关事项或行动的具体安排	10			
	能够树立学习好知识掌握好技能服务农村、投身农业现代化建设的意识	10			
合计		100			
自我评价与总结					
教师点评					

任务二　草莓的设施栽培

任务导入

某种植户计划在日光温室内种植草莓，但对草莓的品种选择、设施栽培技术等不了解，请你根据所学知识，帮助该种植户设计草莓的设施栽培方案。

任务工单

班级：__________ 姓名：__________ 学号：__________

任务名称	草莓的设施栽培
任务描述	根据实际情况，填写本任务的内容、目的、流程和方法。 任务内容： 任务目的： 任务流程： 任务方法：

（续表）

<table>
<tr><td>获取信息</td><td colspan="4">要完成任务，需要掌握相关的知识。请收集资料，回答以下问题。
1. 如何进行草莓设施栽培的品种选择？
2. 简述设施草莓肥水管理技术要点。
3. 草莓设施栽培的植株调整技术有哪些？</td></tr>
<tr><td>制订计划</td><td colspan="4">根据学习任务，制订工作计划。</td></tr>
<tr><td rowspan="6">任务实施</td><td colspan="4">按照预先制订的工作计划，完成本任务，并记录任务实施过程。</td></tr>
<tr><td>序号</td><td>完成的任务</td><td>遇到的问题</td><td>解决办法</td></tr>
<tr><td></td><td></td><td></td><td></td></tr>
<tr><td></td><td></td><td></td><td></td></tr>
<tr><td></td><td></td><td></td><td></td></tr>
<tr><td></td><td></td><td></td><td></td></tr>
</table>

任务准备

一、知识准备

（一）草莓的起源及其主要生物学特性

草莓起源于欧亚大陆和北美洲的森林中，根系是由新茎下部发生的不定根构成的须根系，分布浅，怕湿忌旱。茎为短缩茎，分为新茎和匍匐茎 2 种类型。草莓叶为三出复叶，叶柄长，寿命较短。芽体萌发后可形成新茎分枝或匍匐茎。草莓的花序一般为二歧聚伞花序或多歧聚伞花序，品种间花序分歧变化较大。草莓果实由花托发育而成，聚合果，种子裸露，数量多。

（二）草莓设施栽培的生长发育周期

草莓设施栽培的生育阶段包括开始生长期、开花和结果期、旺盛生长期、花芽分化期和休眠期。

1. 开始生长期

时间：春季，当气温升至 2~5 ℃时，表土温度稳定在 1~2 ℃。

特征：草莓的根系开始活动，越冬后的绿色叶片进行光合作用，新叶逐渐长出，而越冬的叶片开始干枯死亡。此期约持续 10 d。

2. 开花和结果期

时间：春季，当植物生出三片新叶，第四片叶还未伸出时，花序开始显露。

特征：花序在第四片叶的托叶鞘内显露，花梗逐渐伸长，露出整个花序。从花序露出到开始开花需 11~15 d。从开花到浆果成熟需 20~30 d。值得注意的是，同一花序上的花朵开放时间可能相隔 10~25 d，导致果实成熟期较长。

3. 旺盛生长期

时间：浆果采收后。

特征：在高温和长日照条件下，草莓地上部开始旺盛生长。腋芽大量发生匍匐茎，随后部分腋芽又发出新茎，新茎基部又相继发出新的根系。匍匐茎和新茎发根后均形成新的幼株，为分株繁殖奠定了基础。

4. 花芽分化期

时间：旺盛生长期后，当气温下降到 10~17 ℃以下，日照缩短至 10 h 以下时。

特征：新茎的顶芽开始形成花芽，标志着草莓从营养生长向生殖生长的过渡。

5. 休眠期

时间：秋季，随着气温的逐渐降低。

特征：草莓进入休眠期，此时植株矮化呈莲座状，生长极其缓慢。休眠期是草莓为下一个生长周期作准备的重要阶段。

（三）草莓生长发育对设施环境条件的要求

1. 温度

新叶发生期：日温 28~30 ℃、夜温 8~12 ℃。

开花期、浆果膨大期：日温 20~25 ℃、夜温 6~10 ℃。

浆果成熟期：日温 20~25 ℃、夜温 5~8 ℃。

2. 湿度

新叶发生期：85%~90%。

开花期：40%~60%。

浆果膨大期：60%~70%。

浆果成熟期：50%~70%。

（四）草莓设施栽培的茬口安排

草莓设施栽培的茬口安排主要取决于所选择的草莓品种和栽培模式。以下是一些常见的茬口安排示例。

单季品种的茬口安排：对于单季品种，如丹东地区的草莓，一般从 9 月下旬至 10 月初定植草莓，2 月中旬在草莓畦埂上定植番茄，3 月中旬草莓开始成熟，4 月中旬草莓收获结束，5 月下旬番茄开始上市，7 月末结束。这种模式下，土地休闲 1~2 个月，进行人工培肥地力后，再进行翌年的生产循环。

多季成熟品种的茬口安排：对于多季成熟的品种，如西班牙草莓杜克拉品种，一般在 9 月末至 10 月初栽植，2 月上旬成熟，6 月末结束。土地休闲 2~3 个月后，进行人工培肥地力，再进行下一年生产循环。

草莓与其他作物轮作：例如，草莓与甜瓜轮作的模式中，草莓选择 11 月中旬即可采摘的早熟品种，翌年 3 月底草莓收获结束后，马上清园，整平地面，准备移栽甜瓜苗。

草莓与其他作物套种：在设施栽培中，草莓还可以与其他作物进行套种，以提高土地利用率和经济效益。例如，草莓与食用菊花套种的茬口安排中，草莓于 9 月上旬定植，11 月上旬至翌年 5 月上旬收获，食用菊花于 7 月中旬定植，11 上旬至 12 月下旬收获。

这些茬口安排不仅考虑了草莓的生长周期和市场需求，还考虑了土地的合理利用和经济效益的最大化。不同的茬口安排适用于不同的地区和市场需求，种植者可以根据自己的实际情况选择合适的茬口安排进行生产。

（五）草莓设施栽培的关键技术

1. 选用优良品种

选择花芽分化早，需冷量低，休眠浅的优良品种，如红颜、章姬、安娜、春香、丰香、丽红、明宝、静宝等。

2. 整地定植

施入充分腐熟的优质有机肥 5 m^3/ 亩，过磷酸钙 40~50 kg，磷钾复合肥 50 kg。起高畦，一般为南北向，畦距 1 m，底部宽 70 cm，顶部宽 45 cm，高 25 cm。秋季白天温度降至 15~17 ℃时定植。每畦 2 行，行距 28~30 cm，株距 18~20 cm，8 000~9 000 株 / 亩。栽培深度保证上不埋芯，下不露根。

3. 加强定植后的管理

①定植初期。定植后立即浇一遍透水，之后 2~3 d 每天浇一次水。此后以中耕炼苗为主，不干不浇。

②扣棚。扣棚升温的时期根据设施的保温性能和外界温度条件而定。一般在外界日平均温度稳定在 0 ℃以上后进行，有保温覆盖层的塑料棚栽培可适当提前；解除自然休眠时外界日平均温度已稳定在 0 ℃以上地区，草莓结束自然休眠后即可扣棚升温。

③肥水管理。在开始生长期、果实膨大期、采收盛期、采后恢复期和二茬果膨大期追肥。每次亩施氮磷钾复合肥 8~10 kg。将肥料配成 0.2% 的水溶液顺畦面浇灌，每株 0.4~0.5 L。

④植株调整。去老叶、疏除匍匐茎和多余的新茎分枝，每株保留 2~3 个健壮的新茎分枝，保持 10~15 片叶，及时疏除匍匐茎、老叶和多余的新茎分枝。每株保留 2 个先抽生的花序，后抽生的全部掐掉；疏除花序上高级次花蕾，一般第一花序留 12 个果，第二花序留 7 个果；坐果后及时疏除病虫果、畸形果和过早发白的小型果。

⑤采收。采收标准主要根据果实着色程度判断，当果实着色面积达 70% 以上时即可采收。不同的草莓果实成熟时间差异较大，应分期分批适时采摘。草莓果实很娇嫩，采摘时要带果柄、轻拿轻放。

二、材料准备

（一）调查当地自然条件和市场需求

通过现场观测、查阅相关资料等方法调查当地气候、地形、水文、土壤等自然环境条件和市场需求，做好记录与分析，进行草莓品种的选择。

（二）搜集相关案例资料

通过资料调研，拜访种植户等途径，搜集相关案例资料，了解草莓设施栽培方案的设计步骤。

三、工具准备

卷尺、游标卡尺、放大镜、挖铲、温度计、湿度计、光照度计、土壤检测仪、手套、口罩、白大褂。

四、人员准备

人员分组，每组 4 人。明确职责分工。

人员分工

任务角色	任务内容
组长：	任务：
组员 1：	任务：
组员 2：	任务：
组员 3：	任务：

任务实施

步骤一：调研当地草莓市场行情。

步骤二：深入农业企业或种植户现场测试栽培草莓的日光温室内外温度、湿度、光照、土壤等环境条件。

步骤三：与农户交流上一茬口的栽培情况、病虫害流行情况等。

步骤四：查找相关的资料，找出适宜的草莓品种和栽培茬口。

步骤五：讨论、确定日光温室内草莓栽培的定植方案并做好定植后的管理预案。

步骤六：按照方案实施草莓的设施栽培，任务完成后进行总结。

任务检测

请扫码答题。

任务评价

工作任务完成过程评价

班级：＿＿＿＿＿＿＿＿　组别：＿＿＿＿＿＿＿＿　姓名：＿＿＿＿＿＿＿＿

项目	评分标准	分值	自我评价	小组评价	教师评价
基本素质	学习态度良好，学习积极性高	10			
	积极主动与老师、同学交流，相互尊重、理解。与老师、同学间能保持多向、丰富的信息交流	10			
理论知识	了解日光温室内栽培草莓的品种和栽培茬次选择	10			
	了解日光温室内草莓设施栽培的定植技术	10			
	了解日光温室内草莓设施栽培定植后管理措施	10			
实操技能	能够有效利用网络、图书资源查找有用的相关信息，能将查到的信息有效地运用到学习中	10			
	能够在老师的带领下，按照预先准备的问题完成农业企业或种植户的实地调研学习	10			
	能够通过查阅的资料和调研的结果制定日光温室草莓栽培的方案，并按照方案完成栽培操作	10			
思政表现	能从全局上筹划相关事项或行动的具体安排	10			
	能够树立学习好知识掌握好技能服务农村、投身农业现代化建设的意识	10			
合计		100			
自我评价与总结					
教师点评					

任务三　樱桃的设施栽培

任务导入

某种植户计划在日光温室内种植樱桃，但对樱桃品种选择、设施栽培技术等不了解，请你根据所学知识，帮助该种植户设计樱桃的设施栽培方案。

任务工单

班级：＿＿＿＿＿＿＿＿　组别：＿＿＿＿＿＿＿＿　姓名：＿＿＿＿＿＿＿＿

任务名称	樱桃的设施栽培
任务描述	根据实际情况，填写本任务的内容、目的、流程和方法。 任务内容： 任务目的： 任务流程： 任务方法：
获取信息	要完成任务，需要掌握相关的知识。请收集资料，回答以下问题。 1. 如何进行樱桃设施栽培的品种选择？ 2. 樱桃设施栽培的茬口安排是怎样的？ 3. 樱桃设施栽培的环境管理技术有哪些？ 4. 樱桃设施栽培操作技术要点有哪些？

（续表）

制订计划	根据学习任务，制订工作计划。			
任务实施	按照预先制订的工作计划，完成本任务，并记录任务实施过程。			
	序号	完成的任务	遇到的问题	解决办法

任务准备

一、知识准备

（一）樱桃的起源及其主要生物学特性

樱桃起源于亚洲西部和欧洲东南部。可以追溯到公元前 3 000 年的古埃及和古巴比伦文明时期，最早被人类发现于黑海沿岸的小亚细亚地区。公元前 300 年，亚历山大大帝将樱桃带到了欧洲，并在罗马帝国时期传播到了整个欧洲地区。随着欧洲殖民者的传播，樱桃传到了美洲和大洋洲等地，成为了当地重要的水果之一。樱桃于唐代时期传入中国，起初只是作为名贵的进口水果供应皇宫，直到明清时期才逐渐在南方地区种植。近年来，随着人们生活水平的提高和消费观念的变化，樱桃在中国的市场需求逐年增加，成为了备受追捧的水果之一。

樱桃属蔷薇科樱属，是一种乔木。它的果实颜色鲜红，也因此被称作朱樱。樱桃在我国栽培历史悠久，河北藁城台西的商代遗址曾经出土过樱桃种子，证明了其在我国的历史之久远。樱桃的株高可达 3~8 m，树皮红褐色；嫩枝无毛或被疏柔毛；冬芽无毛；叶片卵形或长圆状倒卵形，先端渐尖或尾尖；花序伞房状或近伞形，有花 3~6 朵，先叶开放；核果近球形，红色，直径 0.9~1.3 cm。

樱桃的花期通常在 3—4 月，果期则在 5—6 月。樱桃不仅因其酸甜可口的味道和鲜艳的颜色受到人们的喜爱，还因为其丰富的营养价值而被广泛种植和消费。樱桃含有丰富的维生素、矿物质和抗氧化物质，对健康有益。此外，樱桃还可以加工成樱桃酱、樱桃汁、樱桃罐头等多种食品，满足不同消费者的需求。

（二）樱桃设施栽培的生长发育周期

樱桃设施栽培的生育阶段主要包括幼龄期、初果期、盛果期和衰老期四个阶段。

①幼龄期。从苗木定植到开花结果这段时期，特点是生长旺盛，加长加粗生长活跃，年生长量可超过 1 m，一年生枝径粗可超过 1.5 cm，分枝较少。幼龄期的管理重点是给予高水平的肥水管理，使植株尽快建成骨架，为早结果打下基础。

②初果期。从植株开始结果到大量结果前的一段时期。随着树龄的增长，树冠、根系

不断扩大，枝量、根量成倍增长，枝的级次增高，生长开始出现分化。初果期的管理应注意控制树高，抑制树势，促使及早转入盛果期。

③盛果期。树冠和根系扩展达到最大，生长和结果趋于平衡，产量较高且较稳定。盛果期的管理重点是维持、延长盛果年限，通过栽培措施防止结果部位外移和根系衰老。

④衰老期。随着树龄增长，枝条生长衰弱，根系萎缩，冠内、冠下部枝条枯死。衰老期的管理主要是通过修剪和更新措施来恢复树势或更换新品种。

这些阶段反映了樱桃树从成长到衰老的自然生命周期，对于设施栽培的管理策略，如肥水管理、病虫害防治、修剪等，都需要根据樱桃树所处的不同生长阶段来调整。

（三）樱桃生长发育对设施环境条件的要求

樱桃生长发育对设施环境条件的要求主要包括温度、湿度、光照和土壤条件的管理。

①温度管理。樱桃设施栽培中，温度管理是关键因素之一。樱桃树对温度条件要求严格，不同生长期对温度有不同的要求。春季开花期早，易受早春霜冻影响，因此需要注意预防低温伤害。生长季的高温高湿易造成树体徒长，而高温干旱则易使叶片早衰，影响植株生长发育。果实发育期温度过高会导致果实“高温逼熟”，影响果实品质。因此，需要根据樱桃的需温规律和栽培地区的气候条件，合理调控设施内的温度，确保樱桃树正常生长。

②湿度管理。樱桃设施栽培中，湿度管理同样重要。适宜的空气湿度对于樱桃树的生长至关重要。在设施内，需要注意避免湿度过高，以免造成病害。通过加强通风换气，特别是在冰雪天气也要适当通风换气，以降低棚内湿度，防止氨气等有毒气体危害。浇水时应注意不要直接使用冷水浇灌，而是将水放到蓄水池中，待水温与地温接近时再浇，以避免对根系造成伤害。

③光照管理。樱桃树是喜光性树种，对光照的要求仅次于桃树，比苹果树、梨树更严格。良好的光照条件可使树体健壮、果枝寿命长、花芽充实、坐果率高、果实成熟早且品质好。因此，在设施栽培中，应注意增加光照，避免树冠郁闭，以保证樱桃树的正常生长和发育。

④土壤条件。樱桃适宜在土壤深厚、透气性好、保水力较强的沙壤土上栽培。土壤的肥力和质地对樱桃的生长发育和产量、品质都有决定性的影响。樱桃耐盐碱能力差，在盐碱地栽培会导致生长发育不良。因此，在设施栽培中，需要注意土壤条件的改善，如通过深翻熟化土壤、施入有机肥等方法提高土壤质量，以保证樱桃树的健康生长。

（四）樱桃设施栽培的茬口安排

樱桃设施栽培的茬口安排涉及在同一块耕地上，不同年份和同一年份的不同季节安排作物种类、品种及其前后茬的衔接搭配和排列顺序。

樱桃设施栽培的茬口安排是农业种植管理中的重要环节，它直接影响到樱桃的产量和品质。具体到樱桃设施栽培，茬口安排包括轮作与连作、间套等内容，旨在优化樱桃树的生长环境和提高产量。

此外，樱桃设施栽培的茬口安排还需考虑土壤条件、气候因素以及樱桃树对温度、水分的需求。例如，樱桃树适合在土壤 pH 值为 6.5~7.0 的中性土壤中种植，并且需要充足的阳光和良好的排水条件。同时，樱桃树的生长和开花需要适宜的温度范围，一般在

15 ℃以上的温度环境中才能正常开花，而在 20 ℃以上的温度环境中生长最为旺盛。

（五）樱桃设施栽培的关键技术

1. 选用优良品种

选择结果早，丰产性好，果个大，口感风味好，最好能自花结实的品种。

2. 扣棚及打破休眠

樱桃的休眠期比较长，休眠比较深。休眠的解除要经历 7.2 ℃以下、800~1 440 h 的低温积累。扣棚应在樱桃树体完成自然休眠之后，若扣棚过早，低温休眠不足，将导致发芽、开花延迟。自然休眠完成后，扣棚越早，成熟期越早。使用石灰氮等化学药剂，也可以提早打破樱桃休眠。

3. 定植

在春季土壤解冻后至苗木萌芽前，选择矮化苗进行定植。按南北行向栽培，株行距（1~1.5）m×（2~3）m。保证根系舒展，最上层根系距地面 10 cm，每栋棚室内栽 2~3 个品种相互授粉。

4. 加强定植后的管理

①肥水管理。定植后的前两年，主要任务是促进营养生长，为早期丰产奠定基础。定植后 1 周内连浇 2 次水，此后至 6 月底每 20~30 d 浇 2 次，同时追施速效氮肥 2~3 次。追肥量，每次每株 50 g 尿素，7 月中旬株施 50 g 复合肥，以促进枝条成熟。9 月上中旬，亩施优质有机肥 3~5 m^3，施后浇水。翌年 6 月底株施硫酸钾或以钾为主的复合肥 150 g，秋季亩施有机肥 3~5 m^3。对于多年生树的肥水管理，首先要抓好夏施基肥，应在果实采收后立即施用。施肥量应根据植株大小和产量多少决定，盛果期大树每亩施肥量 2 500~5 000 kg。此外，要在棚内栽培时期和秋季注意叶面追肥。

②整形修剪。日光温室和普通塑料大棚栽培时可采用“Y”形，南北行，株行距（1~1.5）m×（3~5）m。干高 60 cm，树高 1.5~2 m。每株 2 个主枝，主枝上直接着生结果枝组。主枝开张角度 50°。肩高较高的塑料大棚和高大的连栋温室栽培可采用圆柱形或主干形，株行距 1.5 m×2.5 m。干高 50~60 cm，树高 2.5 m，冠幅 1.5 m，中心干上直接着生大型枝组。对于多年生树，需要调整枝梢密度与构成、控制树冠大小和更新结果枝组。疏除直立旺长枝梢，疏除过密、过弱枝梢，疏除或回缩超出设计树冠大小的枝梢。结果枝组更新方法是用枝组后部的年轻结果枝代替前部结果多年的衰老枝。

二、材料准备

（一）调查当地自然条件和市场需求

通过现场观测、查阅相关资料等方式调查当地气候、地形、水文、土壤等自然环境条件和市场需求，做好记录与分析，进行樱桃品种的选择。

（二）搜集相关案例资料

通过资料调研，拜访种植户等途径，搜集相关案例资料，了解樱桃设施栽培方案的设计步骤。

三、工具准备

卷尺、游标卡尺、放大镜、挖铲、温度计、湿度计、光照度计、土壤检测仪、手套、口罩、白大褂。

四、人员准备

人员分组，每组 4 人。明确职责分工。

人员分工

任务角色	任务内容
组长：	任务：
组员 1：	任务：
组员 2：	任务：
组员 3：	任务：

任务实施

步骤一：调研当地樱桃市场行情。

步骤二：深入农业企业或种植户现场测试栽培樱桃的日光温室内外温度、湿度、光照、土壤等环境条件。

步骤三：与农户交流上一茬口的栽培情况、病虫害流行情况等。

步骤四：查找相关的资料，找出适宜的樱桃品种和栽培茬口。

步骤五：讨论、确定日光温室内樱桃栽培的定植方案并做好定植后的管理预案。

步骤六：按照方案实施樱桃的设施栽培，任务完成后进行总结。

任务检测

请扫码答题。

任务评价

工作任务完成过程评价

班级：______________ 组别：______________ 姓名：______________

项目	评分标准	分值	自我评价	小组评价	教师评价
基本素质	学习态度良好，学习积极性高	10			

（续表）

项目	评分标准	分值	自我评价	小组评价	教师评价
基本素质	积极主动与老师、同学交流，相互尊重、理解。与老师、同学间能保持多向、丰富的信息交流	10			
理论知识	了解日光温室内栽培樱桃的品种和栽培茬次选择	10			
	了解日光温室内樱桃设施栽培的定植技术	10			
	了解日光温室内樱桃设施栽培定植后管理措施	10			
实操技能	能够有效利用网络、图书资源查找有用的相关信息，能将查到的信息有效地运用到学习中	10			
	能够在老师的带领下，按照预先准备的问题完成农业企业或种植户的实地调研学习	10			
	能够通过查阅的资料和调研的结果制定日光温室樱桃栽培的方案，并按照方案完成栽培操作	10			
思政表现	能从全局上筹划相关事项或行动的具体安排	10			
	能够树立学习好知识掌握好技能服务农村、投身农业现代化建设的意识	10			
合计		100			
自我评价与总结					
教师点评					

项目七 设施蔬菜常见病虫害的识别与防治

项目导读

设施蔬菜在生产栽培过程中往往遭受诸多病害和虫害。据统计，几乎所有设施蔬菜在其不同的生长周期内，都会受到病虫害的侵害。植物受到病虫害的侵害后，轻则减产重则绝收，大大影响了种植户收入。所以在实际生产过程中，要及时发现并防治病虫害。本项目设置有茄果类蔬菜常见病害防治技术、葫芦科蔬菜常见病害防治技术、叶菜类蔬菜常见病害防治技术、茄果类蔬菜常见虫害防治技术、葫芦科蔬菜常见虫害防治技术、叶菜类蔬菜常见虫害防治技术六个任务。

知识目标

①熟练掌握为害设施蔬菜的主要病虫害的类型。

②熟练掌握设施蔬菜病虫害发病的特征规律、病原、环境等因素。

③明确树立防治结合、预防为主的思想。

技能目标

①对主要设施蔬菜的病虫害能够准确识别。

②能够掌握主要设施蔬菜病虫害的发病规律和发病原因。

③能够通过物理防治、生物防治和化学防治的方法对设施蔬菜病虫害采取准确有效的防治措施。

素质目标

①具备独立自主查阅资料、获取知识、更新知识的能力。

②具有良好的沟通协调能力、团队协作能力，富有爱岗敬业的精神，能吃苦耐劳，动手实操能力强。

思政目标

①绿水青山就是金山银山，明确树立预防为主，防治结合的病虫害绿色防控思想。
②树立环境保护和生态保护意识，降低农药在设施蔬菜病虫害防治上的使用量。

任务一　茄果类蔬菜常见病害类型的识别与防治

任务导入

某种植户的温室内，发现了疑似番茄白粉病的症状，现在需要去确认番茄的具体患病情况，找出原因，并提出解决方案。

任务工单

班级：＿＿＿＿＿＿＿＿　姓名：＿＿＿＿＿＿＿＿　学号：＿＿＿＿＿＿＿＿

任务名称	番茄白粉病的识别与防治
任务描述	根据实际情况，填写本任务的内容、目的、流程和方法。 任务内容： 任务目的： 任务流程： 任务方法：
获取信息	要完成任务，需要掌握相关的知识。请收集资料，回答以下问题。 1. 茄果类蔬菜常见的病害有哪些？ 2. 茄果类蔬菜常见病害的症状有哪些？ 3. 茄果类蔬菜常见病害的发病原因是什么？如何进行防治？ 4. 番茄白粉病的症状如何识别？ 5. 番茄白粉病的发病规律和防治措施是什么？

（续表）

制订计划	根据学习任务，制订工作计划。			
任务实施	按照预先制订的工作计划，完成本任务，并记录任务实施过程。			
	序号	完成的任务	遇到的问题	解决办法

任务准备

一、知识准备

（一）茄果类猝倒病

1. 症状

茄果类猝倒病，主要在苗期为害，幼苗在出土之前即可遭受侵害，从而造成种子、胚芽或子叶腐烂。如图 7-1 所示，当受到侵害的幼苗出土以后，在近地面部分的幼茎基部会呈现出水渍状黄褐色病斑，绕茎扩展，似水烫状；在发病后期，病茎缢缩成线状，幼苗即倒地。当猝倒病发生以后，短期内子叶往往不会出现萎蔫的现象，仍保持绿色，但是幼苗根部表皮已经腐烂呈褐色。在高湿度苗床中或连阴雨天气时，开始只是个别幼苗出现症状，几天后以病株为中心向四周迅速扩展，造成大片幼苗猝倒。空气潮湿时，病苗或土壤表面可出现白色絮状霉层而有别于立枯病。

图 7-1 茄果类猝倒病

2. 发病规律

该病菌可以以不同的形态存活，主要以菌丝或卵孢子的形式在未消杀或未消杀彻底的土壤中长期存活，也可以在植株的病残体上越冬。同时，病原物也可以从外来的种子、土壤、农机、人员身上进行传播与感染。该病原物繁育的适宜温度在 10~18 ℃，在温室内高湿低温、光照弱的情况下，幼苗发育缓慢从而容易受到感染。

3. 防治措施

在生产前将土壤进行全面消毒，可以用威百亩进行熏蒸，也可用甲霜噁霉灵进行滴灌、喷灌消毒。

在购买种子时，购买合格且消毒的种子为宜，如果有包衣种子，则更好。在定植前可以先对种子进行温汤处理，将种子放在 50 ℃的温水中浸泡 20 min，或在 72% 霜霉威水剂浸泡 30 min，再用清水浸泡 8 h 进行催芽后再播种。

发现有病株后，要立即将病株拔出，并将病株移出温室，然后立刻用 75% 百菌清可湿性粉剂 600 倍液，以 5~8 d 喷洒 1 次为周期，连喷 2~3 次。

（二）茄果类白粉病

1. 症状

如图 7–2 所示，白粉病的症状较为明显，主要为害植物的叶片、茎干以及叶柄等部分。其中对叶片的为害最为严重，对果实的影响较小。白粉病在发病初期，白色粉状物不够明显，不容易被发现。随着病情的加重，白色粉状物增多，形成圆形的粉斑，在作物发病后期，白色霉层覆盖整个叶片表面，最终病叶变黄枯死。

图 7–2　番茄白粉病

2. 发病规律

该病菌在北方无明显的越冬现象，但是可以在病株上存活，在条件适宜后，可大量地繁殖孢子，其孢子适宜的繁殖温度为 20~25 ℃，在园艺设施内，病害多暴发于 9—11 月，在温度低湿度忽高忽低时，更容易发病。

3. 防治措施

要因地制宜地选取抗白粉病好的品种，在播种前和采收后，要及时对土壤进行全面消毒。

在生产过程中，要加强温室内的田间管理，利用测土配方技术，科学地进行浇水施肥，少施用氮肥，增施磷钾肥，合理安排定植密度，切记不可让土壤和温室内温湿度忽高忽低。

化学防治，在发病前可以用70%代森锰锌可湿性粉剂500~600倍液，作为保护剂使用。在发病后可以用25%戊唑醇水乳剂3 000倍液，或用70%甲基硫菌灵可湿性粉剂1 000倍液进行治疗。隔7~10 d喷施1次，连续2~3次。

（三）茄果类根腐病

1. 症状

茄果类根腐病主要为害作物的茎基部和根部，在作物定植后即可发病。如图7-3所示，在发病初期，会出现侧根和细根变褐；根部出现大量脱落或腐烂，随着病情进一步发展，主根也会变褐，根系表面出现黑色小粒点或裂缝，表皮木栓化，病情严重的，病根会出现肿胀或变粗，随着根部病情的向上蔓延，作物的茎基部逐渐变成黑褐色或腐烂，从而导致植株的上部生长发育不良，植株下部叶片变黄干枯，在作物发病初期，病株中午萎蔫，早、晚能复原。随着病情不断发展，早晚不再复原，致全株枯死。

图7-3　辣椒根腐病

2. 发病规律

病菌以分生孢子和菌丝体随病根在土壤中越冬，也可能在未充分腐熟的堆肥中越冬，第二年繁殖出的大量分生孢子，经由雨水、灌溉水及昆虫等媒介进行传播。病菌及孢子从根部或茎基部伤口侵入，为害作物的根部及根茎。该病菌最佳生育温度为22~24 ℃。生产中，低温对作物的根系发育影响较大，当土壤温度低于20 ℃，且持续时间较长时，容易导致此病的发生，同时，在土壤黏度较大的重茬地、地下害虫较多的土块中容易发生病害。

3. 防治措施

实行轮作，增加种植作物的类型，与非茄果类作物进行交替种植，最好进行3年以上的轮作。

在进行种子及种苗的选购时，要挑选抗病性好的品种进行种植，在种苗定植和播种前，需提前对种子用70%代森锰锌可湿性粉剂或用0.1%硫酸铜浸种5 min，然后用清水洗净后催芽。

在种植过程中发现带病植株，需要马上将植株拔出并移出温室，同时立即对土壤进行消毒，可以用75%百菌清可湿性粉剂800~1 000倍液，68%精甲霜·锰锌可湿性粉剂

600~900 倍液或者同时用甲霜灵 800~1 000 倍液进行均匀喷雾，根据植株病情情况间隔 7~10 d 喷施 1 次。

（四）茄果类早疫病

1. 症状

如图 7–4 所示，茄果类早疫病，主要为害植物的叶片、果实、叶柄、茎等部位。该病最主要的特征是不论果实、叶片还是主茎上的病斑，都具有明显的轮纹，在早疫病的发病初期，叶片呈现出褐色或者黑色的斑点型病斑。随着病情的加深，在发病后期，病斑的斑点逐渐扩大，成为直径 1~2 cm 的病斑，同时会出现明显的同心轮纹。病害一般的发病规律是从植物下半部分的叶片开始发生，随着病情的发展并逐渐向上蔓延。在植株茎部发现病斑，多呈现出黑褐色椭圆形状，在果实上则表现出蒂部附近有褐色的圆形褐斑，果实有凹陷。

图 7–4　番茄早疫病

2. 发病规律

病菌主要以菌丝和分生孢子的形态随病株残体在土壤中越冬，也可附着在种子上越冬。菌丝生命力顽强，可以在干燥的叶片中存活 1 年以上，残存在土中的病菌可直接侵入种子胚轴。发病后，病斑上的分生孢子主要借风、雨等传播，通过叶片的气孔或伤口侵入，也有少数可以直接穿过表皮侵入。当设施内气温在 20~25 ℃时，病情发展最快。茄果类早疫病在作物的苗期、生长发育期、果实期均容易发病。在设施内温度偏高且湿度过大的条件下最容易发病。

3. 防治措施

在播种前需要对种子进行预处理，选用优质抗病性好的种子，选择具有包衣消毒的种子，若种子未进行包衣和消毒，可以把种子放在 52 ℃的温水中浸泡 30 min。同时也可以使用 1% 福尔马林溶液浸泡 20 min，然后再用清水浸泡 12 h 促进其发芽。

耕作过的土块要进行消毒，可以用 42% 威百亩水剂 3 500~5 000 mL/ 亩，进行充分消毒。土块最好进行 3 年以上的轮作，在作物定植前，要施足底肥，适时追肥。做到盛果期不脱肥，提高寄主抗病性。合理密植，及时绑架、整枝和打底叶，利于通风透光。

（五）茄果类晚疫病

1. 症状

如图 7–5 所示，辣椒晚疫病在作物的整个生长时期都会发生，在作物的苗、茎、叶、果实上均可发病，属于一种危害性极其严重的病害，一旦发生传播速度非常快，普遍造成减产，严重时会造成作物的绝收，给种植户带来巨大的经济损失。该病发病初期，病菌先从叶片开始侵染，发病初期叶片表面会产生暗绿色水浸状病斑，并逐渐向主茎蔓延，使茎

图 7–5 辣椒晚疫病

基部变细，呈水渍状缢缩，最后整株萎蔫或折倒，湿度大时病部表面着生白色霉层。茎秆发病，茎秆初期也呈现出水渍状，随着病情的发展，杆茎渐呈暗褐色或黑褐色，发病茎部组织变软，水分无法向上运输，从而导致植株萎蔫。果实发病多数情况下从青果期开始，发病前期产生油浸状的病斑，颜色较为浅，从果实的果柄开始，逐步往下延伸；后期病变颜色逐渐变为深褐色，病斑稍凹陷，病果质硬不软腐；在潮湿的环境下，在病斑表面会产生一层白颜色的霉菌，且果实有条纹出现，甚至裂开，果实内会有油状液体浸出。

2. **发病规律**

该病菌主要在设施内栽培的作物上越冬，有时可以在落入土中的病残体上越冬。病菌可以借助空气、流水等媒介进行传播，从而感染植株。该病菌是一种在高温高湿条件下产生的病害，当温室内日间气温在 22~24 ℃、夜间气温在 10~13 ℃，相对湿度在 80% 以上时十分容易感染，在连续阴雨天或者光照不足时，也容易患病。

3. **防治措施**

在种植方面，选择抗病好的品种进行种植。对于播种种植，要提前对种子进行预处理，尽可能选择具有包衣消毒的种子，若种子未进行包衣和消毒，则需要在 52 ℃的温水中浸泡 30 min。也可使用 1% 浓度的福尔马林溶液浸泡 20 min，然后再用清水浸泡 12 h 促其发芽。

在进行种植时，要确保消毒，避免造成交叉感染。在种植前，对生产土壤进行消毒，可以用 42% 威百亩水剂 3 500~5 000 mL/ 亩进行消毒。可以与十字花科蔬菜实行 3 年以上轮作，但是要避免和马铃薯相邻种植。在定植前施足底肥，适时追肥。降低氮肥的比例，提高磷钾肥的比例，保证植物茁壮，提高抗病能力。同时要合理地进行田间管理，合理进行打杈，摘心。同时还要根据不同品种的特性进行定植，保证合理的定植密度从而改善田间通风透光条件，降低设施内湿度，有效防止病害的发生。

在化学防治方面，可以使用 75% 百菌清可湿性粉剂 600 倍液、60% 杀毒矾可湿性粉剂 500 倍液、58% 甲霜灵 · 锰锌可湿性粉剂 500 倍液、50% 多菌灵可湿性粉剂 500 倍液；防治晚疫病可用 77.2% 普力克水剂 800 倍液。每 7~8 d 1 次，连续 2~3 次，但要注意施药后 10 d 不可摘果上市。

（六）茄果类病毒病

主要常见的有番茄黄化曲叶病毒病、番茄蕨叶型病毒病、番茄卷叶型病毒病。

1. **症状**

常见的病毒有三种，分别是花叶型病毒、蕨叶型病毒、卷叶型病毒三种。

花叶型病毒发病时，植株叶片上出现黄绿相间或深浅相间斑驳，叶脉透明，叶片增厚、叶略有皱缩，植株略矮。

蕨叶型病毒发病时，植株矮化、上部叶片呈线状、中下部叶片微卷。

卷叶型病毒发病时，植株叶片最为明显，主要表现为植株叶脉间黄化，叶片边缘向上方弯卷，小叶扭曲、畸形，植株萎缩或丛生。

2. **传播规律**

病毒病主要由粉虱、蓟马、蚜虫等害虫进行传播，在害虫暴发的年份，往往伴随着病毒病的发生。

3. **防治措施**

在品种的选择上，要因地制宜选择抗性较好的品种。

播种前对种子进行消毒，采用氨基寡聚糖水剂 100 mL，兑水 15 kg，浸泡种子 15 min，晾干后放在恒温箱进行浸种。也可运用 1% 浓度高锰酸钾溶液浸种 15~20 min，然后反复冲洗，直至种子干净为止。

在进行定植时，尽可能选择在没有病毒病发生过的地块进行种植，如必须使用该地块，要对地块进行深耕，同时进行土壤消毒。在土壤中加入生石灰，可以使病毒钝化，可以使用 42% 威百亩水剂 3 500~5 000 mL/ 亩进行消毒。同时在设施内要放置防虫网和黄板，对害虫进行阻挡和诱杀，防虫网建议使用 90~100 目。

早期防治蚜虫、蓟马、粉虱可以使用的药剂有啶虫脒、阿维菌素、吡虫啉、噻虫嗪等药物。在病毒病的发病初期，可以使用 2% 宁南霉素水剂 500 倍液，或用 3% 氨基寡糖素水剂 1 000 倍液以及各种铜制剂进行喷雾。

（七）茄果类灰霉病

1. **症状**

灰霉病，主要为害茄果类作物的苗期、茎、叶、果实。在发病后，发病部位会形成一层霉层，严重时会造成绝收，给种植户带来巨大损失。如图 7–6 所示，幼苗发病时，表现为茎秆缢缩变细，或者顶芽变色呈水浸状，造成茎叶腐烂。叶片发病后，在叶片的边缘初为“V”形，随着病情的发展，逐渐向内发展，最后病斑干枯，在湿度较大时，叶片表面会形成灰斑，发病后植株直接死亡。

植株叶片发病时的状态与幼苗的发病状态相似。从叶片的叶尖开始随着病情的发展，向内扩展形成“V”形的水渍状浅褐色病斑，最后发展成圆形或椭圆形病斑，颜色为茶褐色或浅褐色。湿度大时病斑上密布灰霉层，严重时病斑连片，整叶枯死。

图 7–6　番茄灰霉病

果实发病时病菌主要侵染果实，先侵染果蒂残花部分，之后渐渐向果实上部发展，形成幼果腐烂，最后果实脱落，或失水僵化，病部产生大量灰霉层。

2. **发病规律**

病原物病菌主要以菌丝和分生孢子

的形态随病株残体在土壤中越冬，同时通过空气、流水、农机具、人等媒介进行传播，从而影响其他健康植株。灰霉病病菌从 7 ℃开始产生孢子，最适宜温度为 20~23 ℃。病菌孢子耐低温，在 7~15 ℃时也能产生大量孢子，在弱光，高湿的环境中也能侵染传播。

3. 防治措施

在品种的选择上，因地制宜选择抗性较好的品种。

在种植时，要注意中耕松土，保持土壤的透气性。在种植前，要施足底肥，适时追肥，确保作物的健康成长，提高作物的抵抗力。同时要根据作物的品种合理地确定定植密度，合理整枝打杈，保证作物的田间通透性。灰霉病一般在温度较低湿度较大的情况下容易发生。

发病初期用 30% 甲基硫菌灵悬浮剂 500 倍液，或用 45% 特克多悬浮剂 3 000~4 000 倍液，或用嘧菌环胺 50% 水分散剂 1 000 倍液喷雾，间隔期 7 d，连喷 2~3 次。

二、材料准备

（一）查找番茄病害资料

通过现场调查，根据现场番茄的情况，查阅相关病害资料，并做好记录与分析，找出番茄发生的病害名称。

（二）搜集相关案例资料

通过资料调研、拜访种植户等途径，搜集相关案例资料，了解番茄病害的发病规律及防治办法。

三、工具准备

放大镜、多媒体设备、书本、酒精、刀片、苯酚、蒸馏水、农药、培养皿、载玻片、盖玻片、镊子、剪刀、解剖刀、扩大镜、培养基、酒精灯、纱布、滤纸、手套、口罩、白大褂。

四、人员准备

人员分组，每组 4 人。明确职责分工。

人员分工

任务角色	任务内容
组长：	任务：
组员 1：	任务：
组员 2：	任务：
组员 3：	任务：

任务实施

步骤一：深入现场查看番茄病害的特征，了解番茄白粉病的症状特点。

步骤二：与周边种植户交流，了解当地主要的番茄病害，了解番茄白粉病的发病规律及为害特点。

步骤三：查找相关的资料，了解番茄白粉病的防治措施。

步骤四：现场调研分析番茄白粉病产生的原因，了解当地种植户实际采用的防治措施及效果。

步骤五：给出防治番茄白粉病的具体方案。

步骤六：等待观察防治效果，根据效果调整方案。

步骤七：任务总结。

任务检测

请扫码答题。

任务评价

工作任务完成过程评价

班级：________　组别：________　姓名：________

项目	评分标准	分值	自我评价	小组评价	教师评价
基本素质	学习态度良好，学习积极性高	10			
	积极主动与老师、同学交流，相互尊重、理解。与老师、同学间能保持多向、丰富的信息交流	10			
理论知识	了解设施栽培中茄果类蔬菜常见的病害类别	10			
	了解茄果类蔬菜不同病害的症状、发病原因和防治措施	10			
	了解设施栽培中番茄白粉病症状的识别、发病规律和防治措施	10			

（续表）

项目	评分标准	分值	自我评价	小组评价	教师评价
实操技能	能够有效利用网络、图书资源查找有用的相关信息，能将查到的信息有效地运用到学习中	10			
	能够在老师的带领下，按照预先准备的问题完成农业企业或种植户的实地调研学习	10			
	能够通过查阅的资料和调研的结果制定番茄白粉病的防治技术方案，并按照方案实施	10			
思政表现	能从全局上筹划相关事项或行动的具体安排	10			
	能够树立良好的环境保护和生态保护意识	10			
合计		100			
自我评价与总结					
教师点评					

任务二　葫芦科蔬菜常见病害类型的识别与防治

任务导入

某种植户的温室内，发现了疑似黄瓜立枯病的症状，现在需要去确认黄瓜的具体病害情况，找出原因，并提出解决方案。

任务工单

班级：______________ 姓名：______________ 学号：______________

<table>
<tr><td>任务名称</td><td colspan="4">黄瓜立枯病的识别与防治</td></tr>
<tr><td>任务描述</td><td colspan="4">根据实际情况，填写本任务的内容、目的、流程和方法。
任务内容：

任务目的：

任务流程：

任务方法：</td></tr>
<tr><td>获取信息</td><td colspan="4">要完成任务，需要掌握相关的知识。请收集资料，回答以下问题。
1. 葫芦科蔬菜常见的病害有哪些？

2. 葫芦科蔬菜常见病害的症状有哪些？

3. 葫芦科蔬菜常见病害的发病原因是什么？如何进行防治？

4. 黄瓜立枯病的症状如何识别？

5. 黄瓜立枯病的发病规律和防治措施是什么？</td></tr>
<tr><td>制订计划</td><td colspan="4">根据学习任务，制订工作计划。</td></tr>
<tr><td rowspan="6">任务实施</td><td colspan="4">按照预先制订的工作计划，完成本任务，并记录任务实施过程。</td></tr>
<tr><td>序号</td><td>完成的任务</td><td>遇到的问题</td><td>解决办法</td></tr>
<tr><td></td><td></td><td></td><td></td></tr>
<tr><td></td><td></td><td></td><td></td></tr>
<tr><td></td><td></td><td></td><td></td></tr>
<tr><td></td><td></td><td></td><td></td></tr>
</table>

任务准备

一、知识准备

葫芦科的作物，在每个人的餐桌上和生活中占据着举足轻重的地位，夏天用来清凉解暑的西瓜、甜瓜、黄瓜等水果均属于葫芦科，餐桌上耳熟能详的西葫芦、冬瓜、南瓜、苦瓜等也属于葫芦科。葫芦科植物不但味道好，营养丰富，还具有一定的药用价值，深受广大消费者的喜爱。随着人们生活水平的提高，保护地栽培葫芦科植物的面积也越来越大。随之而来的就是各种各样葫芦科作物病害的发生。这些病害给种植户造成了极大的经济损失。所以要根据植物的发病症状来快速准确地识别出病害的类别，并找出病害产生的原因，提出准确、完整的治疗方案，减少因为病害造成的损失。

（一）葫芦科蔬菜猝倒病和立枯病

1. 症状

葫芦科作物的猝倒病和立枯病是苗期普遍发生的两种病害，因为其症状较为相似，所以容易混淆，但通过仔细地观察两者还是有较大区别的。猝倒病主要发生于苗床出苗后，在茎基部靠近地面的地方产生水浸状的病斑，随着病情的不断发展变黄褐色，最后病部绕茎一周缢缩成线状，幼苗折倒。该病具有明显的发病中心。常能引起成片幼苗猝倒死亡，在设施内湿度大时，病部或土表往往产生白色棉絮状物。立枯病从幼苗刚出土到移栽前的所有阶段都可以受害，受害的幼苗茎基部产生暗褐色的病斑，在发病初期，幼苗白天萎蔫，晚上和清晨可恢复。随着病情的发展，病斑围满整个幼苗茎部一周后，幼苗茎部逐渐收缩，因为水分无法运输，地上部的茎叶最后萎蔫枯死，但病苗仍直立而不倒伏，拔起病苗可见到淡褐色蜘蛛网状霉斑，如图 7–7 所示。

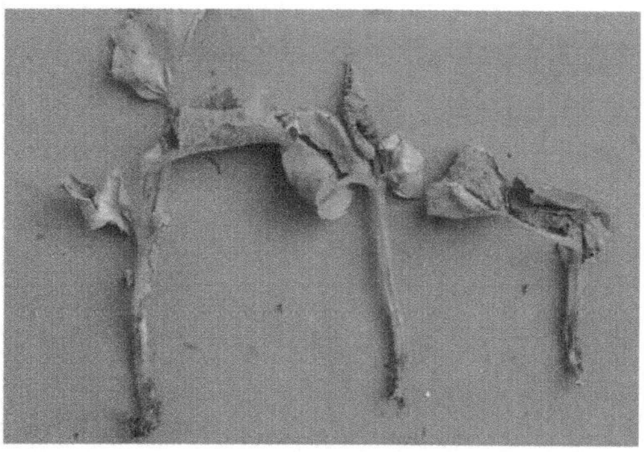

图 7–7　黄瓜立枯病

2. 发病规律

猝倒病与立枯病的发病机理不同，猝倒病的发病条件是低温高湿，立枯病的发病条件是高温高湿；前者发病时间是在真叶未展开之前，后者是在育苗的中后期。

3. 防治方法

防治这两种病害，首先要根据当地的实际情况，选择抗性较好的品种。

在育苗中还应注意适时播种，尽可能选择有包衣的种子，若种子未包衣，则需要用 2.5% 的咯菌腈水溶剂 10 mL 与 35% 甲霜灵拌种剂 2 mL 兑水 180 mL 对种子进行消毒。

苗床宜采用无菌新土，如使用老土则需要在播前对苗床进行彻底的消毒，可用 50% 福美双进行土壤消毒。在育苗的过程中，还要做好苗床的保温、降温及通风换气，提高幼苗的抗性。

发现病株时要及时拔除并施药保护。猝倒病发病初期可用75%百菌清800倍液、铜铵合剂400倍液或64%杀毒矾300~500倍液，在苗露水干时喷施，5~7 d 1次，共喷2次；也可用40%乙膦铝制成1%~1.5%的药土或用甲霜灵制成1%药土于苗露水干后撒施，若能两者结合使用则效果更佳。立枯病发病初始采用70%敌克松制成1%药土或75%百菌清600倍液，待露水干后撒施或喷药。

（二）葫芦科蔬菜枯萎病

1. 症状

葫芦科蔬菜枯萎病是瓜类植物中一种重要的病害。以西瓜、黄瓜和冬瓜最为严重，如图7-8所示，普遍发病率较高，毁灭性极强，一般减产30%~50%，严重时会导致绝收。给种植户造成巨大的经济损失。该病主要在开花结果后陆续产生。因为维管束无法将水分养分供养给叶片，在发病初期表现为部分叶片或从下往上叶片在中午逐渐萎蔫，在初期，叶片早晚可恢复，随着病情加重，整株植物叶片完全萎蔫，早晚也不能复原，直至枯死。发病后植株的纵向切开，可发现维管束病变，呈现出褐色。茎基部、节间柔软，纵列，从伤口处有黄色胶状物流出，呈树脂状。

图7-8　黄瓜枯萎病

2. 发病规律

该病在作物的全周期均可发生，是一种由真菌引起的病害。在低温潮湿的环境下更容易发病。以菌丝、菌核等方式存在于病残体、植物种子及土壤中越冬，在环境适宜的条件下，病菌可存活6年甚至更长的时间，主要通过空气、水流、农机具、人等方式进行传播。通过植物根部伤口入侵植物。

3. 防治方法

要根据当地的实际情况，选择抗性较好的品种。

用种子进行种植时，对种子进行消毒，可用2.5%的咯菌酯拌种，进行消毒。

实行轮作，最好是在从未发生过该病害的土壤中进行种植。在进行定植生产时，要尽可能地减少人为操作对根系的损伤，在育苗时，可选用育苗杯等工具进行育苗，保证苗子的粗壮、健康。

要及时中耕、翻土，保持土壤的疏松，提高根部透气性，防止大水漫灌。

在发病初期，可使用50%多菌灵600倍液，或者用40%抗枯灵500倍液喷淋，发病后期可用甲基硫菌灵1 000倍液，每千克药水灌根5~10株，间隔10 d灌1次。连续2~3次。保证效果。

（三）葫芦科蔬菜病毒病

1. 症状

葫芦科病毒病也是比较常见的病害，在作物生长发育的各个时期，均会发病。一

图 7–9 黄瓜病毒病

般发病率为5%~15%，主要由黄瓜花叶病毒（CMV）、南瓜花叶病毒和烟草花叶病毒（TMV）等单独或复合侵染引起。

黄瓜上的病毒病，如图 7–9 所示，一般有四种：皱缩型病毒病、花叶病毒病、绿斑型病毒病、黄化型病毒病。

①皱缩型病毒病。自幼苗至成株期均可发生。在发病初期，首先表现为叶脉失绿，随着病情的不断发展，出现叶片的黄化，皱缩下卷，病株矮化，扭曲变形，瓜小，果实表面出现花斑或产生凹凸不平的瘤状物，严重时整株枯死。

②花叶病毒病。当幼苗发出 4~5 片真叶时即可发病，新叶出现褪绿斑点，以后表现为花叶，严重时顶叶畸形，变为鸡爪状，矮化不结瓜或畸形瓜，发病早的可引起全株萎蔫。

③绿斑型病毒病。新叶产生黄色小斑点，以后变为淡黄色斑纹，绿色部分呈现隆起瘤状。果实上生浓绿斑和隆起瘤状物，多为畸形瓜。

④黄化型病毒病。中、上部叶片在叶脉间出现褪绿色小斑点，后发展成淡黄色，或全叶变为鲜黄色，叶片硬化，向背面卷曲，叶脉仍然保持绿色。

2. 发病规律

葫芦科蔬菜病毒病主要是由蚜虫蓟马等害虫传播。

黄瓜病毒病主要由黄瓜花叶病毒（CMV）、烟草花叶病毒（TMV）和南瓜花叶病毒侵染所致。病毒随多年生宿根植株和随病株残余组织遗留在田间越冬；也可由种子带毒越冬。病毒主要通过种子、汁液摩擦、传毒媒介昆虫及田间农事操作传播至寄主植物上，进行多次再侵染。病毒喜高温干旱的环境，最适发病环境温度为 20~25 ℃，相对湿度 80% 左右；最适病症表现期为成株结果期。发病潜育期 15~25 d。浙江及长江中下游地区病毒病的盛发期在 4—6 月和 9—11 月。年度间高温少雨，蚜虫、温室白粉虱、蓟马等传毒媒介昆虫大发生的年份发病重。防治媒介害虫不及时、肥水不足、田间管理粗放的田块发病重。

3. 防治方法

要根据当地的实际情况，选择抗性较好的品种。在播种前，可用 55 ℃温水浸种 40 min 然后催芽播种，杀死病毒。提前做好蚜虫等害虫的防治工作，可以使用黄板、防虫网、银色地膜等物理防治方法，也可用早定植、早收获等方式，避开温度较高的虫害暴发期。在发病后，在发病初期可用 20% 病毒 A 可湿性粉剂（通用名：20% 吗啉胍・乙铜可湿性粉剂）500 倍液或 1.5% 植病灵 1 000 倍液，或用 0.5% 菇类蛋白多糖水剂 250~300 倍液，结合叶面喷施磷酸二氢钾效果更好，每 7~10 d 喷 1 次，连喷 2~3 次，效果较好。

（四）葫芦科霜霉病

1. 症状

霜霉病是葫芦科蔬菜普遍发生且危害严重的病害，常在叶片上发病。主要对黄瓜、甜瓜等进行危害，在发病后期，叶片颜色由绿色变为黄色至黄褐色，在叶片背面会出现紫灰色的霉层。

2. 发病规律

该病主要由低等真菌引起，该病菌可以在病残体和土壤中越冬，可以通过空气、水流、农机具、人等方式进行传播，由气孔或直接穿透表皮侵入叶片。在日均温度 20~25 ℃时，叶面有水滴 6~12 d 即可萌发侵入，3 d 即可发病。

3. 防治方法

要根据当地的实际情况，选择抗性较好的品种。在种植时，要优化种植模式，要选择地势较高、排水良好的地块，同时要提高温度，降低湿度。在浇水和雨天后，及时排水。发病初期可用百菌清烟雾剂熏治，用 45% 百菌清烟雾剂，分堆均匀旋转在保护地内，点燃后闷棚，一般是傍晚开始，翌日早晨结束。药剂防治可用 50% 福美双可湿性粉剂 500~800 倍液；或用 68% 精甲霜·锰锌水分散粒剂 500~800 倍液进行喷施，7~10 d 喷 1 次，可交替用药。

二、材料准备

（一）查找黄瓜病害资料

通过现场调查，根据现场黄瓜的情况，查阅相关病害资料，并做好记录与分析，找出黄瓜发生的病害名称。

（二）搜集相关案例资料

通过资料调研、拜访种植户等途径，搜集相关案例资料，了解黄瓜病害的发病规律及防治办法。

三、工具准备

放大镜、多媒体设备、书本、酒精、刀片、苯酚、蒸馏水、农药、培养皿、载玻片、盖玻片、镊子、剪刀、解剖刀、扩大镜、培养基、酒精灯、纱布、滤纸、手套、口罩、白大褂。

四、人员准备

人员分组，每组 4 人。明确职责分工。

人员分工

任务角色	任务内容
组长：	任务：
组员 1：	任务：
组员 2：	任务：
组员 3：	任务：

任务实施

步骤一：深入现场查看黄瓜病害的特征，了解黄瓜立枯病的症状特点。

步骤二：与周边种植户交流，了解当地主要的黄瓜病害，了解黄瓜立枯病的发病规律及为害特点。

步骤三：查找相关的资料，了解黄瓜立枯病的防治措施。

步骤四：现场调研分析黄瓜立枯病产生的原因，了解当地种植户实际采用的防治措施及效果。

步骤五：给出防治黄瓜立枯病的具体方案。

步骤六：等待观察防治效果，根据效果调整方案。

步骤七：任务总结。

任务检测

请扫码答题。

任务评价

工作任务完成过程评价

班级：________________ 组别：________________ 姓名：________________

项目	评分标准	分值	自我评价	小组评价	教师评价
基本素质	学习态度良好，学习积极性高	10			
	积极主动与老师、同学交流，相互尊重、理解。与老师、同学间能保持多向、丰富的信息交流	10			
理论知识	了解设施栽培中葫芦科蔬菜常见的病害类别	10			
	了解葫芦科蔬菜不同病害的症状、发病原因和防治措施	10			
	了解设施栽培中黄瓜立枯病症状的识别、发病规律和防治措施	10			

（续表）

项目	评分标准	分值	自我评价	小组评价	教师评价
实操技能	能够有效利用网络、图书资源查找有用的相关信息，能将查到的信息有效地运用到学习中	10			
	能够在老师的带领下，按照预先准备的问题完成农业企业或种植户的实地调研学习	10			
	能够通过查阅的资料和调研的结果制定黄瓜立枯病的防治技术方案，并按照方案实施	10			
思政表现	能从全局上筹划相关事项或行动的具体安排	10			
	能够树立良好的环境保护和生态保护意识	10			
合计		100			
自我评价与总结					
教师点评					

任务三　叶菜类蔬菜常见病害类型的识别与防治

任务导入

某种植户的温室内，发现了疑似甘蓝霜霉病的症状，现在需要去确认植株的具体患病情况，找出原因，并提出解决方案。

任务工单

班级：________ 姓名：________ 学号：________

<table>
<tr><td>任务名称</td><td colspan="4">甘蓝霜霉病的识别与防治</td></tr>
<tr><td>任务描述</td><td colspan="4">根据实际情况，填写本任务的内容、目的、流程和方法。
任务内容：

任务目的：

任务流程：

任务方法：</td></tr>
<tr><td>获取信息</td><td colspan="4">要完成任务，需要掌握相关的知识。请收集资料，回答以下问题。
1. 叶菜类蔬菜常见的病害有哪些？

2. 叶菜类蔬菜常见病害的症状有哪些？

3. 叶菜类蔬菜常见病害的发病原因是什么？如何进行防治？

4. 甘蓝霜霉病的症状如何识别？

5. 甘蓝霜霉病的发病规律和防治措施是什么？</td></tr>
<tr><td>制订计划</td><td colspan="4">根据学习任务，制订工作计划。</td></tr>
<tr><td rowspan="6">任务实施</td><td colspan="4">按照预先制订的工作计划，完成本任务，并记录任务实施过程。</td></tr>
<tr><td>序号</td><td>完成的任务</td><td>遇到的问题</td><td>解决办法</td></tr>
<tr><td></td><td></td><td></td><td></td></tr>
<tr><td></td><td></td><td></td><td></td></tr>
<tr><td></td><td></td><td></td><td></td></tr>
<tr><td></td><td></td><td></td><td></td></tr>
</table>

任务准备

一、知识准备

叶菜类蔬菜，作为大棚种植的主要作物，是日常生活中餐桌上不可或缺的一部分。叶菜类蔬菜，主要以植物的叶片、叶柄或者茎为主要的食用部分。常见的叶菜类蔬菜包括大白菜、甘蓝、菠菜、芹菜、油菜、生菜、香菜、空心菜、茼蒿、韭菜等，分属于不同的科，主要以十字花科和菊科为主。叶菜类蔬菜在生产过程中，容易受到多种病害的侵害，导致品质下降、产量降低等问题。所以要根据植物的发病症状来快速准确地识别出病害的类型，并找出病害产生的原因，提出准确、完整的治疗方案，减少因为病害造成的损失。

（一）叶菜类炭疽病

1. 症状

叶菜类炭疽病主要为害作物的叶片和茎。叶片在受到侵害后，叶片上会形成白色的病斑，病斑边缘为褐色，中间为白色。在发病后期叶片容易产生穿孔，在叶柄处发病会产生褐色病斑，并凹陷，如图 7–10 所示。

图 7–10　叶菜类炭疽病症状

2. 发病规律

炭疽病容易在高温高湿的条件下发生，最适宜炭疽病毒的温度为 20~28 ℃，且湿度在 90% 以上。病菌或者孢子在土壤中或以分生孢子的形态附着在种子表面越冬。翌年播种时，可直接传感给幼苗，使其发病。病菌通过空气、水、农机具、人进行传播，也可以从植株的伤口侵入。在连续阴雨天气条件下更容易发病。

3. 防治措施

在品种的选择上，因地制宜选择抗性较好的品种。在种植时，要结合当地的温度等气候因素，不宜定植过早，密度过大。注意提高植株间的透气性，尤其在连续阴天和雨后，切忌通风排湿降温。在发现有病株后，要立即将病株拔出，并将病株移出温室。

在发病前可以使用嘧菌酯加苯醚甲环唑预防保护，在发病后可以使用嘧菌酯、代森锌加苯醚甲环唑、苯醚甲环唑加咪鲜胺等。每隔 7~10 d 喷施 1 次。

（二）叶菜类霜霉病

1. 症状

霜霉病作为叶菜类的主要病害之一，主要为害作物的叶片。从外叶开始侵染，在发病初期，叶片上出现圆形或者椭圆形的黄绿色的小点，随着病情的发展，颜色逐渐变深，当设施内湿度过大，通风不良时，叶片背面会出现白色霉层，如图 7–11 所示。

2. 发病规律

该病菌主要以细菌和孢子的形式存在于病残体上，或者在土壤中以及种子表皮上越

图 7-11　叶菜类霜霉病症状

冬。当土壤中存在病害时，翌年会直接通过土壤传感给幼苗，该病菌在 20~24 ℃条件下繁育最快。

3. 防治措施

在品种的选择上，因地制宜选择抗性较好的品种。在种植时实行轮作，最好与非十字花科作物进行轮作。在定植后，合理确定定植密度，小水勤灌，雨后排水，保证良好的通风保持设施内的湿度，在收获后及时清除病叶和老叶。

在发病初期，可以采用 72% 霜脲·锰锌可湿性粉剂 600~800 倍液，50% 福美双可湿性粉剂。在普遍发病后可使用 30% 噁霉灵 1 200~1 500 倍液叶面喷施。

图 7-12　白菜病毒病

（三）叶菜类病毒病

1. 症状

作物发病后，苗期存在心叶呈明脉或叶脉失绿，叶片普遍存在叶片变小，皱缩，植株矮化，枯萎，如图 7-12 所示。

2. 发病规律

此类病害，主要由蚜虫、蓟马等害虫进行传播，当年如发生较为严重的虫害，则叶菜类病毒病发生也较为严重。

3. 防治措施

在品种的选择上，因地制宜选择抗性较好的品种。在定植前，施足底肥，确保植株健壮，及时清除杂草。在定植后，要合理地调整种植结构布局，进行轮作。在防治蚜虫蓟马等害虫方面，可以提前播种，跳过高温与害虫高发季节，在田间挂放灰色膜，放置黄板等。在定植后及时喷施防治蚜虫蓟马等害虫的药物。

在发病初期，可以使用 2% 宁南霉素水剂 400 倍液，或用 7.5% 菌毒·吗啉胍水剂 600 倍液。间隔 10 d 防治 1 次，连续防治 2~3 次。

图 7-13　叶菜类软腐病

（四）叶菜类软腐病

1. 症状

常见的叶菜类作物病害，病菌主要为害植物的叶片。在发病初期，叶片外围在强光下会出现萎蔫的状况，在早、晚会恢复正常。随着病情加剧，早晚症状也不会恢复。植物的茎和叶片也会出现溃烂，并且流出灰褐色的稠状物，具有恶臭味，如图 7-13 所示。

2. 发病规律

病原物主要在病株和土壤残体内越冬，也可以在虫体身上越冬。该病菌还可通过空气、水流、农机具、人等方式传播，在地势较低，有积水的地方，更容易发生病害。病菌在 25~30 ℃繁殖速度最快，该病菌惧怕高温，致死温度在 50 ℃。

3. 防治措施

在种植前，先对种子进行拌种，可以使用 1% 中生菌素水剂 60 倍液拌种。尽可能对地块实行轮作，与豆科植物、禾本科植物轮作效果最好，避免与十字花科植物与葫芦科植物进行轮作。

在种植后，要加强田间的日常管理，合理浇水，少灌勤施，提前预防蚜虫，在农业操作时，尽量减少作物伤口，或减少伤口的面积。当发现有病株后，要立即将病株拔出，并带出温室。

在发病初期可以使用 47% 春雷・王铜可湿性粉剂 400~600 倍液，2% 氨基寡糖素水剂 600~800 倍液，发病后期可以用 30% 络氨铜水剂 350 倍液，链霉素 5 000 倍液喷雾，间隔 10~15 d 防治 1 次。喷施 2~3 次。

（五）叶菜类根肿病

1. 症状

叶菜类根肿病，主要为害蔬菜幼苗和成株。在得病后，植物叶片颜色逐渐变淡，因为根部无法吸收水分，导致作物萎蔫下垂，在晴天条件下更为明显。发病后，植株根部有明显的肿大，呈肿瘤状。随着病情的加剧，发病部位一般被细菌完全侵染，失去功能，出现组织坏死，产生腐烂。散发出难闻的气味，直至植株死亡，如图 7-14 所示。

图 7-14　叶菜类根肿病

2. 发病规律

病菌主要以休眠的孢子寄宿在植物残体上，也可以在土壤中进行越冬。在土壤中如果条件适宜，可以存活长达 7 年之久。该病菌可以通过空气、水流、农机具、人等方式进行传播，病菌喜欢酸性，在土壤的 pH 值在 5.4~6.5，土壤湿度在 70%~90%，气温在 18~25℃范围内，繁殖速度最快，当温度低于 9 ℃或高于 30 ℃后，很少发生病害。

3. 防治措施

在品种的选择上，因地制宜选择抗性较好的品种。在播种前，对种子进行消毒，可以使用硫酸铜溶液 40~70 kg/hm^2，对土块进行全面的消毒，生产地块，最好实行轮作，且避免与十字花科进行轮作。在使用有机肥作为底肥的时候，一定要对有机肥进行充分腐熟，从而避免携带有害病菌。在生产时，如遇到下雨天以及浇水后，要及时排水，降低设施内的湿度。如发现病害，可使用 15% 噁霉灵水剂 500 倍液，或用 72.2% 霜霉威盐酸水剂 600 倍液灌根，间隔 7~10 d 灌根 1 次。

二、材料准备

（一）查找叶菜类病害资料

通过现场调查，了解现场甘蓝的病害发生情况，查阅相关病害资料，并做好记录与分析，找出甘蓝发生的病害类型。

（二）搜集相关案例资料

通过资料调研、拜访种植户等途径，搜集甘蓝霜霉病发病与防治相关案例资料，了解病害的发病规律及防治办法。

三、工具准备

放大镜、多媒体设备、书本、酒精、刀片、苯酚、蒸馏水、农药、培养皿、载玻片、盖玻片、镊子、剪刀、解剖刀、扩大镜、培养基、酒精灯、纱布、滤纸、手套、口罩、白大褂。

四、人员准备

人员分组，每组 4 人。明确职责分工。

人员分工

任务角色	任务内容
组长：	任务：
组员 1：	任务：
组员 2：	任务：
组员 3：	任务：

任务实施

步骤一：深入现场查看甘蓝病害的特征，了解甘蓝霜霉病的症状特点。

步骤二：与周边种植户交流，了解当地主要的甘蓝病害，了解甘蓝霜霉病的发病规律及为害特点。

步骤三：查找相关的资料，了解甘蓝霜霉病的防治措施。

步骤四：现场调研分析甘蓝霜霉病产生的原因，了解当地种植户实际采用的防治措施及效果。

步骤五：给出防治甘蓝霜霉病的具体方案。

步骤六：等待观察防治效果，根据效果调整方案。

步骤七：任务总结。

任务检测

请扫码答题。

任务评价

工作任务完成过程评价

班级：__________________　组别：__________________　姓名：__________________

项目	评分标准	分值	自我评价	小组评价	教师评价
基本素质	学习态度良好，学习积极性高	10			
	积极主动与老师、同学交流，相互尊重、理解。与老师、同学间能保持多向、丰富的信息交流	10			
理论知识	了解设施栽培中叶菜类蔬菜常见的病害类别	10			
	了解叶菜类蔬菜不同病害的症状、发病原因和防治措施	10			
	了解设施栽培中甘蓝霜霉病症状的识别、发病规律和防治措施	10			
实操技能	能够有效利用网络、图书资源查找有用的相关信息，能将查到的信息有效地运用到学习中	10			
	能够在老师的带领下，按照预先准备的问题完成农业企业或种植户的实地调研学习	10			
	能够通过查阅的资料和调研的结果制定甘蓝霜霉病的防治技术方案，并按照方案实施	10			
思政表现	能从全局上筹划相关事项或行动的具体安排	10			
	能够树立良好的环境保护和生态保护意识	10			
合计		100			

（续表）

自我评价与总结	
教师点评	

任务四　茄果类蔬菜常见虫害类型的识别与防治

任务导入

某种植户的温室内，发现了疑似番茄斑潜蝇的为害特征，现在需要去确认植株的具体受害情况，找出原因，并提出解决方案。

任务工单

班级：＿＿＿＿＿＿＿＿＿＿　姓名：＿＿＿＿＿＿＿＿＿＿　学号：＿＿＿＿＿＿＿＿＿＿

任务名称	番茄斑潜蝇的识别与防治
任务描述	根据实际情况，填写本任务的内容、目的、流程和方法。 任务内容： 任务目的： 任务流程： 任务方法：

（续表）

<table>
<tr><td>获取信息</td><td colspan="4">要完成任务，需要掌握相关的知识。请收集资料，回答以下问题。
1. 茄果类蔬菜常见的虫害有哪些？
2. 茄果类蔬菜常见虫害的形态特征和为害症状有哪些？
3. 茄果类蔬菜常见虫害的发生规律是什么？如何进行防治？
4. 如何识别番茄斑潜蝇及其为害的症状？
5. 番茄斑潜蝇的发生规律和防治措施是什么？</td></tr>
<tr><td>制订计划</td><td colspan="4">根据学习任务，制订工作计划。</td></tr>
<tr><td rowspan="6">任务实施</td><td colspan="4">按照预先制订的工作计划，完成本任务，并记录任务实施过程。</td></tr>
<tr><td>序号</td><td>完成的任务</td><td>遇到的问题</td><td>解决办法</td></tr>
<tr><td></td><td></td><td></td><td></td></tr>
<tr><td></td><td></td><td></td><td></td></tr>
<tr><td></td><td></td><td></td><td></td></tr>
<tr><td></td><td></td><td></td><td></td></tr>
</table>

任务准备

一、知识准备

茄果类蔬菜，作为北方设施的主要栽培品种，可以在设施内实现全年的生产，伴随重茬、消毒不彻底、操作不规范、人为操作等现象，茄果类蔬菜在整个栽培时期都会受到各种虫害的影响，这些虫害的发生，大大地影响了农产品的品质和产量，同时也影响种植户的收入。有的虫害在发生后，害虫不但食用茄果类植株的根茎叶等组织器官，还会影响到作物的正常生长。有些虫子的取食会导致作物病害的发生与传播，造成病害的流行。所以，要掌握各种害虫的生理特征、习性、为害等特点，并提出防治对策。

（一）番茄斑潜蝇

番茄斑潜蝇是一种双翅目，潜蝇科的害虫，如图 7–15 所示。主要为害茄果类、十字花科、叶菜类蔬菜等。

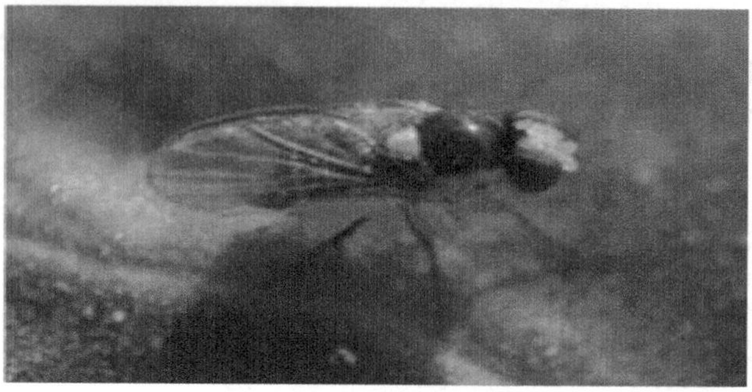

图 7-15 番茄斑潜蝇

1. **形态特征**

幼虫呈蛆状，成熟时体长 3 mm，初孵无色，渐变，淡黄色，头端略尖锐，后气门有短柄突起。

成虫为灰黑色小苍蝇，体长 3 mm 左右，翅长约 2 mm，头部、大部分胸部、两侧、腹部为浅黄色，额区亮黄色，其余为黑色，有光泽。雌成虫体形略大于雄成虫。

2. **为害特点**

该害虫为害范围广，可为害茄科、葫芦科、十字花科等 36 科植物。喜食番茄、瓜类、莴苣和豆类，属杂食性害虫。幼虫孵化后潜藏在叶片中啃食叶肉，叶片被啃食后，呈现出曲折蜿蜒的食痕，苗期 2~7 叶受害多，严重的潜痕密布，致叶片发黄、枯焦或脱落，使作物停止发育，甚至使作物死亡。

3. **发生规律**

成虫有趋黄的特性，在白天活动较为频繁，夜间静止。一般多从 5 月下旬开始发生，6 月中旬为暴发期。

4. **防治措施**

选用培育无虫苗。将土壤深耕到土壤 20 cm 以下，可降低虫源，减少虫害的发生。病虫害发生初期，可以将发病的叶片摘除，并带离温室。购买粘虫黄板进行物理诱杀，将黄板绑在作物生长点之上 20 cm 处。在虫害发生后，施用 1.8% 爱福丁乳油 2 000 倍液、5% 锐劲特悬浮剂 1 500 倍液。当害虫数量较多时，5~7 d 喷 1 次，连续防治 2~3 次。

（二）叶螨

1. **形态特征**

叶螨（植食螨类）如图 7-16 所示。取食植物及重要农业植物（包括果树）的叶和果实。从卵到成体约需 3 周。成螨长约 0.5 m，体红、绿或褐色。在植物上结一疏松的丝网，所以有时被误认为是小蜘蛛，植物受害严重时，叶严重变薄，变白，最终叶子完全脱落。

图 7-16 叶螨

2. **为害特点**

该害虫主要为害作物的叶片，受害后叶片呈

现出灰白色小点，或者颜色褪去。一般情况下先从老叶发生为害，并逐步向上发展。严重时，会造成生长点的死亡，对作物的危害极大。

3. 发生规律

雌虫可以在土壤缝隙或杂草中越冬，主要在夏季暴发，且繁殖速度快。最宜发育温度为 17~28 ℃，幼虫发育到成虫需要 7~10 d。喜欢干燥的环境气候，在空气干燥、降雨少的干旱年份，容易发生虫害。

4. 防治措施

对付叶螨，应采取预防为主，防治结合的策略。在上茬作物收获后，要及时清除残枝败叶，对土壤进行全面消毒、中耕。发现病叶产生后，及时摘除病叶，并将病叶带出温室。如遇到高温干旱天气，及时进行土壤灌溉，保证土壤湿度，同时少施氮肥增施磷钾肥，促进植株生长，提高植物的抗病性。通过释放捕食螨、挂黄板等方法，进行物理防治。化学防治可选用 20% 甲氰菊酯乳油 2 000 倍液、73% 克螨特乳油 2 000 倍液，或者用 20% 双甲脒乳油 2 000 倍液等药剂进行防治，每 7~10 d 喷 1 次，连续喷 2~3 次。

（三）白粉虱

1. 形态特征

白粉虱又名小白蛾子，属半翅目粉虱科，如图 7–17 所示。是一种世界性害虫，我国各地均有发生，是大棚内种植作物的重要害虫。

图 7–17　白粉虱

成虫体长 1.0~1.5 mm，呈淡黄色。翅面覆盖白色蜡粉，停息时双翅总体上合拢成屋脊状的微小蛾类，翅端半圆状遮住整个腹部，翅脉简单，沿翅外缘有一排小颗粒。足胫节膨大、粗短，跗节 2 节，其端部具 2 爪。卵呈长椭圆形，长 0.22~0.26 mm，初产时呈淡绿色，基部有 0.02 mm 长的卵柄，有薄蜡粉，孵化前变黑色，并微有光泽。若虫共 4 龄，长椭圆形，扁平，老熟幼虫体长 0.5 mm 左右，虫体呈淡黄色或黄绿色，半透明，在体表上长有长短不齐的蜡丝，体侧有刺。

2. 为害特点

白粉虱以成虫和幼虫聚集的方式生活在作物叶片背面，吸取植物汁液。为害叶片后，叶片呈现出褪绿，变黄，萎蔫等症状，为害严重的叶片甚至枯死。同时它还能分泌大量的蜜露，污染作物的叶片和果实，从而导致霉菌寄生，既影响蔬菜的产量又使蔬菜失去商品价值，伤害性较大。

3. 发生规律

白粉虱以不同的虫态在温室越冬并继续为害作物。在温室适宜的环境条件下，白粉虱一年内可发生 10 余代，世代重叠现象明显。冬季在室外不能存活。白粉虱繁殖的最适宜温度为 18~21 ℃，在温室条件下完成 1 代需要 30 d 左右，成虫羽化后 1~3 d 可交配产卵，也可进行孤雌生殖，其后代均为雌性。白粉虱的种群数量，由春至秋逐步发展到高峰。

4. 防治措施

在温室通风口安装防虫网；温室第一茬种植耐低温且白粉虱不喜为害的植物，如芹菜、蒜黄等，可大大减少害虫的发生。

在温室内设置黄板，为保证效果，黄板设置密度以480~510块/hm^2为宜，黄板设置于行间，与作物高度持平。

化学防治可用10%吡虫啉1 500倍液、25%扑虱灵2000倍液、1.8%阿维菌素2 000倍液等，每隔5~7 d喷1次，连喷2~3次。喷药时，注意均匀喷透，一般用弥雾机或手动喷雾器对准植株叶片背面进行喷雾，为延缓产生抗药性，应注意轮换用药。

（四）甜菜夜蛾

1. 形态特征

图7-18 甜菜夜蛾

甜菜夜蛾又名玉米夜蛾、玉米小夜蛾、玉米青虫，属鳞翅目夜蛾科，如图7-18所示。为杂食性害虫，成虫体长10~14 mm，翅展25~30 mm，虫体和前翅灰褐色，前翅外缘线由1列黑色三角形小斑组成，肾形纹与环纹均黄褐色。卵圆馒头形，卵粒重叠，形成1~3层卵块，有白茸毛覆盖。幼虫体色多变，一般为绿色或暗绿色，气门下线黄白色，两侧有黄白色纵带纹，有时带粉红色，气门后上方有1个显著白色斑纹。腹足4对。蛹体长1 cm左右，黄褐色。

2. 为害特点

该虫一般藏于叶片背面，初孵幼虫群集取食叶肉，为害后的叶片一般呈网状半透明的窗斑，干枯后纵裂。三龄后幼虫开始分群为害，为害症状更加明显，为害后叶片会出现孔洞，严重时全部叶片被食尽，从而导致整个植株死亡。四龄后幼虫开始大量取食，蚕食叶片，啃食花瓣，蛀食茎秆及果荚。

主要以蛹的形式在土壤中越冬，成虫有强趋光性，但趋化性弱，昼伏夜出，白天隐藏于叶片背面、草丛和土缝等阴暗场所，傍晚开始活动，夜间活动最盛。卵多产于叶片背面，喜欢在下部叶片上产卵，通常情况下苗株下部叶片上的卵块多于上部叶片。

3. 发生规律

适温（或高温）高湿环境条件有利于甜菜夜蛾的生长发育。一般7—9月是为害盛期，7—8月，降水量少，湿度小，有利其暴发。

4. 防治措施

在蛹期结合农事需要进行中耕除草、冬灌，深翻土壤，破坏虫卵。早春铲除田间地边杂草，破坏早期虫源滋生、栖息场所，这样有利于恶化其取食、产卵环境。进行生物防治，可以使用腹茧蜂、叉角厉蝽、星豹蛛、斑腹刺益蝽等天敌进行生物防治。化学防治，可喷施25%灭幼脲乳油1 000~2 000倍液，高效氟氯氰菊酯乳油1 000倍液加5%氟虫脲乳油500倍混合液，或用5%高效氯氰菊酯乳油1 000倍液加5%氟虫脲可分散液剂500

倍混合液。

（五）二十八星瓢虫

1. 形态特征

图 7–19　二十八星瓢虫

二十八星瓢虫是指两鞘翅上共有 28 个斑点的瓢虫，如图 7–19 所示，是农业上的重要害虫，成虫体略小，前胸背板多具 6 个黑点，两鞘翅合缝处黑斑不相连，鞘翅基部 3 个黑斑后方的 4 个黑斑基本上在一条线上，幼虫体节枝刺毛为白色。

2. 为害特点

该害虫成虫、幼虫一般藏于叶片背面，喜欢剥食叶肉，仅留表皮，形成很多不规则半透明的叶片。在为害果实后，被啃食处常常开裂、组织变僵、粗糙、味苦，失去商品性。

3. 发生规律

成虫一般情况下在枯草、裂缝等处越冬。繁殖性较强，一般一年生 2~3 代，通常于 5 月开始活动，6 月上中旬到达产卵盛期。6 月下旬至 7 月上旬为第一代幼虫为害期，7 月中下旬为化蛹盛期，7 月底至 8 月初为第一代成虫羽化盛期。

4. 防治措施

人工捕杀成虫，幼虫，人工摘卵。该虫具有假死性，可以充分利用其假死性，敲打植株，收集消灭。幼虫孵出前人工摘卵，集中处理，减少害虫数量。也可根据其趋光习性，用杀虫灯诱杀。

化学防治。在幼虫未分散期或低龄幼虫期抓住时机适时用药，防治效果较好。可用 2.5% 溴氰菊酯 2 500 倍液喷雾；2.5% 功夫菊酯乳油 3 000 倍液喷雾；2% 阿维菌素可湿性粉剂 20~30 g/ 亩加水稀释喷雾，在打药时要注意叶片正反两面都要喷到、打透。

（六）烟青虫

1. 形态特征

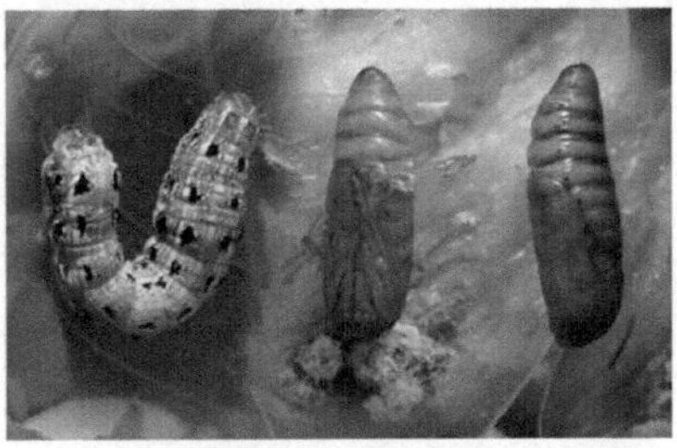

图 7–20　烟青虫幼虫

幼虫如图 7–20 所示，成虫体长约 15 mm，翅展 27~35 mm，黄褐色，前翅上有几条黑褐色的细横线、肾状纹和环状纹较棉铃虫清晰；后翅黄褐色，外缘的黑色宽带稍窄。

2. 为害特点

该虫为蛀果类害虫，一般情况下幼虫喜食花、果。在为害辣椒时，往往整个幼虫钻入果内，啃食果皮、胎座，并在果内缀丝，排留大量粪便，使果实不能食用，失去商品价值。

3. 发生规律

通常情况下以蛹的形态在土中越冬。成虫卵散产，前期多产在植物中部叶背面的叶脉处，后期产在萼片和果实上。幼虫白天潜伏，夜间活动。卵发育历期 3~4 d，幼虫期 11~25 d，蛹期 10~17 d，成虫期 5~7 d。

4. 防治措施

在生产前，通过秋翻冬灌及田间整枝打杈，摘除老叶、虫果，减少害虫基数。根据其趋性，利用黑光灯诱杀成虫。

化学防治。因为该虫具有蛀果性，为了保证治疗效果，最好在幼虫孵化盛期进行治疗。可以选用 2.5% 氯氟氰菊酯乳油 2 000~4 000 倍液，5% 顺式氯氯菊酯乳油 3 000 倍液，每隔 6~7 d 喷 1 次，连喷 2~3 次。

二、材料准备

（一）查找茄果类蔬菜虫害资料

通过现场调查，了解现场茄果类蔬菜虫害发生情况，查阅相关虫害资料，并做好记录与分析，找出发生的病害类型。

（二）搜集相关案例资料

通过资料调研，拜访种植户等途径，搜集番茄斑潜蝇识别特征和为害特点相关案例资料，了解其发生规律及防治办法。

三、工具准备

放大镜、多媒体设备、书本、酒精、刀片、苯酚、蒸馏水、农药、培养皿、载玻片、盖玻片、镊子、剪刀、解剖刀、扩大镜、培养基、酒精灯、纱布、滤纸、手套、口罩、白大褂、标本、捕虫网。

四、人员准备

人员分组，每组 4 人。明确职责分工。

人员分工

任务角色	任务内容
组长：	任务：
组员 1：	任务：
组员 2：	任务：
组员 3：	任务：

任务实施

步骤一：深入现场查看番茄虫害的形态特征，了解番茄斑潜蝇的为害症状特点。

步骤二：与周边种植户交流，了解当地主要的番茄虫害，了解番茄斑潜蝇的发生规律。

步骤三：查找相关的资料，了解番茄斑潜蝇的防治措施。

步骤四：现场调研分析番茄斑潜蝇危害番茄的严重程度，了解当地种植户实际采用的防治措施及效果。

步骤五：给出防治番茄斑潜蝇的具体方案。

步骤六：等待观察防治效果，根据效果调整方案。

步骤七：任务总结。

任务检测

请扫码答题。

任务评价

工作任务完成过程评价

班级：________　组别：________　姓名：________

项目	评分标准	分值	自我评价	小组评价	教师评价
基本素质	学习态度良好，学习积极性高	10			
	积极主动与老师、同学交流，相互尊重、理解。与老师、同学间能保持多向、丰富的信息交流	10			
理论知识	了解设施栽培中茄果类蔬菜常见的虫害类别	10			
	了解茄果类蔬菜不同虫害的形态特征、发生规律和防治措施	10			
	了解设施栽培中番茄斑潜蝇症状的识别、发生规律和防治措施	10			
实操技能	能够有效利用网络、图书资源查找有用的相关信息，能将查到的信息有效地运用到学习中	10			
	能够在老师的带领下，按照预先准备的问题完成农业企业或种植户的实地调研学习	10			
	能够通过查阅的资料和调研的结果制定番茄斑潜蝇的防治技术方案，并按照方案实施	10			

（续表）

项目	评分标准	分值	自我评价	小组评价	教师评价
思政表现	能从全局上筹划相关事项或行动的具体安排	10			
	能够树立良好的环境保护和生态保护意识	10			
合计		100			
自我评价与总结					
教师点评					

任务五　葫芦科蔬菜常见虫害类型的识别与防治

任务导入

某种植户的温室内，在葫芦科蔬菜黄瓜上发现了疑似蚜虫的为害症状，现在需要去确认植株的具体受害情况，找出原因，并提出解决方案。

任务工单

班级：__________ 组别：__________ 姓名：__________

任务名称	黄瓜上蚜虫的识别与防治
任务描述	根据实际情况，填写本任务的内容、目的、流程和方法。 任务内容：

（续表）

<table>
<tr><td>任务描述</td><td colspan="4">任务目的：

任务流程：

任务方法：</td></tr>
<tr><td>获取信息</td><td colspan="4">要完成任务，需要掌握相关的知识。请收集资料，回答以下问题。
1. 葫芦科蔬菜常见的虫害有哪些？

2. 葫芦科蔬菜常见虫害的形态特征和为害症状有哪些？

3. 葫芦科蔬菜常见虫害的发生规律是什么？如何进行防治？

4. 如何识别黄瓜上的蚜虫及其为害症状？

5. 黄瓜上的蚜虫的发生规律和防治措施是什么？</td></tr>
<tr><td>制订计划</td><td colspan="4">根据学习任务，制订工作计划。</td></tr>
<tr><td rowspan="6">任务实施</td><td colspan="4">按照预先制订的工作计划，完成本任务，并记录任务实施过程。</td></tr>
<tr><td>序号</td><td>完成的任务</td><td>遇到的问题</td><td>解决办法</td></tr>
<tr><td></td><td></td><td></td><td></td></tr>
<tr><td></td><td></td><td></td><td></td></tr>
<tr><td></td><td></td><td></td><td></td></tr>
<tr><td></td><td></td><td></td><td></td></tr>
</table>

任务准备

一、知识准备

（一）烟粉虱

1. 形态特征

烟粉虱如图 7–21 所示，是一种世界性的害虫，烟粉虱属渐变态昆虫，其个体发育分

图 7-21 烟粉虱

卵、若虫、成虫 3 个阶段。成虫主要寄生于叶背面，体淡黄白色，翅 2 对，白色，背蜡粉无斑点，比温室白粉虱小。

2. 为害特点

成虫和若虫主要吸食植物的汁液，为害后的叶片一般呈现出退绿萎蔫的症状。该害虫还有分泌蜜露的特性，从而引发其他的病害从而造成植株的死亡。

3. 发生规律

喜欢较高的温度，成虫具有趋黄性，当温度低于 12 ℃，停止发育，随着温度的升高，产卵数量急剧增加。温度高达 40 ℃时，虫子死亡。在干旱的环境条件下，更容易发生虫害。

4. 防治措施

培育无虫苗，育苗时，确保苗床和温室分开，在育苗之前，要对整个温室和土壤进行消毒，上茬生产后，及时清除残株败叶。

注意茬口的合理安排，尽量避免与黄瓜、茄子、辣椒等作物的混栽，尽量和芹菜、韭菜、蒜等进行套种，从而减少烟粉虱的暴发。

烟粉虱初发时，可用 25% 扑虱灵 1 000 倍液，或用 10% 吡虫啉 1 500 倍液，每 3~5 d 喷 1 次，连续防治 2~3 次；在虫口密度高时，可交替使用 25% 联苯菊酯乳油 1 500~3 000 倍液或 5% 锐劲特 1 500 倍液，隔 5~7 d 喷 1 次，连续防治 2~3 次。蔬菜采收前 10 d 停止用药。该害虫具有繁殖能力强，繁殖速度快等特点，所以在打药时一定要注意，叶面、叶背均要喷药均匀，才能收到较好效果。

（二）蚜虫

1. 形态特征

蚜虫，如图 7-22 所示，是半翅目蚜总科的统称，包括蚜总科下的所有成员，目前已经发现的蚜虫总共有 10 个科约 4 400 种，其中多数属于蚜科。蚜虫常分为头、胸、腹三部分。体表光滑或分泌蜡粉、蜡丝覆盖虫体；体毛顶端尖锐或平钝，有时膨大为头状或扇状；腹管无、环状或管状；尾片多为半圆形、瘤状、长短不等的圆锥形、三角形和五角形等。蚜虫又名“蜜虫子”，因能产生蜜露而得名。蚜虫为无翅胎生，雌蚜体长不超过 2 mm，身体有黄、青、深绿、暗绿等色，触角约为身体一半长，复眼暗红色，腹管黑青色，较短，尾片青色，有翅胎。雄蚜体长不超过 2 mm，体黄色、浅绿或深绿，触角比身体短，翅透明。

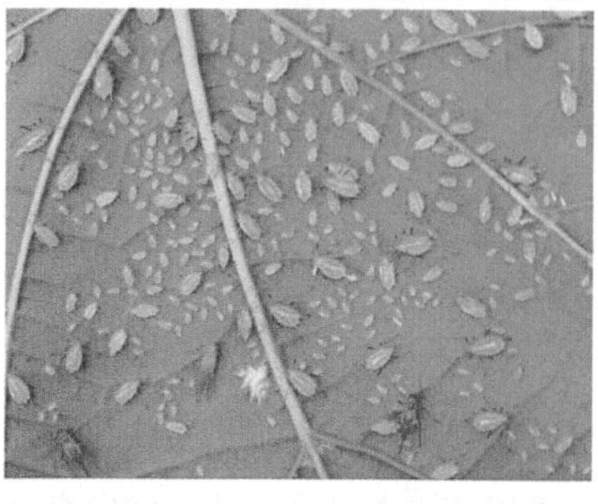

图 7-22 黄瓜叶片上的蚜虫

2. 为害特点

蚜虫的为害特点主要包括对植物汁液的刺吸、分泌蜜露导致煤污病、传播病毒病、影响植物生长和发育，以及繁殖速度快。

蚜虫是一种植食性昆虫，主要以成虫和若虫的形式密集在蔬菜幼苗、嫩叶、茎和近地面的叶背上，刺吸汁液。它们不仅直接刺吸植物汁液，导致植物营养物质缺失，组织生长停滞或延迟，提前老化，还会影响植物的开花、果实质量和产量。此外，蚜虫的唾液中含有某些氨基酸和植物生长激素，这些物质会引起植物叶片出现斑点、皱缩、虫瘿、肿瘤等，导致枝叶变形，生长缓慢甚至停滞。蚜虫还能分泌蜜露，这些蜜露不仅影响植物的光合作用和呼吸作用，还会诱发煤污病，使枝叶变黑，严重影响植物的观赏价值和经济价值。更糟糕的是，蚜虫还能传播病毒病和其他病害，造成更大的损失。

蚜虫的繁殖速度也非常快，一年能繁殖 20~30 代，出生后只需 5 d 就能生育后代，寿命约 3 个月。这使蚜虫在短时间内能够迅速扩散，对农作物和园艺作物造成严重危害。

3. 发病规律

在越冬寄主身上越冬，春季 6 ℃以上的温度就可活动，繁殖最适宜温度为 16~20 ℃，当温度超过 27 ℃，且湿度高于 75% 时，不利于虫害的暴发。

4. 防治措施

在上一茬完成后，及时清除残株败叶，同时可以使用高温闷棚的方法，对温室内的虫源进行消杀。在设施种植时，尽可能控制好温室内的环境，防止过度干旱。

利用生物防治的方法，在外部大田种植油菜等蔬菜可以有效增加天敌数量，有效地控制蚜虫危害。

化学防治。可以使用 22.4% 螺虫乙酯悬浮液 3 000 倍液喷洒，持续 30 d。15% 烯啶虫胺水剂或可溶性液 2 000~3 000 倍液，50% 吡蚜酮水分散粒剂 4 500 倍液交替使用。

（三）红叶螨

1. 形态特征

红叶螨别名红蜘蛛，又名锦红蜘蛛，成螨长 0.42~0.52 mm，体色变化大，一般为红色，梨形，体背两侧各有黑长斑一块。雌成螨深红色，体两侧有黑斑，椭圆形。

2. 为害特点

主要为害茄科、葫芦科、豆科、百合科等多种蔬菜作物，为害方式主要以刺吸口器吸食叶片的背面。随着红蜘蛛数量的增大，叶片由红斑变成整片叶片的焦黄，甚至脱落，如图 7-23 所示。

图 7-23　红叶螨为害的叶片

3. 发生规律

红叶螨主要在植株的枯叶和杂草、土壤中越冬，翌年温度升到 6 ℃以上时开始活动。在设施内，全年均可发生虫害。在干旱的季节，更容易大规模暴发。

4. 防治措施

大多数的红蜘蛛喜欢高温，温度的高低决定了红蜘蛛繁殖速度和数量，所以要在温度升高之前及时进行防治。在上茬作物种植后，及时清除残枝败叶，防治冬季越冬的红蜘蛛。在天气干旱时，要及时地进行灌溉，增加环境和土壤的湿度。利用天敌进行生物防治。主要天敌有深点食螨瓢虫、束管食螨瓢虫、异色瓢虫、大、小草蛉、小花蝽、植绥螨等，它们对控制害虫种群数量起到积极作用。

化学防治。使用 10% 苯丁哒螨灵乳油 1 000 倍液，或用 10.5% 阿维哒螨灵 20 mL 加橘皮精油（美透）8 mL 兑 15 kg 水后喷雾防治，建议连用 2 次，间隔 7~10 d。

（四）蓟马

1. 形态特征

蓟马是昆虫纲缨翅目的统称。幼虫呈白色、黄色或橘色，成虫黄色、棕色或黑色；取食植物汁液或真菌。体微小，体长 0.5~2 mm，很少超过 7 mm。蓟马是瓜类的主要害虫，为害冬瓜、西瓜、苦瓜、茄子等。

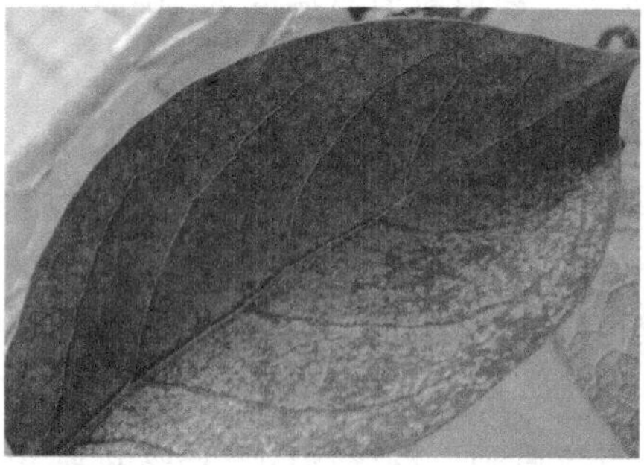

图 7–24 蓟马危害叶片

2. 为害特点

蓟马以成虫和若虫锉吸植株幼嫩组织（枝梢、叶片、花、果实等）汁液，为害后的嫩叶、嫩梢变硬卷曲枯萎，植株生长缓慢，节间缩短；幼嫩果实被害后会硬化，严重时造成落果，严重影响产量和品质，如图 7–24 所示。

3. 发生规律

蓟马一年四季均有发生，冬季主要在温室大棚中。发生高峰期在秋季或入冬的 11—12 月，3—5 月则是第二个高峰期。

4. 防治措施

在育苗时，选用营养土，在定植时，避开高峰期。在定植后覆盖地膜，可以有效减少蓟马对幼苗的危害。早春清除田间杂草和枯枝残叶，集中烧毁或深埋，消灭越冬成虫和若虫。加强肥水管理，促使植株生长健壮，减轻危害。根据蓟马的趋黄特性，使用黄板进行物理诱杀。

化学防治。蓟马主要在下午进行活动，打药时间应该在下午进行，发生虫害后，可以使用吡虫啉、噻虫嗪、噻虫胺；25% 吡虫啉 1 000 倍、25% 噻虫嗪大功牛 3 000~5 000 倍液进行治疗。

图 7–25 瓜绢螟

（五）瓜绢螟

1. 形态特征

体长 15 mm，翅展 23~26 mm，白色带丝绢般闪光。头部及胸部浓墨褐色；触角灰褐色，线形，长度约与翅长相等；下唇须下侧白色，上部褐色，如图 7–25 所示。

2. 为害特点

以幼虫为害植株叶部，初龄幼虫先在叶背上取食叶肉，被害叶片上呈现出灰白色斑；三龄以后常将叶片左右卷起，以丝连缀。

3. **发生规律**

该虫一年发生 4~5 代；以老熟幼虫在枯卷叶片中越冬；翌春 5 月成虫羽化。该虫世代不整齐，在每年 7—9 月间，成虫、卵、幼虫和蛹同时存在。10 月以后吐丝结茧越冬。成虫白天不活动，多栖息在叶丛、杂草间，夜间活动，有较强的趋光性。

4. **防治措施**

在瓜类采收完毕后，及时清除残枝剩叶，消灭幼虫。在幼虫发生初期，及时摘除卷叶，消灭幼虫。根据害虫的趋性，安装黑光灯，进行诱杀。

化学防治。使用 15% 茚虫威悬浮液 2 000 倍液，5% 氯氟氰菊酯乳油 800 倍液进行喷雾消杀。

二、材料准备

（一）查找葫芦科蔬菜虫害的资料

通过现场调查，了解现场葫芦科蔬菜虫害的发生情况，查阅相关虫害资料，并做好记录与分析，找出发生的虫害类型。

（二）搜集相关案例资料

通过资料调研，拜访种植户等途径，搜集黄瓜上蚜虫为害相关案例资料，了解黄瓜上蚜虫的发生规律及防治办法。

三、工具准备

放大镜、多媒体设备、书本、酒精、刀片、苯酚、蒸馏水、农药、培养皿、载玻片、盖玻片、镊子、剪刀、解剖刀、扩大镜、培养基、酒精灯、纱布、滤纸、手套、口罩、白大褂、标本、捕虫网。

四、人员准备

人员分组，每组 4 人。明确职责分工。

人员分工

任务角色	任务内容
组长：	任务：
组员 1：	任务：
组员 2：	任务：
组员 3：	任务：

任务实施

步骤一：深入现场查看黄瓜上虫害的形态特征，了解黄瓜上蚜虫的为害症状特点。

步骤二：与周边种植户交流，了解当地主要的黄瓜上的虫害，了解黄瓜上蚜虫的发生规律。

步骤三：查找相关的资料，了解黄瓜上蚜虫的防治措施。

步骤四：现场调研分析黄瓜上蚜虫为害黄瓜的严重程度，了解当地种植户实际采用的防治措施及效果。

步骤五：给出防治黄瓜上蚜虫的具体方案。

步骤六：等待观察防治效果，根据效果调整方案。

步骤七：任务总结。

任务检测

请扫码答题。

任务评价

工作任务完成过程评价

班级：________ 组别：________ 姓名：________

项目	评分标准	分值	自我评价	小组评价	教师评价
基本素质	学习态度良好，学习积极性高	10			
	积极主动与老师、同学交流，相互尊重、理解。与老师、同学间能保持多向、丰富的信息交流	10			
理论知识	了解设施栽培中葫芦科蔬菜常见的虫害类别	10			
	了解葫芦科蔬菜不同虫害的形态特征、发生规律和防治措施	10			
	了解设施栽培中黄瓜上蚜虫症状的识别、发生规律和防治措施	10			
实操技能	能够有效利用网络、图书资源查找有用的相关信息，能将查到的信息有效地运用到学习中	10			
	能够在老师的带领下，按照预先准备的问题完成农业企业或种植户的实地调研学习	10			
	能够通过查阅的资料和调研的结果制订黄瓜上蚜虫的防治技术方案，并按照方案实施	10			

（续表）

项目	评分标准	分值	自我评价	小组评价	教师评价
思政表现	能从全局上筹划相关事项或行动的具体安排	10			
	能够树立良好的环境保护和生态保护意识	10			
合计		100			
自我评价与总结					
教师点评					

任务六　叶菜类蔬菜常见虫害类型的识别与防治

任务导入

某种植户在温室内栽培的叶菜类蔬菜上发现了疑似小菜蛾的为害特征，现在需要去确认具体虫害及植株的具体受害情况，找出原因，并提出解决方案。

任务工单

班级：________________　姓名：________________　学号：________________

任务名称	小菜蛾的识别与防治
任务描述	根据实际情况，填写本任务的内容、目的、流程和方法。 任务内容： 任务目的： 任务流程： 任务方法：

（续表）

<table>
<tr><td>获取信息</td><td colspan="4">要完成任务，需要掌握相关的知识。请收集资料，回答以下问题。
1. 叶菜类蔬菜常见的虫害有哪些？

2. 叶菜类蔬菜常见虫害的形态特征和为害症状有哪些？

3. 叶菜类蔬菜常见虫害的发生规律是什么？如何进行防治？

4. 如何识别小菜蛾及其为害的症状？

5. 小菜蛾的发生规律和防治措施是什么？</td></tr>
<tr><td>制订计划</td><td colspan="4">根据学习任务，制订工作计划。</td></tr>
<tr><td rowspan="6">任务实施</td><td colspan="4">按照预先制订的工作计划，完成本任务，并记录任务实施过程。</td></tr>
<tr><td>序号</td><td>完成的任务</td><td>遇到的问题</td><td>解决办法</td></tr>
<tr><td></td><td></td><td></td><td></td></tr>
<tr><td></td><td></td><td></td><td></td></tr>
<tr><td></td><td></td><td></td><td></td></tr>
<tr><td></td><td></td><td></td><td></td></tr>
</table>

任务准备

一、知识准备

（一）小菜蛾

1. 形态特征

小菜蛾属于鳞翅目菜蛾科菜蛾属昆虫，世界性迁飞害虫，成虫体长 6~7 mm，翅展 12~16 mm，前后翅细长，缘毛很长，前后翅缘呈黄白色三度曲折的波浪纹，两翅合拢时呈 3 个接连的菱形斑，前翅缘毛长并翘起如鸡尾，触角丝状，褐色有白纹，静止时向前伸。

2. 为害特点

该害虫，成虫多喜在芽、嫩叶和嫩枝上产卵。初龄幼虫仅取食叶肉，留下表皮，为害后的菜叶往往形成透明的叶斑，3~4 龄幼虫可在为害叶片后，可以将叶片啃食成孔洞，为害能力强，严重时全叶被吃光，如图 7–26 所示。

3. 发生规律

该害虫适应能力较强，能以幼虫、蛹、成虫等各种虫态越冬、越夏且无滞育现象。发病较有规律，一般每年有两次爆发期。第一次在5月中旬至6月底；第二次在8月底至10月底。小菜蛾的发育适温为20~30 ℃。

4. 防治措施

尽量避免大范围内十字花科蔬菜周年连作，以免虫源周而复始，加强田间的日常管理，在收获后，为了有效控制害虫数量，要及时处理残枝败叶。小菜蛾有趋光性，在虫发生期，可放置黑光灯诱杀小菜蛾，以减少虫源数量。化学防治，可用5%卡死克2 000倍液进行防治，或用10.5%的甲维氟铃脲1 000~1 500倍液喷雾。注意交替使用或混合配用，以减缓抗药性的产生。

图7–26　小菜蛾为害的叶片

（二）斜纹夜蛾

1. 形态特征

斜纹夜蛾属鳞翅目夜蛾科斜纹夜蛾属昆虫，是一种农作物害虫，褐色，前翅有许多斑纹，中有一条灰白色宽阔的斜纹，如图7–27所示。

图7–27　斜纹夜蛾

2. 为害特点

主要以幼虫为害作物，幼虫食性杂，且食量大，初孵幼虫在叶背为害，仅食用叶肉，留下叶片表皮；当幼虫到达3龄后为害加重，啃食后的叶片出现孔洞，甚至将叶片吃光，同时对作物的花蕾造成危害，如不控制容易暴发成灾，造成大量损失。

3. 发生规律

以蛹的形态在土壤中越冬，卵的孵化适温是24 ℃左右，幼虫在气温25 ℃时，历经14~20 d，化蛹的适合土壤湿度是土壤含水量在20%左右，蛹期为11~18 d。在北方地区，多在8—9月暴发。

4. 防治措施

夏季覆盖30目的防虫网，可以大大减少虫量。细化田间操作，清除杂草，在上茬作物收获后要及时对土地进行深耕从而破坏或恶化其化蛹的孵化场所，从而减少虫害数量。根据害虫趋性，点灯诱蛾。利用成虫趋光性，于盛发期点黑光灯诱杀，可以使用糖醋诱杀。利用成虫趋化性配糖醋加少量敌百虫诱蛾。

化学防治。交替喷施21%灭杀毙乳油6 000~8 000倍液、5%农梦特2 000~3 000倍液、2.5%天王星乳油4 000~5 000倍液2~3次，隔7~10 d防治1次，在打药时，注意叶片两面均要打透。

（三）灰地种蝇

1. 形态特性

别名地蛆，是双翅目花蝇科昆虫，成虫体长4~6 mm，雄稍小。雄体色暗黄或暗褐色，

图 7-28 灰地种蝇

两复眼几乎相连，触角黑色，胸部背面具黑纵纹 3 条，前翅基背鬃长度不及盾间沟后的背中鬃之半，后足胫节内下方具 1 列稠密末端弯曲的短毛；腹部背面中央具黑纵纹 1 条，各腹节间有 1 黑色横纹，如图 7-28 所示。

2. 为害特点

种蝇主要存在于土中，在地下为害播下的种子，害虫主要啃食胚乳或者子叶，在植物上主要是为害蔬菜的根部，造成根茎的腐烂或者枯死。

3. 发生规律

年生 2~5 代，北方以蛹在土中越冬，在较适宜的温度（25 ℃）下，虫子繁殖速度快。在温度高于 35 ℃以上，大多数虫蛹不能孵化，夏季种蝇少见。种蝇喜白天活动，幼虫多在表土下或幼茎内活动。

4. 防治措施

施用充分腐熟的粪便作为原料，不可使用生的，带有虫卵的有机肥。同时也要做到均匀地施肥。

根据虫子的趋化性，通常采用诱测成虫法。诱剂配方：糖 1 份、醋 1 份、水 2.5 份，加少量敌百虫拌匀。

化学防治在成虫发生期，地面喷粉，如 5% 杀虫畏粉等，也可喷洒 36% 克螨蝇乳油 1 000~1 500 倍液或 2.5% 溴氰菊酯 3 000 倍液、20% 菊 · 马乳油或 10% 溴 · 马乳油 2 000 倍液、20% 氯 · 马乳油 2 500 倍液，隔 7 d 防治 1 次，连续防治 2~3 次。

图 7-29 菜粉蝶

（四）菜粉蝶

1. 形态特性

粉蝶科、粉蝶属昆虫。体形中等。雄蝶粉白色，头大，额区密被白色及灰黑色长毛。眼大，圆凸，裸出，赭褐色。分布在全国各地，是绿叶菜的主要害虫之一，如图 7-29 所示。

2. 为害特点

主要是以幼虫的形式为害蔬菜。在 1~2 龄时，只为害叶肉，被害后的叶片通常只有一层透明的表皮。当幼虫达到 3 龄以上为害加剧，可以将整个叶片吃光，只留下叶柄。幼苗期的蔬菜遭受危害后，往往会导致整株作物的死亡。此外，被害后的叶片会存在许多伤口，为其他病害的侵染提供了有利条件。

3. 发生规律

通常情况下，以蛹的形式越冬。粉蝶成虫具日出性，在晴天 9:00—16:00 活动最盛，有补充营养的习性，喜于开花植物上吸蜜。夜间、刮风下雨或阴天时停息于树枝下、草丛中。晴朗天气以 8:00—14:00 羽化较多。适宜菜粉蝶幼虫生长发育的温度范围 10~34 ℃；最适环境温度为 20~25 ℃，相对湿度 70%~90%；在 32~34 ℃时，幼虫自然死亡率高。

4. 防治措施

在生产的全过程，尽可能一直使用防虫网覆盖，减少害虫的进入。利用生物防治技术，利用菜粉蝶的天敌，如黄绒茧蜂、微红绒茧蜂、凤蝉金小蜂、广赤眼蜂等来进行生物防治。

在上一茬蔬菜收获后，要及时对种植地块进行彻底清理，及时清除残枝败叶，同时对土地进行深耕，破坏地块中的虫卵及幼虫。

化学防治。在菜粉蝶低龄幼虫发生的最初阶段，可以选择喷施苏芸金杆菌 800~1 000 倍液，对菜粉蝶有比较好的防治效果，根据害虫的习性，一般情况下在傍晚效果最好。在暴发期，尽可能在幼虫的第二龄阶段进行治疗，可选用苏芸金杆菌乳油 500~1 000 倍液等药剂进行防治；幼虫发生盛期，可选用 20% 灭幼脲悬浮剂 800 倍液、21% 增效氰・马乳油 4 000 倍液或 90% 敌百虫晶体 1 000 倍液等药剂进行喷雾，连续 2~3 次。

二、材料准备

（一）查找叶菜类蔬菜常见虫害资料

通过现场调查，了解现场叶菜类蔬菜虫害的发生情况，查阅相关虫害资料，并做好记录与分析，找出发生的虫害类型。

（二）搜集相关案例资料

通过资料调研，拜访种植户等途径，搜集小菜蛾为害叶菜类蔬菜的相关案例资料，了解小菜蛾的发生规律及防治办法。

三、工具准备

放大镜、多媒体设备、书本、酒精、刀片、苯酚、蒸馏水、农药、培养皿、载玻片、盖玻片、镊子、剪刀、解剖刀、扩大镜、培养基、酒精灯、纱布、滤纸、手套、口罩、白大褂、标本、捕虫网。

四、人员准备

人员分组，每组 4 人。明确职责分工。

人员分工

任务角色	任务内容
组长：	任务：
组员 1：	任务：
组员 2：	任务：
组员 3：	任务：

任务实施

步骤一：深入现场查看叶菜类蔬菜虫害的形态特征，了解小菜蛾的为害症状特点。

步骤二：与周边种植户交流，了解当地主要的叶菜类蔬菜的虫害，了解小菜蛾的发生规律。

步骤三：查找相关的资料，了解小菜蛾的防治措施。

步骤四：现场调研分析小菜蛾为害叶菜类蔬菜的严重程度，了解当地种植户实际采用的防治措施及效果。

步骤五：给出防治小菜蛾的具体方案。

步骤六：等待观察防治效果，根据效果调整方案。

步骤七：任务总结。

任务检测

请扫码答题。

任务评价

工作任务完成过程评价

班级：____________ 组别：____________ 姓名：____________

项目	评分标准	分值	自我评价	小组评价	教师评价
基本素质	学习态度良好，学习积极性高	10			
	积极主动与老师、同学交流，相互尊重、理解。与老师、同学间能保持多向、丰富的信息交流	10			
理论知识	了解设施栽培中叶菜类蔬菜常见的虫害类别	10			
	了解叶菜类蔬菜不同虫害的形态特征、发生规律和防治措施	10			
	了解设施栽培中小菜蛾症状的识别、发生规律和防治措施	10			

（续表）

项目	评分标准	分值	自我评价	小组评价	教师评价
实操技能	能够有效利用网络、图书资源查找有用的相关信息，能将查到的信息有效地运用到学习中	10			
	能够在老师的带领下，按照预先准备的问题完成农业企业或种植户的实地调研学习	10			
	能够通过查阅的资料和调研的结果制订小菜蛾的防治技术方案，并按照方案实施	10			
思政表现	能从全局上筹划相关事项或行动的具体安排	10			
	能够树立良好的环境保护和生态保护意识	10			
合计		100			
自我评价与总结					
教师点评					

项目八 设施园艺作物的高级栽培模式——植物工厂

项目导读

在“走进设施园艺”中介绍主要园艺设施类型时，已经提到过植物工厂是园艺设施的最高级类型。以植物工厂为依托发展的设施园艺作物的高级栽培模式，从某种意义上来讲代表了设施园艺作物栽培和管理的未来发展方向。

本项目从植物工厂的建设入手，充分介绍植物工厂的功能系统及其维护与管理。项目重点是掌握植物工厂的系统构成、植物工厂的主要生产工艺。结合对青海省建设的植物工厂的参观学习，进一步熟悉植物工厂的关键核心技术，如营养液水肥一体系统、人工补光系统、植物工厂生产环境信息采集及控制等。

知识目标

①了解植物工厂的各种类型，掌握植物工厂的系统基本结构，了解植物工厂的各构成要素及关键系统。

②熟悉植物工厂中补光技术的应用。

③熟悉营养液栽培的方法与分类，了解营养液水肥一体系统的调控。

④掌握植物工厂生产工艺流程，了解植物工厂中要完成的维护任务和管理工作。

技能目标

①掌握植物工厂的设计、建设流程和标准。

②具备在植物工厂进行实际操作的能力，如能合理选择人工光源、能完成营养液的配制和稀释技术。

③熟练使用和维护植物工厂的设备和系统，如温控系统、照明系统、灌溉系统等。

④能够尝试制订和实施植物工厂的运营管理计划，确保高效生产。

素质目标

①培养创新思维和实践能力。积极思考，勇于提出新思路、新方法，推动植物工厂的技术创新和管理改进。

②培养良好的团队合作精神。在任务实施中积极参与团队合作，提升沟通和协作能力。

③增强安全生产和质量管理意识。牢固树立安全生产意识，熟悉安全操作规程，防范生产事故。重视产品质量，严格按照质量标准进行生产和管理，确保产品质量稳定。

思政目标

①增强职业责任感和使命感。具备发展农业科技的责任感和使命感，理解农业科技在保障粮食安全和推动农业现代化发展中的重要作用。

②树立职业道德和诚信意识。坚持职业道德，遵守企业规章制度，诚实守信。

③提升环境保护意识和可持续发展理念。了解植物工厂对资源节约、环境保护的贡献，在项目设计中考虑环保和可持续发展因素。

任务一　植物工厂的建设

任务导入

不同类型的植物工厂在设计和功能上有所差异，其建设的目的性、难易程度和成本投入也各不相同，但都致力于提高植物生产的效率、质量和可持续性。青海省某地一家农业种植企业响应当地政府号召，计划发展高端园艺作物栽培，准备在企业和政府商定的项目地先建设一个小型的植物工厂，请你根据相关知识，为企业策划一份小型植物工厂建设的可行方案。

任务工单

班级：＿＿＿＿＿＿＿＿　姓名：＿＿＿＿＿＿＿＿　学号：＿＿＿＿＿＿＿＿

任务名称	策划小型植物工厂建设的可行方案
任务描述	根据实际情况，填写本任务的内容、目的、流程和方法。 任务内容：

（续表）

<table>
<tr><td>任务描述</td><td colspan="4">任务目的：

任务流程：

任务方法：</td></tr>
<tr><td>获取信息</td><td colspan="4">要完成任务，需要掌握相关的知识。请收集资料，回答以下问题。
1. 植物工厂的类型有哪些？这些类型的植物工厂有什么特点？

2. 植物工厂大体的结构是怎样的？

3. 植物工厂内主要功能系统构成要素怎样？

4. 小型植物工厂建设的建筑围护结构有何要求？

5. 小型植物工厂建设的各种内部功能系统的构成要素有哪些，如何设计布局？</td></tr>
<tr><td>制订计划</td><td colspan="4">根据学习任务，制订工作计划。</td></tr>
<tr><td rowspan="6">任务实施</td><td colspan="4">按照预先制订的工作计划，完成本任务，并记录任务实施过程。</td></tr>
<tr><td>序号</td><td>完成的任务</td><td>遇到的问题</td><td>解决办法</td></tr>
<tr><td></td><td></td><td></td><td></td></tr>
<tr><td></td><td></td><td></td><td></td></tr>
<tr><td></td><td></td><td></td><td></td></tr>
<tr><td></td><td></td><td></td><td></td></tr>
</table>

任务准备

一、知识准备

要策划植物工厂的建设方案，首先要了解植物工厂都有哪些类型，根据不同类型植物工厂的构建特点、内置系统的主要功能等，才能有的放矢地完成一份可行性高的植物工厂的建设方案。

（一）植物工厂的分类

植物工厂依据其使用的光辐射方式、建设规模、栽培植物以及用途的不同，有着不同的类别。

1. 按照光辐射方式分类

植物工厂根据作业空间采用的光辐射方式可分为太阳光利用型植物工厂、人工光利用型植物工厂、混合光利用型植物工厂三种。

（1）太阳光利用型植物工厂

主要以太阳光为植物生长过程提供光辐射，主要特征是建筑结构不需要完全密闭，即半密闭建筑空间，建筑墙体材料多采用玻璃或PC板（聚碳酸酯中空板）或塑料膜（薄膜等），常见的建筑主体是连栋全玻璃温室、连栋PC阳光板温室或连栋薄膜温室（图8-1）。主要光源采用太阳照射的自然光。温室配备多种环境监控系统，通过采集温度、湿度、光照等环境数据并利用顶开窗、侧开窗、通风降温、喷雾、遮阳网降温、保温被、防虫网等措施对环境进行调控。栽培方式主要是水培或者基质培，若采用基质栽培方式，则需要留意病原菌与害虫的入侵，栽培植物一般以叶菜类、茄果类蔬菜为主。叶菜类、茄果类蔬菜也利用多层立体营养液栽培和人工补光相结合的方式来保证周年期计划性生产，保证经济效益提高。与人工光利用型植物工厂相比，生产环境会受一定的外界因素影响，特别是建筑物周边无遮挡，保证太阳光照射，冬季加温和夏季降温能耗较高。投资设施建设成本及运营成本较人工光利用型植物工厂要低一些。

（2）人工光利用型植物工厂

主要以人造光源为植物生长过程提供光辐射，主要特征是建筑结构需要完全密闭，即全封闭式建筑空间，所以对建筑用地不会挑剔，戈壁、沙漠等土地均可建造（图8-2）。人工光利用型植物工厂是非耕地农业，不用占用农业耕地。建筑顶部及墙壁材料多以彩钢夹芯板为主，夹芯内使用硬质聚氨酯板或聚苯乙烯板作隔热，具有不透光、热绝缘性好的特点。建筑内的照明光源和植物培育光源主要采用发光二极管LED灯。建筑空间内的光环境（包括光强度、光周期、光质及供光模式等）、温度、湿度等完全可以精准调控，不受建筑外气候环境影响，利用各类传感器系统对植物生长环境因子进行在线动态监测，获取的环境量信息实时通过网络传输给系统终端，管理人员利用手机、计算机终端远程管控，可实现周年计划性生产。栽培架为多层结构，栽培方式主要是以水培（营养液栽培）为主，少数也采用雾培方式，因此室内无病原菌与病虫害的入侵，不使用农药，农产品安全无污染。营养液立体多层栽培设备上适栽叶菜类蔬菜、种苗、功能性果蔬和药用植物。人工光利用型植物工厂设施建造成本和设备运行成本偏高，技术要求高，能耗高。

图8-1　太阳光利用型植物工厂

图8-2　人工光利用型植物工厂

（3）混合光利用型植物工厂

实际上是在太阳光利用型植物工厂基础上，当光辐射不足并影响作物生长时，在植物栽培作业区安装人造光源（高频荧光灯或发光二极管 LED 灯），在缺少太阳光照射时段进行补光作业（图 8–3）。

图 8–3 混合光利用型植物工厂

2. 按照建设规模分类

按照建筑面积可分为大型、中型、小型（集装箱型）和微型 4 种。

①大型植物工厂建筑面积在 1 000 m^2 以上，日产能力突出。比如富士康（深圳龙华）科技园区建成投产的 5 000 m^2 人工光型植物工厂，日产可达 2.5 t。富士康（深圳龙华）工厂的员工可以在食堂吃到植物工厂的无公害蔬菜。

②中型植物工厂建筑面积在 300~1 000 m^2，这类植物工厂因面积适中，会安排部分区域作为植物工厂的科研展示与示范，也会从事商业化生产。比如山东寿光蔬菜博览园内展示用植物工厂和位于大通回族土族自治县景阳镇大寨村的西宁市蔬菜科技园内展示用太阳光利用型植物工厂（图 8–4），就属于这一类别。

③小型植物工厂建筑面积在 5~300 m^2。主要用于农业技术展示与示范推广。特别是将集装箱改造成的可移动的植物工厂，因其具有样式多、移动性强等突出特点，被广泛推广用于我国边防哨所、海南三沙市岛礁及舰船上，还远销阿联酋、加拿大等地（图 8–5）。

图 8–4 中型植物工厂

图 8–5 集装箱改造的植物工厂

④微型植物工厂的建筑面积控制在 5 m^2 以下，因此，可以将微型植物工厂安放在阳台、室内客厅空闲处、厨房空闲处等地，它适用于都市农业、观光农业、景观农业、立体农业等。每套一体双面微型植物工厂装备，长为 70 cm，宽为 10 cm，高为 1.8~2 m。整套装备占地面积 0.07 m^2，立体栽培面积为 0.21 m^2。北京郊区某智慧菜园共有三款这种成套装备，JPWZ-2、JPWZ-3、JPWZ-4，能够栽培青菜、生菜、空心菜等多种叶类蔬菜；还能够栽培迷迭香、百里香、牛至、猫薄荷等多种香草。

（二）植物工厂的结构

大中型的人工光利用型植物工厂，按照各空间不同的功能特征和生产需求，可分为更衣室（准备室）、风淋室、育苗室、栽培区、采收包装区、储存区、机械设备间、控制管理室（办公与计算机控制系统）及清洗消毒区等功能区（室）。有参观需求的植物工厂，在适宜位置可以设置双层保温密封玻璃窗，但面积不宜过大，以减少内外热量交换，降低空调热负荷。一般先在育苗室完成植物播种、催芽和育苗，壮苗移植到栽培区，完成果蔬植株的栽培，再利用采收包装区和储存区将采摘的成熟果蔬进行包装、冷链保存。植物工厂的员工在管理室的计算机上完成果蔬冷链全过程及出库至上市的全程追溯管理，也同时利用专用中控设备对水泵、补光灯、空调完成应急控制、本地控制和远程控制。机械设备间安装植物工厂所用的二氧化碳气肥装置、营养液水肥一体机及控制设备等。太阳光利用型植物工厂也可以按上述空间结构来设计，如图 8-6 所示。

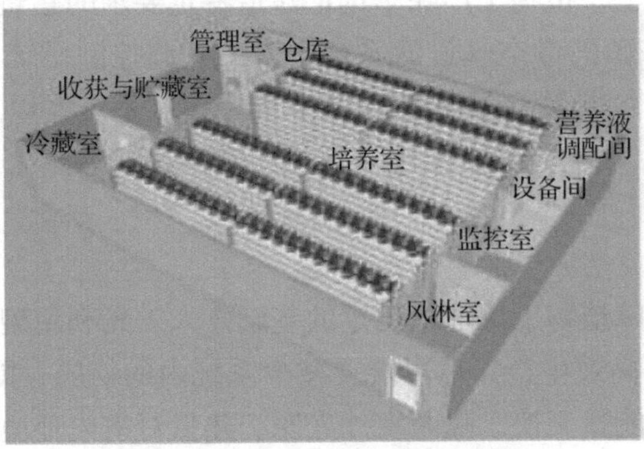

图 8-6　植物工厂的工程结构组成

集装箱式植物工厂属于小型植物工厂，它是按照清洁生产理念设计的密闭式立体栽培系统，采用国际标准箱来集成设计，常用规格是 20 英尺（1 英尺 ≈ 0.304 8 m）集装箱和 40 英尺集装箱（图 8-7）。20 英尺集装箱货柜内部尺寸是长 5.89 m、宽 2.32 m、高 2.31 m，内部体积在 31.5 m^3，集装箱式植物工厂因为空间较小，所以集装箱内部空间主要以栽培间、设备间为主。栽培间左右两侧安装多层立体水耕栽培模组，室内安装有水循环管道、设备间安装环境控制设备总控制柜、二氧化碳系统、营养液循环系统、物联网远程操控系统等，集装箱外挂空调来调节空气。

不管是人工光利用型植物工厂、太阳光利用型植物工厂还是混合光利用型植物工厂，不论大中小微型植物工厂，在系统结构上，都由以下几部分子系统组成，分别是建筑围护结构、净化消毒系统、营养液循环与控制系统、人工光源系统、环境控制系统、二氧化碳气肥释放系统、物联网远程操作控制系统、辅助机械以及无线射频识别设备（RFID）和农产品质量追溯系统等。

40 英尺标准集装箱植物工厂

20 英尺标准集装箱植物工厂

图 8-7　可移动式集装箱型植物工厂

通过智能自动控制系统调控植物生长的环境，为作物提供适宜的光照、温度、湿度环境条件，并操作营养液循环系统、物联网远程操控系统等。这几个子系统相互综合构建成一个大系统结构，就能全天候保障植物工厂的运行与智能化管理。

（三）植物工厂的构成要素

理论上植物工厂厂址的选择没有过多要求，因为植物工厂对建筑围护结构有特定要求。所以系统构成要素上，植物工厂除了选址建造特定要求的建筑围护结构外，还要突出以下几个要素，包括杀菌消毒空气过滤系统、人工光源控制系统、营养液循环与控制及多层立体水耕栽培系统、植物工厂生产环境采集及控制系统，以及二氧化碳气肥释放系统等。后续任务将对人工补光系统及其调控、营养液水肥一体化系统及其调控进行系统介绍。

1. 建筑围护结构

建筑围护结构是保障植物工厂环境稳定的基础。人工光利用型植物工厂是在完全封闭的条件下进行植物周年高效生产，尽可能要减少系统内的物质、能量和资源消耗。因此，为了减少室内外物质、能量交换，隔断室外光照、热量对室内环境的影响，在建筑围护结构上应选择隔热、避光与防风效果较好的聚氨酯夹芯板洁净板材、聚乙烯彩钢夹芯板等建筑材料，按照洁净板材的安装工艺要求进行拼接安装。地面底层采用水泥砂浆地面，上层铺无溶剂环氧自流平地面。为了加强坚固程度，建筑围护结构一般要求构建在混凝土结构基础及轻钢龙骨结构的骨架上，外侧采用两面金属、中间填充发泡材料的熟化成型彩钢夹芯板构筑，彩钢夹芯板普遍要求采用防火材料。设置的观察窗采用全封闭式双层玻璃铝塑窗，做好玻璃密封。门采用彩钢板配以专用铝型材门框，周边嵌入橡胶密封条。墙与吊顶、墙与地面均采用半圆弧铝型材连接。植物工厂的建筑围护结构可参照 GB 50073《洁净厂房设计规范》、GB 50591《洁净室施工及验收规范》进行施工与验收。一个功能完善的植物工厂，在栽培区、育苗区、设备间、收包装区、储存区等功能区域的分隔一般均采用洁净板及配备净化门、密封条等。此外，在设计上需充分考虑植物工厂的功能需求，植物工厂围护结构内通常需要布置通风管道系统。

对于太阳光利用型植物工厂，框架结构是支撑建筑主体的关键部分，决定了工厂的整体强度和耐久性。通常也采用钢筋混凝土或钢结构，以确保整体的强度和稳定性。屋顶设计必须考虑到光照、隔热和防水性能。透明或半透明材料（如聚碳酸酯板或玻璃）的屋顶能够最大化利用自然光，同时需配备适当的遮阳和隔热措施。在高寒地区，屋顶还需具备良好的保温性能，以减少热量流失。墙体材料也应具备良好的保温、隔热和防潮性能，多采用复合材料或保温隔热墙体，以维持室内稳定的温湿度环境。

以青海省海东市乐都区现代农业产业园（国家级现代农业产业园区）内建成投产的混合光利用型植物工厂为例，在高海拔、高纬度地区，建筑设计必须特别注重保温材料的使用，以减少热量流失。因此，设施与设备的规划设计采用了装配式内外双层骨架系统，其中外层骨架为平面组合式桁架，内层骨架为几字钢。骨架通过工厂标准化生产并在现场进行安装。墙体材料选用土墙模块加后墙苯板，利用速土成型机建造。通过将原本松软的土壤加入适量水、麦草秸秆和固化剂，调整出适宜的含水率，再通过成型机的巨大压力使土壤孔隙变得密实，最终形成规格为 12 m × 1.2 m × 1.2 m 的密实土块，是为土墙模块。后墙体设计则采用钢板加芯板墙体，确保良好的保温、隔热和防潮性能。土模块后墙集成了蓄热风道系统，设计有 4 进 5 出的风道，每组蓄热通道间隔 1.20 m。在进风区和出风区之间的 2 400 mm 高度处封闭通道两孔，以增加绕行蓄热路径的长度。顶圈梁在砌好的砖模墙内浇筑混凝土前，每隔约 10 m 对准风道孔预埋 200 mm 的 PVC 管作为进出蓄热空气口，随后安装风机并密封接口。

屋顶采用双层膜设计，外膜系统包括外膜、压膜绳、卡簧、卡槽等，外膜选用农业专用的 0.12 mm PEP 覆盖膜；内膜系统包括内膜、卷轴、卡箍、卷膜器等，内膜也使用农业专用的 0.12 mm PEP 覆盖膜。配套设备包括保温被、卷铺机构、电动卷膜机构、防虫网、智能卷帘控制器、定制内保温被、卷轴和电机等。温室通风设置为底部通风，通风系统由电动卷膜器、卷膜杆、薄膜、卡膜器、防虫网、卡簧、卡槽等组成，以增强室内空气交换，节省人力。

2. 杀菌消毒空气过滤系统

植物工厂的净化消毒，就是使用杀菌消毒空气过滤系统对植物工厂的组培播种区、育苗区、分拣间的空气进行净化处理。那么为什么要进行净化消毒?

据研究发现，植物组培中出现的污染源（真菌 / 细菌），除了来源于外植体自身带菌和培养基或接种工具灭菌不彻底，大部分源自空气中的尘埃颗粒。

接种操作。在接种操作时，如果组培室的空气洁净度不达标，或者超净工作台的空气过滤不彻底，这些在空气中飘浮着的尘埃颗粒和微生物就会随着操作人员与植株接触时而降落在植物组织和培养基上并大量繁殖，造成组培苗污染。

培育过程。在组培苗培育过程中，如果培养室洁净度较差，气流较快，使尘埃颗粒四处飘动，或者进入培养间人员未经过彻底吹淋，身上带来较多螨虫、尘埃，也会造成组培苗污染。

因此，在进入植物工厂的组培播种区前，员工要先在换衣间换衣穿着工作服。洁净工作服的质地应该光滑、不产生静电、不脱落纤维和颗粒性物质。工作服必须包盖全部头发、胡须及脚部，并能阻隔人体脱落物，高领，袖口扎紧，应该穿合适的鞋和鞋套。换衣完洗手后再进入气闸室内，对自身做吹气净化处理，做完这些操作才可进入组培播种区。人员净化的操作流程可参照图 8–8。

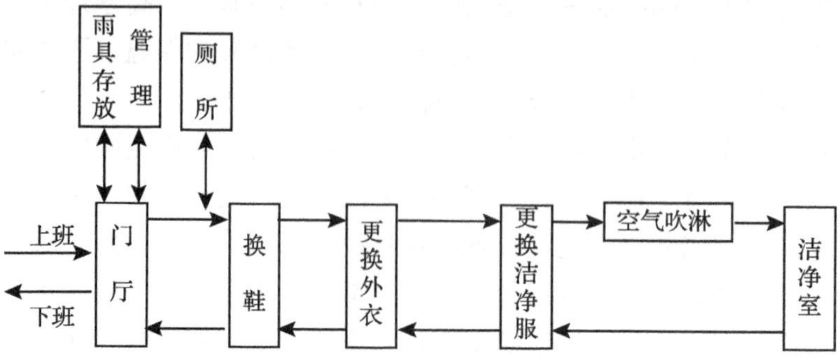

图 8–8 人员净化流程

现有植物工厂内的洁净度标准一般可参照国家标准 GB 50073—2013《洁净厂房设计规范》要求执行。植物工厂内的组培播种室，洁净程度要至少达到洁净室及洁净区空气洁净度整数等级 6 级。

植物工厂里使用的种植设备采用抗微生物材料，植物的种子经过消毒处理，整个生产系统的微生物数量较传统蔬菜种植大幅降低。植物工厂生产的蔬菜可以达到无农药、无重金属、低硝酸盐、低生物菌水平。植物工厂生产的可以直接食用的蔬菜，可认定为有机农产品。

目前国内的农产品标志“二品一标”，是政府主导的安全优质农产品公共品牌，是当前和今后一个时期农产品生产消费的主导产品。绿色食品、有机农产品和农产品地理标志统称“二品一标”，其中有机农产品的认证要求最高。而植物工厂产出的农作物被认为在品质上与有机农产品标准相差无几，甚至比有机农产品的品质更好。

3. 人工光源控制系统

作为植物生长的唯一能量与信号源，人工光源是植物工厂系统设计至关重要的组成部分。早期的植物工厂主要使用的人工光源有高压钠灯、金属卤化物灯、荧光灯、LED 补光灯等。目前植物工厂主要采用 LED 作为人工光源，具有发热小、光配方精确可调控、安装适配模式多样、寿命长、光衰缓慢等优点，而且还能够根据生产目的和植物品种进行灵活定制。

目前用于植物工厂的 LED 光源光质主要由波长 660 nm 的红光和 460 nm 的蓝光组成，一些新开发的 LED 光源也会添加少量的紫外和远红光。根据所需不同光质将多种波长的单色 LED 芯片进行组合的形式是目前采用较多的植物灯生产方式，常用红蓝光 LED 灯珠比例有 1∶3 或 1∶4，即 1 个 LED 灯带上间隔安装 1 个红光 LED 灯和 3 个蓝光 LED 灯。该种光源光质组成纯度更高，输入的电能除发热外几乎全部转化为目标光源，电能利用率较高。随着植物工厂研究的不断深入，我国各地的农业科学院针对植物工厂主栽作物的光配方逐渐完善，LED 灯带可以由专业灯具厂定制，根据实际需要设计成小功率大数量的光源。

4. **营养液栽培系统**

该系统主要由栽培架、栽培槽、营养液循环管路、营养液池（罐）、补水管路以及水肥一体机等部分组成。栽培架一般选用耐腐蚀的材料，如铝型材、不锈钢、高温镀锌板等。栽培架高度、层距以及栽培层数应根据主栽品种和栽培规模进行预测和计算，层间距通常不低于 40 cm，栽培架多于四层的需要配置升降作业车。栽培架尽量为可组装、层间距可调型，以便更换栽培品种后可以重复利用。栽培槽是放置在栽培架上的槽体，用于盛放营养液，目前主要有聚氯乙烯塑料（PVC）板焊接、苯乙烯发泡塑料（EPS）拼接以及聚丙烯发泡塑料（EPP）粘接等形式。供液时水泵将营养液输送至最高层栽培槽，将其灌满后由其回液口排出，流至下一层栽培槽，直至流回储液池形成一个循环。

5. **植物工厂生产环境采集及控制系统**

植物工厂生产环境采集及控制系统是植物工厂的重要组成部分之一，关系到植物工厂产品的产量、品质以及能耗成本。其控制目标主要包括温度、空气相对湿度、土壤酸碱度、土壤湿度、空气二氧化碳浓度及光照强度等环境因子，主要调控装备包括降温空调（或风扇）、保温被（或暖气管道）、加湿除湿装置、循环风机、风道、二氧化碳钢瓶及其释放系统。

环境控制系统通常位于植物工厂内部或外部设备间中，由空调机组、传感器、控制器等部件组成。空调机组其功能是将植物工厂内部或室外的空气通过多级过滤处理，调节空气温度和湿度后送到设施内，实现对温度、湿度、空气清净度以及空气循环的调控。各类传感器密切监视植物工厂设施内光照、温湿度、二氧化碳、气流及营养液电导率、营养液酸碱值等参数，由各类传感器进行采集后，由计算机控制系统的开闭、风机运行速度、光源控制器、二氧化碳控制阀等的运行状态。例如，可控制空调系统的开闭，使用风道吸收自然风进行降温。

目前生产环境采集及控制系统主要开发有以下几种类型，即单片机控制系统、工控机控制系统、可编程式控制器（programmable logic controller，PLC）控制系统、基于现场总线的分布式智能控制系统、基于远距离无线电（LoRa）技术的无线网络智能控制系统以及嵌入式 Linux 系统等。

随着人们对高品质蔬菜的需求增加，植物工厂在发展过程中也引入和集成高新技术，包括新型传感器、智能控制以及物联网等，提高对植株生长状态的监控，并且逐渐向节能、高效、环保和智能化方向发展。

在植物工厂中，管理人员可通过环境温湿度传感器、二氧化碳传感器、营养液 PH 传感器、营养液 EC 传感器、溶解氧传感器、光量子数传感器以及相应的植物光合、生长指标传感器，对植物工厂内相关设备、环境以及植物生长动态变化信息进行收集和获取。通过对数据进行分析和处理，建立植物生长状态模型，预测植物长势，实现对植物工厂系统的智能化决策和远程监控，智能调整植物生长所需的环境，使植物工厂内的植物始终处于最佳的生长状态，高效、高产、智能地生产绿色无污染的产品。

通过在植物工厂产品上采用 RFID 无线射频识别等技术对其进行标记，在更大的物联网平台上监测产品出厂后的一系列流动特征，在大数据分析帮助下，有针对性地制定生产销售策略，更好为消费者服务的同时实现农产品效益的最大化。关于植物工厂环境采集及控制系统及其调控技术，将在后续任务中讲述。

二、材料准备

（一）植物工厂类型的分析

查阅相关资料，并做好记录和分析，为植物工厂类型的选择奠定坚实的实践基础。

（二）搜集相关案例资料

通过资料调研以及实地调研采访等途径，搜集和小型植物工厂设计建设相关案例资料，进行整理和分析。

三、工具准备

录音笔、笔记本电脑、网线、多媒体设备、书本等。

四、人员准备

人员分组，每组 4 人。明确职责分工。

人员分工

任务角色	任务内容
组长：	任务：
组员 1：	任务：
组员 2：	任务：
组员 3：	任务：

任务实施

步骤一：文献调研。通过查阅相关文献、科研报告、学术期刊等，深入了解现有植物工厂的类型和特点；深入了解植物工厂的结构组成、关键系统的构成要素等。

步骤二：案例分析。通过查阅相关文献，分析已有的小型植物工厂建设案例，从中获取成功经验以及可借鉴之处。

步骤三：实地调研。调研当地已有小型植物工厂，与工厂的管理及操作人员交流，了解工厂建设的规划、设计及投入等相关事项，了解小型植物工厂实际建设过程中容易出现的问题，为策划可行性较高的小型植物工厂建设方案作参考。

步骤四：实地调研。实地参观考察当地小型植物工厂，了解其建筑围护结构、杀菌消毒空气过滤系统、人工光源控制系统、营养液栽培系统、植物工厂生产环境采集及控制系统的布局和使用情况，通过实地调研获取的直观数据和感受，为策划小型植物工厂建设方案提供实践支持和依据。

步骤五：制订小型植物工厂建设方案。

步骤六：任务总结。

任务检测

请扫码答题。

任务评价

工作任务完成过程评价

班级：________________　组别：________________　姓名：________________

项目	评分标准	分值	自我评价	小组评价	教师评价
基本素质	学习态度良好，学习积极性高	10			
	积极主动与老师、同学交流，相互尊重、理解。与老师、同学间能保持多向、丰富的信息交流	10			
理论知识	了解植物工厂常见的类型及特点	10			
	了解不同植物工厂的结构组成、关键系统的构成要素	10			
	了解小型植物工厂建设所需的建筑围护结构特点、各种内部系统的构成要素和布局	10			
实操技能	能够有效利用网络、图书资源查找有用的相关信息，能将查到的信息有效地运用到学习中	10			
	能够在老师的带领下，按照预先准备的问题完成对当地小型植物工厂的实地调研学习	10			
	能够通过查阅的资料和调研的结果制定小型植物工厂的建设方案	10			
思政表现	能从全局上筹划相关事项或行动的具体安排	10			
	能够树立良好的环境保护和生态保护意识	10			
合计		100			

（续表）

自我评价与总结	
教师点评	

任务二　植物工厂人工补光系统及其调控

任务导入

某种植企业打算建设一个混合光利用型小型植物工厂，但企业管理人员对植物工厂的人工补光系统的工作原理、类型、选择和使用注意事项等不了解。请你根据相关知识，为他们制定一份混合光利用型小型植物工厂的人工补光系统设计方案。

任务工单

班级:________________　组别:________________　姓名:________________

任务名称	混合光利用型小型植物工厂的人工补光系统设计方案
任务描述	根据实际情况，填写本任务的内容、目的、流程和方法。 任务内容： 任务目的： 任务流程： 任务方法：

（续表）

<table>
<tr><td>获取信息</td><td colspan="4">要完成任务，需要掌握相关的知识。请收集资料，回答以下问题。
1. 植物工厂内作物生长需要的光环境要素有哪些？

2. 光环境要素是如何影响作物光合作用的？

3. 植物工厂内主要功能系统构成要素怎样？

4. 植物工厂使用的人工光源有哪些种类？

5. 人工光利用型植物工厂中可以选择的补光灯种类？

6. 植物工厂内使用人工补光灯的注意事项有哪些？</td></tr>
<tr><td>制订计划</td><td colspan="4">根据学习任务，制订工作计划。</td></tr>
<tr><td rowspan="6">任务实施</td><td colspan="4">按照预先制订的工作计划，完成本任务，并记录任务实施过程。</td></tr>
<tr><td>序号</td><td>完成的任务</td><td>遇到的问题</td><td>解决办法</td></tr>
<tr><td></td><td></td><td></td><td></td></tr>
<tr><td></td><td></td><td></td><td></td></tr>
<tr><td></td><td></td><td></td><td></td></tr>
<tr><td></td><td></td><td></td><td></td></tr>
</table>

任务准备

一、知识准备

“万物生长靠太阳”，光不仅是植物进行光合作用等基本生理活动的能量源，而且也是花芽分化、开花结果等形态建成的动力源，光照条件的好坏还直接影响植物的产量和品质。自然界中的光照主要来自于太阳，而在人工光利用型植物工厂中，太阳光难以进入完全密闭的环境，植物的光合作用主要依赖于人工光源。因此，在人工光利用型植物工厂中构建合理的人工光源系统显得尤为重要。

理解光对植物生长的影响机理是人工光利用型植物工厂生产的理论基础。正确理解植物生长过程中光的需求是实现植物工厂光调控的先决条件。植物对光的需求主要体现在光辐射强度、光谱、光周期、光的时空分布等几个方面，也被称为植物生长的“光环境要素”。光环境通过影响植物形态、细胞内代谢来调节植物生长。在人工光利用型植物工厂环境下，植物生长所需的光能全部来源于人工光源，太阳光利用型植物工厂环境中，可以在太阳光照不足的情况下使用人工光源。因此植物工厂内的光照环境进行调节控制是十分必要的。光照环境的调节，根据作物种类及生育阶段的不同，使用不同的措施来进行调节，以提高的光能利用效率。

（一）光辐射强度的相关概念

1. 光照强度

光照强度是选择人工光源性能选择的重要指标之一，在物理学和光度学中有不同的定义。物理学中，光照强度简称光照度，一个被光线照射的表面上的照度（illumination/illuminance）定义为照射在单位面积上的光通量，单位为勒克斯（lx）。1 lx =1 lm/m^2。流明（lm）是光通量的单位。与光照度相关的光通量则是按照国际约定的人眼视觉特性评价的辐射能通量（辐射功率）。1 lm 是指发光强度为 1 坎德拉（cd）的均匀点光源在单位立体角（1 球面度）内发出的光通量。坎德拉表述的是每单位立体角（立体角：与以单位长度为半径的球体表面积相同）的光通量。坎德拉（candela）和勒克斯（lx）是两个光照强度的单位，它们之间的换算公式如下：

1 坎德拉（cd）=1 勒克斯 / 立体角（sr）

1 勒克斯（lx）=1 坎德拉 / 平方米（m^2）

例如购买植物工厂补光灯时，就需要查看补光灯的光强度，单位标注是 lx。

2. 光合作用有效辐射

光合作用有效辐射（photo synthetically active radiation，PAR）是指单位时间、单位面积上到达或通过的光合作用有效辐射波长为（400~700 nm）的太阳总辐射量，这部分太阳总辐射能量是能被绿色植物用来进行光合作用的那部分能量，绿色植物只能利用 PAR 进行光合作用。描述光合作用有效辐射的度量单位为每秒每平方米微摩尔，用英文表示为 $\mu mol \cdot m^{-2} \cdot s^{-1}$。另外还有几个单位可以表示光合作用有效辐射：微爱因斯坦 μE（μEinsteins）、尺烛光 FC（Foot candle）、物理学的 W/m^2 和照度 lx。这几个单位虽然都可以表示光合作用有效辐射，但是在实际应用中并没有相互间的换算关系。因为这几个光合有效辐射单位是在不同层次，不同方面来描述光合作用有效辐射的。如 W/m^2 是太阳总辐射量，测的是 400~1 100 nm 的光波。μE 测的是 400~700 nm 的光波。由此可见，不同的单位，所测量的光波范围不同，所以相互间无从比较。在量子学系统，用光合有效光量子通量密度（PPFD）来度量。

3. 光合有效光量子通量密度

光合有效光量子通量密度（photosynthetic photon flux density，PPFD），即单位时间、单位面积上到达或通过的光合作用有效辐射（波长 400~700 nm）的光量子数，单位：$\mu mol \cdot m^{-2} \cdot s^{-1}$。

4. 概念的转换

上述三种表述方法经常在实际生产中应用，但由于描述的光照辐射范围不尽相同，这三个概念只有在同一光源或相同光谱特性的光源之间才可以互相转换。

在植物生产领域，最常用的光照强度度量单位是光合有效光量子通量密度（PPFD）。

但由于现有光源都是为了人类照明的使用来开发的，为了更好地相互换算和比较，经常会用到补正视觉灵敏度的概念。为了更接近人类的光感，常用人类最敏感的绿色作为视觉灵敏度的最大估量单位。

实际上，光合作用的光灵敏度与人眼的视觉灵敏度并不一致，例如，人眼最敏感的是可见光波长范围中的绿光，而植物叶绿素对绿光吸收较少；相反，对光合作用影响很大的波长 450 nm 的蓝光，人眼的视觉相对灵敏度却比较低，也就是说眼睛几乎感觉不到波长 450 nm 的蓝光。针对植物生产需求，一般植物工厂使用的度量单位是光合有效光量子通量密度 $\mu mol \cdot m^{-2} \cdot s^{-1}$，但由于经常也有人使用光通量 lm、光照度 lx 和光合作用有效辐射的 W/m^2 表达，所以必须针对不同光源建立这些单位之间的转化。

5. 植物光合有效辐射日累积量

植物光合有效辐射日累积量（daily light integral，DLI）是指单位面积上每天截获到的光合作用光量子通量密度（PPFD）的总量，单位为 $mol \cdot m^{-2} \cdot d^{-1}$。植物光合有效辐射日累积量与植物的光合产物、干物质的积累量以及品质总体上呈正相关关系。以 PPFD 为 700 $\mu mol \cdot m^{-2} \cdot s^{-1}$、光周期 16 h 为例，其 DLI 计算公式如下。

$$DLI=(700 \times 16 \times 3\,600)/(1 \times 10^6)$$

计算公式中 1 mol=（1×10^6）μmol，3 600 为每小时的总秒数。

例如，番茄正常生长的最低光合有效辐射日累积量为 10~12 $mol \cdot m^{-2} \cdot s^{-1}$，保证产品品质的光合有效辐射日累积量为 14~20 $mol \cdot m^{-2} \cdot d^{-1}$，而最为理想的 DLI 要高于 20 $mol \cdot m^{-2} \cdot d^{-1}$。

6. 光谱

太阳光中包含的光谱范围极宽，但能为植物生长提供动力和信号的光能占比非常小。长期以来，人们一致认为对光合作用有效的可见光波长是在 400~700 nm，因此，这段光谱被定义为植物生长光合作用有效辐射（简称 PAR）。

随着植物光合系统以及光受体相关研究的不断进展，在光合有效辐射的基础上，植物作用光谱也更加丰富，除了植物生长通用的光合作用有效辐射（400~700 nm）之外，统一将中波紫外线、长波紫外线以及远红光也纳入了植物作用光谱中，并明确规定了各种光质的有效范围。所以，在重点研究的植物作用光谱中，波段范围扩展为 280~800 nm，包括中紫外线（280~315 nm）、近紫外线（315~400 nm）、蓝光波段（400~500 nm）、黄绿光波段（500~600 nm）、红光波段（600~700 nm）以及远红光波段（700~800 nm）。

7. 光周期

在一天之中，白天和黑夜的相对长度，称之为光周期。在自然界各种气象因子中，日照长度变化是最可靠的信号。生长在地球上不同地区的植物在长期适应和进化过程中表现出了对昼夜长短信号的感知，从而调节其开花、休眠、落叶等生理过程。在植物工厂生产中，合理安排光期、暗期对保证植物正常生长发育至关重要。

8. 光分布

光分布分为光的空间分布和时间分布。

光的空间分布是指植物受光面区域内光强度和色温的分布以及光线相对于植物受光面的空间照射角度。光的空间分布的均匀性是影响栽培面作物生长一致性的重要因素，同时也在一定程度上影响种植者的视觉感官。光空间分布的均匀性可通过优化光源结构和控制光源加工工艺来实现。

光的时间分布是指同一种光质、光强的组合在一个光周期时间轴上的分布，主要体现在供光模式的差异上。根据几种人工光利用型植物工厂中常见的供光模式，可将光的时间分布分为连续供光型、交替供光型、间歇供光等。连续供光是指在一个光周期内，同一种光质、光强的组合连续不变，光在时间轴上的分布是连续、均匀的。交替供光型是指在一个光周期内，两种或多种光强、光质的组合以一定的频率交替出现、规律分布。间歇供光型是指在一个光周期内，一种光强、光质的组合以一定的频率间歇出现、规律分布。例如使用红光（R）蓝光（B）LED组合交替供光模式如图8–9所示。

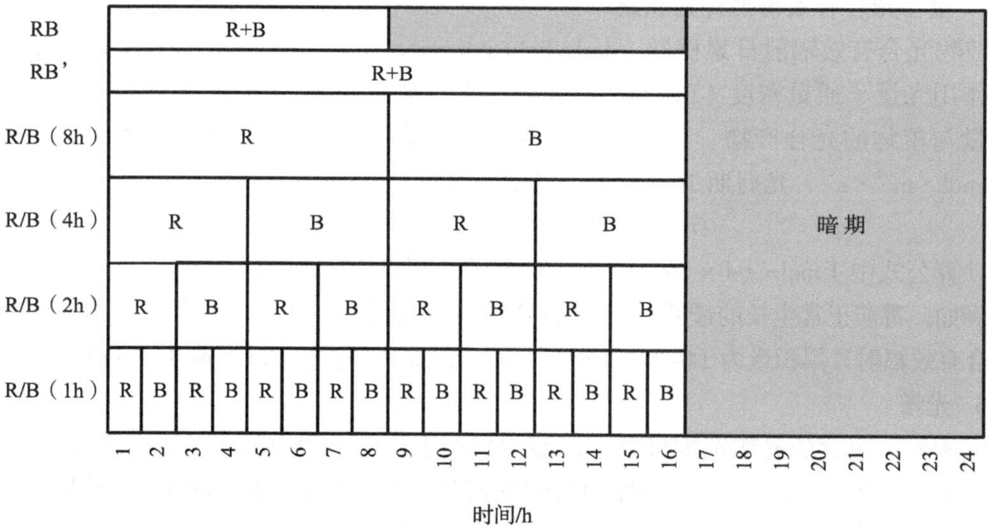

图8–9 红蓝光交替供光模式

（二）光环境要素对作物光合作用的影响

1. 光照强度对作物光合作用的影响

光合产物的形成与光照的强度及其累积的时间密切相关。光照的强弱一方面影响着光合作用的强度，同时还能改变作物的形态，如开花、节间长短、茎的粗细及叶片的大小与厚薄等。光照强度与光合速率关系图如图8–10所示，在一定二氧化碳浓度和一定的光照强度范围内，光合强度随光照强度的增加而增加。

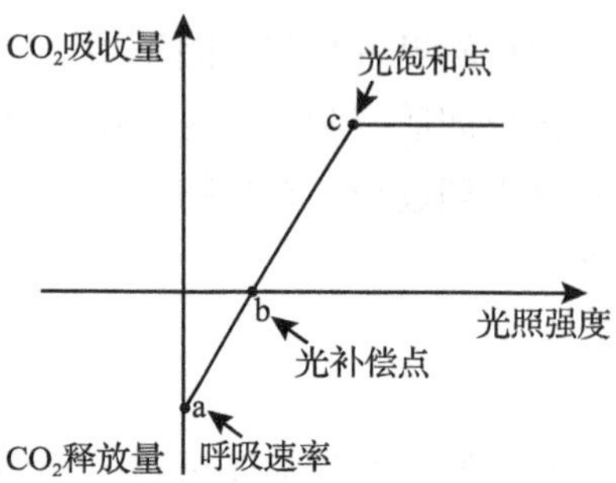

图8–10 光照强度与光合速率关系图

当光照强度超过光饱和点时，净光合速度不但不会增加，反而还会形成抑制作用，使叶绿素分解而导致作物的生理障碍。不同类型植物的光饱和点的差异较大，光饱和点一般会随着环境中二氧化碳浓度的增加而提高。因此，植物生产中给予光饱和点以上的光照强度毫无意义；而另一方面，当光照强度长时间处于光补偿点之下，植物的呼吸作用超过了光合作用，有机物消耗多于积累，作物生长缓慢，严重时还会导致植株枯死，因此对植物生长也极为不利。通常情况下，耐阴植物的光补偿点为 200~1 000 lx，喜阳植物的光补偿点为 1 000~2 000 lx。植物对光照强度的要求可分为喜光型、喜中光型、耐弱光型植物。蔬菜多数属于喜光型植物，其光补偿点和光饱和点均比较高，在人工光利用型植物工厂中作物对光照强度的相关要求是选择人工光源的最重要依据，了解不同植物的光照需求对设计人工光源、提高系统的生产性能都是极为必要的。

2. 光谱对作物光合作用的影响

光谱分布对植物光合作用和形态建成同样具有重要影响，地球上的植物都是在经过亿万年的自然选择来不断适应太阳辐射，并依据种类不同而具有光选择性吸收特征的。到达地面的太阳辐射的波长范围为 300~2 000 nm，而以 500 nm 处能量最高。波长 400~700 nm 的部分是植物光合作用主要吸收利用的能量区间，称为光合作用有效辐射；波长 700~760 nm 的部分称为远红光，它对植物的光形态建成起一定的作用。在植物光合过程中，植物吸收最多的是红、橙光（600~680 nm），其次是蓝紫光和紫外线（300~500 nm），绿光（500~600 nm）吸收得很少。紫外线波长较短的部分，能抑制作物的生长，杀死病菌孢子；波长较长的部分，可促进种子发芽，果实成熟，提高蛋白质、维生素和糖的含量；红外线还对植物的萌芽和生长有刺激作用，并产生热效应。

大量的光谱实验表明，适当红色光（600~700 nm）/ 蓝色光（400~500 nm）比值（R/B 比）才能保证培育出形态健全的植物，红色光过多会引起植物徒长，蓝色光过多会抑制植物生长。适当的红色光（600~700 nm）/ 远红色光（700~800 nm）比值（R/FR 比）能够调节植物的形态形成，大的 R/PR 比能够缩短茎节间距而起到矮化植物的效果，相反小的 R/FR 比可以促进植物的生长（表 8-1）。

表8-1　各种光谱成分对植物的影响

光谱 /nm	植物生理效应
<320	对大多数植物有害，可能导致植物气孔关闭，影响光合作用
320~400	起到成形和着色作用
400~510	主要为蓝紫光——叶绿素吸收最多，表现为强的光合作用与成形作用
510~610	主要为绿光——叶绿素吸收不多，光合效率也最低
610~720	主要为红、橙光——被叶绿素强烈吸收，光合作用最强，某种情况下表现为强的光周期作用
720~1 000	对植物生长起到作用，远红外光（700~800 nm）对光周期及种子形成有重要作用，并控制开花及果实的颜色
>1 000	被植物吸收后转变为热能，影响有机体的温度和蒸腾，可促进干物质的积累，但不参加光合作用

3. 光周期对作物光合作用的影响

植物的光合作用和光形态建成与日长（或光期时间）的相互关系称其为植物的光周期。光周期与光照时数密切相关，光照时数是指作物被光照射的时间。不同的作物，完成一定的光照时数才能开花结实。长日照作物，如农作物中如冬小麦、大麦、油菜、菠菜、甜菜、萝卜等，在其生育的某一阶段需要 14 h 以上的光照时数；短日照作物，如洋葱、水稻、大豆、玉米、烟草、麻和棉等，需要 12 h 以下的光照时数；中日照作物，如黄瓜、番茄、辣椒等，在较长或较短的光照时数下，都能开花结果。

（三）植物工厂使用的人工光源

植物工厂所使用的人工光源主要有高压钠灯、金属卤化物灯、荧光灯和发光二极管（LED）等。

1. 高压钠灯

高压钠灯是在放电管内充高压钠蒸气，并添加少量氙（Xe）和汞（Hg）等金属的卤化物帮助起辉的一种高效灯。特点是发光效率高、功率大、寿命长（12 000~20 000 h）；但光谱分布范围较窄，以黄橙色光为主。由于高压钠灯单位输出功率成本较低，可见光转换效率较高（达 30% 以上），出于经济性考虑，早期的人工光利用型植物工厂，尤其是小型植物工厂主要采用高压钠灯。

2. 金属卤化物灯

金属卤化物灯在高压水银灯的基础上，通过在放电管内添加各种金属卤化物（溴化锡、碘化钠、碘化铊等）而形成的可激发不同元素产生不同波长的一种高强度放电灯。发光效率较高、功率大、光色好（可改变金属卤化物组成满足不同需要）、寿命较高（数千小时）。与高压钠灯相比，其光谱覆盖范围较大。同时为了改进其光谱性，通过加入锂增加了植物所喜爱的红光。但由于发光效率低于高压钠灯，寿命也比高压钠灯短，目前仅在少数植物工厂中使用。

3. 荧光灯

荧光灯属于低压气体放电灯，玻璃管内充有水银蒸气和惰性气体，管内壁涂有荧光粉，光色随管内所涂荧光材料的不同而异。管内壁涂卤磷酸钙荧光粉时，发射光谱范围在 350~750 nm，峰值为 560 nm，较接近日光。同时，为了改进荧光灯的光谱性能，近年来灯具制造企业通过在玻璃管内壁涂以混合荧光粉制成了具有连续光谱的植物用荧光灯，改进后的荧光灯在红橙光区有一个峰值，在蓝紫光区还有一个峰值，与叶绿素吸收光谱极为吻合，大大提高了光合效率。

近年来，在荧光灯基础上又出现了几种植物工厂使用的新型荧光灯，如冷阴极管荧光灯（CCFL）、混合电极荧光灯（HEFL）等，寿命长达数万小时，构造极其简单，还可制成很细的荧光灯具，备受植物工厂关注。

①冷阴极管荧光灯（cold cathode fluorescent lamp，CCFL）。无须把阴极加热，而是利用电场的作用来控制界面的势能变化，使阴极内的电子把势能转换为动能而向外发射。当电子束与水银原子碰撞产生紫外光，管壁之荧光体在吸收紫外光后，产生可见光。其主要优点为寿命长可达 50 000 h；光谱好，具有适宜于作物生长的红蓝光谱组合；比普通荧光灯节能 30% 以上；低温，表面温度低，可近距离照射，节省空间；低成本，成本仅为荧光灯的 2 倍左右。

②混合电极荧光灯（hybrid electrode fluorescent lamp，HEFL）。除同样兼具普通荧光灯

的低成本、低发热等优点外，还可以根据植物生长需求提供红光、蓝光与远红光的光谱组合，使植物生长与发育处于最佳状态，达到与 LED 同样的省电效果。优点为高亮度，高效率，长寿命，轻型化及用电低成本。成本仅为荧光灯的 2 倍左右。

4. 发光二极管（LED）

发光二极管（light-emitting diode，LED），其发光核心是三价或五价元素化合物，如 GaAs（砷化镓）、GaP（磷化镓）、GaAsP（磷砷化镓）等半导体材料制成的 PN 结。它是利用固体半导体芯片作为发光材料，当两端加上正向电压，使半导体中的载流子发生复合，放出过剩的能量而引起光子发射，产生可见光。LED 能够发出植物生长所需要的单色光（如波峰为 450 nm 的蓝光、波峰为 660 nm 的红光等），光谱域宽仅为 ± 20 nm，而且红、蓝光 LED 组合后，还能形成与植物光合作用与形态建成基本吻合的光谱。LED 的开发与应用为密闭式植物工厂的发展提供了良好的契机，可以克服现有人工光源的许多不足，使密闭式植物工厂的普及应用成为可能。与普通荧光灯等相比，LED 主要具有以下显著优势。

①节能。LED 不依靠灯丝发热来发光，能量转化效率非常高。

②环保。LED 没有任何污染，并且发光颜色纯正，不含紫外和红外辐射成分，是一种“清洁”光源。

③寿命长。LED 是用环氧树脂封装的固态光源，其结构中没有玻璃泡、灯丝等易损坏的部件，耐震荡和冲击，寿命达 50 000 h 以上，是荧光灯的 5 倍以上，是白炽灯的 100 倍。

④单色光。LED 发出的光为单色光，能够自由选择红外、红色、橙色、黄色、绿色、蓝色等发光光谱，按照不同植物的需要将它们组合利用，不仅节省能耗，而且还可提高植物对光能的吸收利用效率。

⑤冷光源。由于 LED 发出单色光，没有红外或远红外的光谱成分，是一种冷光源，可以接近植物表面照射而不会出现叶片灼伤的现象，并且它的体积小，可以自由地设计光源板的形状，极大地提高了光源利用率和土地利用率，有利于形成多段式紧凑型的栽培模式，适用于密闭植物工厂的集约型生产模式。

因此，LED 光源被认为是密闭式植物工厂的理想光源。它的应用能够降低密闭植物工厂的能源消耗和运行成本，提高光能利用率和光环境的控制精度，促进密闭植物工厂的应用与推广。同时对解决环境污染、提高植物工厂的空间利用率、减少温室效应都具有十分重要的意义。

（四）认识植物工厂的补光灯

1. LED 植物灯封装技术原理及作用

LED 植物灯封装技术大都是在分立器件封装技术根底上发展与演变而来的，但也有其独有的特征。一般状况下，分立器件的管芯被密封在封装体内，封装的作用主要是维护管芯和完成电气互联。而 LED 植物灯封装则是完成输出电信号，维护管芯正常工作，输出可见光的功能，既有电参数，又有光参数的设计及技术要求，无法简单地将分立器件的封装用于 LED 植物灯。

LED植物灯的核心发光部分是由p型和n型半导体构成的PN结管芯，当注入PN结的少数载流子与多数载流子复合时，就会发出可见光、紫外光或近红外光。但PN结区发出的光子是非定向的，即向各个方向发射有相同的概率，因此，并不是管芯产生的所有光都能够释放出来，这主要取决于半导体材料质量、管芯结构及几何外形、封装内部结构与包封材料，应用要求提高LED的内、外部量子效率。

常规Φ 5 mm型LED植物灯封装是将边长0.25 mm的正方形管芯粘结或烧结在引线架上，管芯的正极通过球形接触点与金丝，键合为内引线与一条管脚相连，负极通过反射杯和引线架的另一管脚相连，然后其顶部用环氧树脂包封。植物灯反光杯的作用是搜集管芯侧面、界面发出的光，向期望的方向角内发射。顶部包封的环氧树脂做成草帽外形，有这样几种作用：维护管芯等不受外界侵蚀；采取不同的外形和材料性质，起透镜或漫射透镜功能，控制光的发散角；管芯折射率与空气折射率相关太大，致使管芯内部的全反射临界角很小，其有源层产生的光只有小部分被取出，大部分易在管芯内部经多次反射而被吸收，易发生全反射导致过多光损失，选用相应折射率的环氧树脂作过渡，提高管芯的光出射效率。用作构成管壳的环氧树脂须具备耐湿性，绝缘性，机械强度，对管芯发出光的折射率和透射率高。

选择不同折射率的封装材料，封装几何外形对光子逸出效率的影响是不同的，发光强度的角分布也与管芯结构、光输出方法、封装透镜所用材质和外形有关。若采取尖形树脂透镜，可使光集中到LED植物灯的轴线方向，相应的视角较小；如果顶部的树脂透镜为圆形或平面形，其相应视角将增大。

2. 人工光利用型植物工厂中可以选择的补光灯种类

针对植物工厂不同应用途径的要求，已经开发出了管状、板式等多种形式的LED光源装置，供生产用户使用。

①管状LED光源装置。为了更好地与T8、T5荧光灯灯管互换，目前已经研制出可替代T8、T5荧光灯的管状LED光源。这类光源由灯架、灯管、灯头等组成，灯架内安装有特定的整流器，可直接将220V交流电转化成可供LED使用的直流电，灯架两端各封接一个电极，并设置与普通荧光灯管同样标准的灯头，在完全不改变其他结构的条件下，就可用管状LED光源直接替换现有的荧光灯，安装使用方便。这种管状LED光源，是在灯架内表面按一定比例均匀设置660 nm红光、450 nm蓝光和730 nm远红光LED灯珠，根据光环境优化参数的研究结果进行合理配置，如生菜栽培设定LED红光/蓝光/远红光（R/B/FR）的比例为8 ∶ 1 ∶ 1，黄瓜育苗设定R/B/FR的比例为7 ∶ 1 ∶ 1等。管状LED光源装置可以独立应用于植物工厂的生产，也可与荧光灯配合使用。管状LED光源装置是植物工厂应用最为普遍的光源系统，既可用于叶菜栽培和育苗等，也可以用于植物组培、果菜类作物补光灯等。

②板式LED光源装置。板式LED平面光源也是植物工厂重要的光源形式之一，由超高亮度的红光LED和蓝光LED两种光源组成，其中红光LED的峰值波长为660 nm，蓝光LED的峰值波长为450 nm，通过板面设计进行均匀交叉分布。为保持温度相对恒定，在光源板中部设有温度传感器，对光源板的中央温度进行实时监控，采用专用散热片与轴流

风扇结合进行散热，以提高 LED 的工作效率及稳定性。光源的发光强度采用 PWM 控制方式，红、蓝 LED 两种光源的发光强度可实现分别调控，以满足不同植物对光环境的需求。LED 光源板可以用于植物工厂的叶菜栽培、育苗等，也可以用于植物组培等。如图 8–11 所示。

有研究表明，光源板的温度对光照参数影响明显，在不启动轴流风扇散热的情况下，当光源板的温度从 25 ℃上升至 55 ℃时，红蓝两种 LED 光源的发光强度均呈线性递减趋势；但发光强度随温度的升高减少幅度不大，减少程度＜ 10%。且实际运行过程中在启动轴流风扇散热时，光源板的最高温度一般 38 ℃，对光源板的性能及植物生产的效果影响并不显著。

图 8–11　LED 光源板

③LED 光源控制方式及效果。LED 光源装置与计算机之间采用 RS–485 通信方式连接，通过外接计算机调控 LED 光源板的发光强度、发光频率及开关时间。LED 光环境调控装置另外还外接一个控制盒，单色光的发光强度、发光频率可通过控制盒实现手动控制。LED 光环境调控装置实行 PWM 控制方式，其占空比与 LED 光源的发光强度之间呈线性关系。因此，在进行不同红蓝光比例（R/B）调控时，可以按照控制比例计算对应的占空比，实现单色光发光强度的调节。

（五）使用植物补光灯的注意事项

①不要在作物刚移植之后就开始使用补光灯，应在作物缓苗后再正常使用。

②作物在停止喷洒农药后应停止使用补光灯 24 h。

③不建议在中午日照强烈的时候使用补光灯。

④补光灯中心光源应与植物平均高度保持一致。

⑤作物在使用补光灯时应加强水肥、温度、打尖等管理，应及时根据实际情况进行调整。

⑥对于易发生徒长的作物如：草莓、冬枣、葡萄等作物，在使用补光灯时应该严格控苗、剪枝，避免徒长现象的发生。

⑦请不要用眼睛长时间盯着补光长灯的光源看。

⑧补光灯在大棚中安装完成后，应在架子底部用重物加固，防止被风吹倒。

⑨请不要将补光灯长时间断电。

⑩补光长灯电源接通后，请用防水胶带把电源接口处缠住，防止短路。

⑪根据作物的光照需求进行适当补光照射，切勿对非喜光作物或作物不宜补光阶段进行长时间补光。

⑫根据目的合理使用补光灯，花卉作物在生长期使用补光灯可促使花蕾的形成和早开花；而在已开花作物上使用补光灯会加快花卉的凋谢和结果。

二、材料准备

（一）植物工厂应用补光措施的分析

调查、查阅相关补光灯的资料，并做好记录与分析，为在植物工厂中运用补光灯奠定坚实的理论基础。

（二）搜集相关案例资料

通过网上以及实地调研采访等途径，搜集相关案例资料，进行整理，为植物工厂补光灯选择提供借鉴。

三、工具准备

笔记本和笔、笔记本电脑、模拟实验工具（植物生长模拟软件，如 Plant Simulation 等，用于模拟不同光环境下植物生长的情况；虚拟实验平台，如 Virtual Grower，可用于测试不同光照方案对植物生长的影响）、图书和学术文献等；植物工厂的补光设备；实验室设备，如光照度测量仪、光谱仪等。

四、人员准备

人员分组，每组 4 人。明确职责分工。

人员分工

任务角色	任务内容
组长：	任务：
组员 1：	任务：
组员 2：	任务：
组员 3：	任务：

任务实施

步骤一：了解植物工厂的光环境要素。收集并分析植物工厂中的光照情况，包括自然光源的情况、光周期变化、光强度分布等，以便更好地选择合适的人工光源。

步骤二：认识植物工厂可以使用的主要人工光源种类，挑选合适的补光灯。查找相关的案例资料。对每种人工光源种类进行详细了解，包括其光谱特点、辐射范围、能效比、寿命等，结合植物需求和生长阶段选择合适的补光灯。

步骤三：记录补光灯的作用、人工光源种类、植物补光灯的注意事项等信息。

步骤四：实地参观考察当地小型植物工厂，搜集已有的人工补光系统选择和使用案例，以及使用不同类型补光灯的实践经验，分析其效果和适用性，为选择合适的补光灯提供参考。

步骤五：制订混合光利用型小型植物工厂的人工补光系统设计方案。

步骤六：任务总结。

任务检测

请扫码答题。

任务评价

工作任务完成过程评价

班级：________　组别：________　姓名：________

项目	评分标准	分值	自我评价	小组评价	教师评价
基本素质	学习态度良好，学习积极性高	10			
	积极主动与老师、同学交流，相互尊重、理解。与老师、同学间能保持多向、丰富的信息交流	10			
理论知识	了解植物工厂作物生长需要的光环境要素及其对作物光合作用的影响	10			
	了解植物工厂使用的人工光源和可以选择的补光灯种类，补光灯的注意事项	10			
	了解混合光利用型小型植物工厂人工补光系统的光源选择和使用	10			
实操技能	能够有效利用网络、图书资源查找有用的相关信息，能将查到的信息有效地运用到学习中	10			
	能够在老师的带领下，按照预先准备的问题完成对当地小型植物工厂人工补光系统的实地调研学习	10			
	能够通过查阅的资料和调研的结果制定混合光利用型小型植物工厂的人工补光系统设计方案	10			

（续表）

项目	评分标准	分值	自我评价	小组评价	教师评价
思政表现	能从全局上筹划相关事项或行动的具体安排	10			
	能够树立良好的环境保护和生态保护意识	10			
合计		100			
自我评价与总结					
教师点评					

任务三　植物工厂营养液水肥一体化系统及调控

任务导入

某种植企业打算建设一个小型植物工厂，但企业管理人员对植物工厂的营养液水肥一体化系统调控不了解。请你根据相关知识，为他们制定一份小型植物工厂营养液水肥一体化系统调控方案。

任务工单

班级：＿＿＿＿＿＿＿＿　姓名：＿＿＿＿＿＿＿＿　学号：＿＿＿＿＿＿＿＿

任务名称	策划小型植物工厂营养液水肥一体化系统调控方案
任务描述	根据实际情况，填写本任务的内容、目的、流程和方法。 任务内容： 任务目的：

（续表）

<table>
<tr><td></td><td colspan="4">任务流程：

任务方法：</td></tr>
<tr><td>获取信息</td><td colspan="4">要完成任务，需要掌握相关的知识。请收集资料，回答以下问题。
1. 植物工厂内营养液水肥一体化系统的组成和工作原理是什么？

2. 营养液水肥一体化系统栽培的优势是什么？类别有哪些？

3. 营养液如何配制、稀释和管理？

4. 营养液水肥一体化系统调控需要解决什么问题？

5. 营养液水肥一体化系统调控的策略是什么？</td></tr>
<tr><td>制订计划</td><td colspan="4">根据学习任务，制订工作计划。</td></tr>
<tr><td rowspan="6">任务实施</td><td colspan="4">按照预先制订的工作计划，完成本任务，并记录任务实施过程。</td></tr>
<tr><td>序号</td><td>完成的任务</td><td>遇到的问题</td><td>解决办法</td></tr>
<tr><td></td><td></td><td></td><td></td></tr>
<tr><td></td><td></td><td></td><td></td></tr>
<tr><td></td><td></td><td></td><td></td></tr>
<tr><td></td><td></td><td></td><td></td></tr>
</table>

任务准备

一、知识准备

（一）认识营养液水肥一体化系统

营养液水肥一体化系统是一种集中供水、施肥和灌溉为一体的集成系统，其中水和营养液混合在一起供给植物的根部。这种系统可以有效地提供植物所需的水分和养分，减少浪费和污染。

1. 营养液水肥一体化系统的工作原理

①供水系统。水肥一体机通过水泵将水源中的水吸入系统，形成供水系统。供水系统

通常包括供水管、水泵、水箱或蓄水池、过滤器等设备，用于提供清洁的水源。供水系统的过滤器主要使用的是滤芯。滤芯能够将水中的杂质、颗粒、沉淀物等物质进行过滤，确保供水的清洁和安全。常见的滤芯材料包括活性炭、陶瓷、纤维膜等，根据不同的过滤需求，可以选择不同类型的滤芯来达到相应的过滤效果。滤芯价格根据不同的品牌和型号而异。一般来说，滤芯价格在几十元到几百元之间，具体价格需要根据所选购的具体型号来确定。建议在购买前咨询厂家或销售商，了解具体的滤芯价格信息。

②施肥系统。水肥一体机通过肥料箱和肥料溶解器将肥料与水混合后喷洒到农田中。施肥系统通常包括肥料箱、溶解器、喷淋系统等设备。

③灌溉系统。水肥一体机通过喷头、管道等设备进行灌溉。灌溉系统通常包括喷头、管道、阀门等设备。

④控制系统。水肥一体机通过控制系统对供水、施肥和灌溉进行自动控制。控制系统通常包括传感器、控制器、执行器等设备，用于监测和调节水肥一体机的运行状态。

通过水肥一体机，可以实现自动供水、施肥和灌溉，提高农田的灌溉效率和作物的产量。此外，水肥一体机还可以根据农田的土壤湿度、作物需水量等参数进行智能化控制，以确保作物得到适量的水肥供应，并减少水资源的浪费和肥料的使用量。

2. 营养液水肥一体化系统的组成要素

①水肥一体机设施。包括水池、配水管道、肥料储罐、肥料供给系统等设备，用于储存、配送和供给水肥。

②水源。可以是地下水、河流水、雨水等。

③肥料。包括氮、磷、钾等主要营养元素，以及微量元素和有机物质。

④肥料供给系统。负责将肥料从储罐中供给到植物的根系，包括肥料泵、肥料喷洒器、肥料控制阀等。

⑤传感器和监测系统。用于监测和控制水肥一体化系统中的环境条件和植物生长状态，包括 pH 值、溶解氧、温度、湿度等传感器。

⑥控制系统。根据传感器的反馈信息，对水肥一体化系统进行自动化控制，调节灌溉水的 pH 值、肥料浓度、供水量等参数。

⑦循环系统。包括循环水泵、过滤设备、反渗透装置等。用于回收和再利用营养液，减少排放和浪费。

⑧收集系统。包括沉淀池、滤池、污水处理设备等。用于收集和处理水肥一体化系统中产生的废水和废料。

⑨控制策略和管理方法。基于植物需求和环境条件，制定合理的水肥供应策略和管理方法，确保植物的生长和产量。

3. 营养液水肥一体化栽培的优势

水肥一体，主要就是利用营养液栽培（Cultivation of nutrient solution）这种方法来栽培植物，营养液栽培也简称水培。这种模式不用土壤作为培养基质，而是将作物直接种植在装有一定量营养液的栽培装置中，或是种植在以砂、珍珠岩、蛭石、砾石、炉渣、岩棉、稻壳、蔗渣等非天然土壤为基质材料、采用营养液灌溉的栽培床上。由于营养液栽培完全与土壤条件无关，避免了土壤栽培经常出现的根腐病等土传病害和盐类堆积，以及由此引起的各种病害，因此生产过程中不使用农药或少用农药，产品清洁无污染。而且，营养液栽培还可实现省工、节水、省肥，免去了土壤耕作的繁重劳动，改善了农业生产的劳动条件。因此，营养液栽培已经成为植物工厂重要的技术支撑。

（二）营养液栽培的方法与分类

现在有各种类型的水培系统，比常用的有 NFT（nutrient film technique），即营养膜技术；DWC（deep water culture），即深水培养；还有喷雾培养（spray culture）和滴灌系统（drip irrigation systems）。每个系统都有一定优势，适合不同的植物类型和生长条件。营养液栽培的方法很多，其分类方式也各不相同。根据栽培有无固体基质材料来划分，一般分为两大基本类型，即无基质栽培和固体基质栽培。

无基质栽培，即没有固定根系的基质，根系直接和营养液接触，主要包括水培和喷雾培养。水培技术中又分为深水培养（DWC）、营养膜技术（NFT）、浮板毛管栽培（Floating plate capillary cultivation，FCH）等。

固体基质栽培，即采用固定根系的基质材料，根系直接扎在基质上，依靠营养液滴灌施肥的栽培方式，固体基质栽培按基质材料的不同可分为无机基质和有机基质两大类。无机基质，包括岩棉、砂、石砾、蛭石、珍珠岩、炉渣等。而有机基质，包括锯木屑、蔗渣、草炭、稻壳、熏炭、树皮、麦秆等。一般固体基质栽培都是混合选用无机基质和有机基质，在固体基质栽培中，可根据不同植物的需求及生态环境的要求，选择珍珠岩、蛭石和草炭进行混合配比。常见的固体基质配比配方为珍珠岩：蛭石：草炭 = 1：1：1。这个比例可以提供较好的通气性和保水性，适用于大多数植物。珍珠岩是一种多孔的矿石，具有良好的通气性和保水性，可以增加根部的氧气供应以及保持土壤湿度。蛭石是一种内含大量微量元素的黏土矿物，有助于调节土壤酸碱度、保水性和通气性。草炭是一种天然有机质，具有良好的保水性和透气性，对于根系生长和保护有重要作用。以上这种配比比例仅供参考，实际配比可根据具体植物种类、生长阶段、环境要求及个人经验进行相应调整。当然，在人工光植物工厂中水培使用是较为普遍的，其中又以 NET 和喷雾培为典型代表。

还可以按照营养液的供给方式进行分类。根据培养液的供给方法不同，可分为循环利用营养液的封闭系统和按一定比例向外排出废液的非封闭系统两种形式。封闭系统中，NFT 是典型的循环利用营养液的系统，营养液在经过循环利用后回到营养液池（罐）中，经间歇停留或不停留能继续循环使用。对于一些固体基质培，通常是将培养液回收、过滤、消毒、补充营养后，再次循环利用。而非封闭系统中的非循环式栽培就是为了确保根部的养分平衡，将固体栽培基质内的培养液依照一定比例向系统外排放，但出于对环境保护的考虑，这种方式应逐步向封闭循环型转变。

（三）营养液的管理

营养液是营养液栽培技术中最重要的物质基础，是核心。营养液的组成、浓度直接影响作物生长发育的速率，关系到作物的产量、品质和经济效益。因此，营养液管理也是营养液栽培技术中的重中之重。针对具体的栽培作物，需要选择适宜的营养液配方、合理的养分浓度水平和配比，给予最优的酸碱度，并利用农业物联网对栽培过程中营养液的组分、性质进行检测和调控，是植物工厂生产的关键，也是保证作物产量和品质的重要措施。

1. 营养液中矿物元素的组成

营养液是由含各种矿质元素的化合物溶于水配制而成，是无土栽培作物所需矿质营养和水分的主要来源。其组成成分包括水和含矿质元素的化合物，有时也含有一些辅助物质。植物正常的生长必须有 16 种元素的合理供给，除碳、氢和氧可从空气和水中获得外，其余氮（N）、磷（P）、钾（K）、钙（Ca）、镁（Mg）、硫（S）等大中量元素和铁（Fe）、锰（Mn）、锌（Zn）、铜（Cu）、钼（Mo）、硼（B）、氯（Cl）等微量元素必须通过人为补充来供给。氮（N）元素可以促进植物生长和叶片绿色素的合成。磷（P）可以促进根系发育、提高植物的抗病能力和开花结果。钾（K）可以促进调节水分平衡、促进植物的光合作用、提高植物的抗逆性能。钙（Ca）可以促进构建细胞壁、维持细胞膜的稳定性。镁（Mg）可以促进构建叶绿素分子结构、参与光合作用。硫（S）可以促进组成一些植物蛋白质和酶的组成部分。铁（Fe）可以促进参与植物的光合作用和呼吸作用。锰（Mn）、锌（Zn）、铜（Cu）、钼（Mo）、镁（Mg）、氯（Cl）等微量元素可以促进参与植物的各种代谢活动和酶的活化过程。营养液的总浓度不宜超过 0.4%，对绝大多数植物来说，它们需要的养分浓度宜在 0.2% 左右。

2. 营养液组成原则

由于不同作物或同一种作物的不同品种的需肥情况不同，同一种作物在不同生育期的需肥规律也不一致，因此，以作物需肥规律为中心设计营养液的组成是确立营养液配方的首要原则。另外，需选择合适的化合物种类，以保证营养液中离子的生物有效性、溶液酸碱度的稳定性。最后，从成本上讲，除微量元素以外，氮（N）、磷（P）、钾（K）元素应该采用组成较为纯净的肥料即可。

举例说明。草莓育苗期的营养液配方可以参考以下较为纯净的肥料：硝酸铵 0.1 g/L、磷酸二氢钾 0.1 g/L、硫酸镁 0.1 g/L、硫酸铁 0.01 g/L、硫酸锰 0.01 g/L、硫酸锌 0.001 g/L、硼酸 0.001 g/L。草莓抽匍匐茎期的主要营养需求包括氮、磷、钾、微量元素等，所以草莓抽匍匐茎期的营养液配方一般可以参考如下：尿素、铵态氮肥等，含氮量为 1%~2%；磷酸二氢钾、磷酸一氢钾等，含磷量为 0.5%~1%；硫酸钾、氯化钾等，含钾量为 1%~2%；添加螯合态微量元素混合肥 EDTA，如含有微量元素锌、锰、铜、铁等的复合肥，用量根据具体产品说明。

3. 营养液氮素的选择

氮是作物需求量最大的元素，其有效供给形态有无机态氮和有机态氮两种。目前在营养液栽培中主要以无机态氮为主。无机态氮包括铵态氮和硝态氮。就有效性而言，两种复形态都是非常有效的氮源，但由于两者在植物体内同化机理不同，对营养液酸碱度的影响也不同，如硫酸铵和氯化铵均为生理酸性盐，铵离子被吸收同化的同时作物的根系释放出等量的氢离子，导致根际酸化，甚至使溶液的酸碱度下降。氢离子释放量与铵离子的吸收量大致呈 1 ∶ 1 的关系。硝酸钠、硝酸钾和硝酸钙为生理碱性盐。硝态氮在体内同化时作物根系向根际释放氢氧根离子，可使酸碱度上升。另外，选用何种氮素还要考虑植物的种类。一般来说，适应于酸性土壤上生长的嫌钙植物和适应于低氧化还原电位土壤条件的植物嗜好铵态氮；相反，喜钙的植物（偏爱在高酸碱度石灰性土壤生长的植物）则优先利用硝态氮。对一般作物而言，同时使用两种氮肥形态往往能获得较高的生长速率与产量。

4. 营养液的配制

（1）配制原则

为了保证营养液内各元素对植物的有效性，在进行营养液配制过程中应遵循一定的原则。营养液的配置原则主要包括以下 6 点。

①基础营养元素。营养液应包含植物生长所需的基本营养元素，包括氮（N）、磷（P）、钾（K）、镁（Mg）、钙（Ca）等。这些元素是植物进行光合作用和生长发育的基础。

②比例平衡。营养液中的各种元素应该按照一定的比例配制，以满足植物的生长需要。一般来说，氮、磷、钾的比例为 3 ∶ 1 ∶ 2 或 4 ∶ 1 ∶ 2，具体比例也可以根据不同植物的需求进行调整。

③微量元素。营养液中还应包含一些微量元素，如锌（Zn）、铁（Fe）、铜（Cu）、锰（Mn）、硼（B）、氯（Cl）等。虽然这些元素的含量较少，但对植物的生长发育也非常重要。

④ pH 值调节。营养液的 pH 值也需要控制在一定范围内，通常为 5.5~6.5。不同植物对于 pH 值的要求有所不同，因此可以根据实际情况调节 pH 值。

⑤浓度控制。营养液中的营养元素浓度也需要合理控制，一般来说，营养液的 EC（电导率）值应控制在 1.0~2.0。过高的浓度可能导致植物烧叶或者根系腐烂，过低的浓度则会导致植物生长不良。任何全营养液配方中都含钙、镁、锰和铁等阳离子，以及硫酸根和磷酸根等阴离子，彼此结合有可能产生沉淀。在特定的温度和 pH 条件下，当其中的某些阴阳离子间的离子浓度累积超过其组成化合物的浓度时，就会产生沉淀，降低溶液中的离子浓度。因此，在化合物的选择、浓度设置上应考虑是否会产生沉淀这一因素。另外，在配制过程中，先将营养物质分类配制成母液是防止沉淀的有效方法。

⑥水质。水质也是影响营养液质量的重要因素。应在尽量降低成本的条件下，选用较高质量的水源。水质的衡量主要通过水的硬度、pH 和氯化钠含量等指标来反映。水的硬度是指水中溶解的钙和镁离子的含量。水的硬度通常分为两种类型：临界硬度和总硬度。临界硬度是指水中钙和镁离子浓度的总和，通常以毫克 / 升（mg/L）或以千克 / 立方米（kg/m^3）表示。总硬度是指水中溶解钙和镁离子浓度的总和，并且还包括其他离子，如铁、锌等含量。所以，一般要求水的硬度以不超过 10 mg/L 为宜，pH 值应在 5.5~7.5，氯化钠的含量应小于 2 mmol/L。在这些指标中，水的硬度大小是最重要的一项指标，直接影响到营养液质量。当水的硬度过高，即钙和镁离子的总浓度本底值很大时，很难配制出高质量的营养液。

总之，营养液的配制应综合考虑植物的生长需求、种类、生长阶段以及环境条件等因素，根据需要进行适当的调整和优化。

（2）配制技术

在实际生产中，营养液的配制方法主要有两种：母液稀释法和直接配制法。

学习母液稀释法前，必须先要清楚地知道，作为植物需要元素最多的氮素，氮素的选择主要有两大类：一类是以硫酸铵和氯化铵为代表的生理酸性盐；另一类是以硝酸钠、硝酸钾和硝酸钙为代表的生理碱性盐。这两类与其他化合物组合，就必须要考虑几种化肥混合后是否会产生沉淀，所以在配制过程中，为了防止配制时产生沉淀，一般把钙源和磷源分开，把不会产生沉淀的硝酸钙和硝酸钾归为一类，把磷酸一铵和硫酸镁归为一类，通常把它们分为 A、B、C 三类（如山崎草莓营养液配方），A、B、C 三类即 A 液、B 液、C 液。A 液以钙盐为中心，凡不与钙盐形成沉淀的化合物均可放在一起溶解配制。B 液以磷酸盐为中心，凡不与其产生沉淀的化合物可放在一起。C 液将微量元素放在一起配制。母液配制完成以后，为了保证营养液的质量，可加入浓度为 1 mol/L 的硫酸或硝酸酸化至 pH 值 3~4。另外，C 液最好存放在棕色的容器中。

根据营养液配方和栽培规模计算各元素化合物的需要量，并确定母液的稀释倍数。A 液、B 液、C 液母液的配制具有一定的原则，即按照不易产生沉淀的化合物混配的原则进行。配制营养液的盐类中，硝酸钙易与其他化合物起化合反应，因而硝酸钙母液宜单独存贮。在大面积生产时，一般先配制母液，然后再进行稀释。在栽培需要时，将母液按稀释倍数稀释成工作溶液，大量元素母液浓度一般比植物能直接吸收的营养液浓度高 100 倍，微量元素母液浓度比稀释营养液浓度高 1 000 倍。

比较而言，母液稀释法具有一定的优越性。具体表现为：方法简便，易操作，工作量小，通过一次配制浓缩母液，可满足一定栽培规模作物较长时间的营养需要；易于保存，可很好地保持溶液中离子的生物有效性。可以通过对母液 pH 值进行调节的办法，减缓甚至可防止营养元素的无效化过程，尤其是对铁元素最为有效。

无土栽培营养液母液的配制技术过程通常包括以下几个步骤。

①准备原料。根据植物的生长需求，选择适合的肥料原料和微量元素原料。常见的肥料原料有 A 液用到的四水硝酸钙、硝酸钾；B 液用到的磷酸氢二铵和七水硫酸镁；C 液用到的有四水硫酸锰、无水硫酸铜、七水硫酸锌、EDTA-2NaFe、硼酸、四水钼酸铵等。

②称量和混合。按照一定比例称量所需的肥料原料和微量元素原料，并将其放入容器中。准备适量的水，通常使用去离子水或蒸馏水，以避免水中的杂质对营养液的影响。通过搅拌或机械混合等方式，将原料充分混合均匀。山崎草莓配方中，每一升水（1 000 mL）中融化四水硝酸钙 236 mg、硝酸钾 303 mg；磷酸氢二铵 57 mg、七水硫酸镁 123 mg；EDTA-2Na Fe 20~40 mg、硼酸 2.86 mg、四水硫酸锰 2.13 mg、七水硫酸锌 0.22 mg、无水硫酸铜 0.08 mg、四水钼酸铵 0.02 mg。

③调节 pH 值。根据植物的生长需要，调节母液的 pH 值。通常情况下，营养液的 pH 值应在 5.5~6.5，可以使用酸性物质（如酒石酸、柠檬酸等）或碱性物质（如碳酸氢钠）进行调节。

④过滤和消毒。将混合好的母液通过过滤器进行过滤，去除其中的固体杂质。然后使用紫外线灯、臭氧等方式进行消毒，以杀灭其中的病菌和病毒。

⑤储存和使用。将处理好的母液储存在密封容器中，避光、防潮、防冻保存。在使用时，根据植物生长阶段的需要，在适量的水中稀释母液，得到最终的营养液。

需要注意的是，在配制母液的过程中，应遵循科学配方和合理施肥原则，根据不同植物的生长需要进行配制，避免过量或不足营养的情况发生。且配制过程中要注意个人防护，避免肥料和微量元素原料的直接接触身体，以免引起皮肤过敏或中毒等情况。

直接配制法是直接按需要称取各营养元素的化合物配制成工作溶液。无论何种方法，均应在一定程度上保证营养液的质量。直接配制法主要是体现了即配即用的原则，但也存在一些不足。在配制过程中很容易因一次加入的营养元素化合物过多，搅拌不及时，生成沉淀或溶解不彻底。

5. 母液稀释法营养液的稀释

以下是无土栽培营养液母液稀释的配制技术过程。

①准备所需原料和工具：包括 ABC 三种浓缩液、去离子水或蒸馏水、称量器具、搅拌器、水肥一体机的储水桶等。

②往水肥一体机的储水桶泵入适量的水。通常使用水肥一体机的触摸屏控制，A 母液、B 母液是大量元素母液，稀释比为 1 ：100，微量元素 C 母液稀释比为 1 ：1 000。

③根据营养液的比例，称量所需的 ABC 三种浓缩液，然后将它们依次加入到 A\B\C 储水桶中。

④使用搅拌器充分搅拌溶解营养母液，确保各种营养母液均匀溶解在水中。搅拌时间一般为 10~15 min。将其稀释到所需的浓度。在稀释过程中，可以逐渐加入稀释水，同时进行搅拌，直到达到所需的浓度。

⑤完成稀释后，最好对制备的营养液进行 pH 值的测试和调整。营养液的 pH 值通常在 5.5~6.5 较为适宜。

⑥最后，将制备好的营养液倒入存放容器中，并密封保存。注意，存放容器应使用耐腐蚀性能强的材料制作，以免产生溶液的污染或溢漏。

（四）营养液水肥一体化系统调控需要解决的问题

1. 营养液配比与循环控制问题

如何确保营养液中的水、肥料和其他营养成分的合理配比？这涉及控制不同营养元素的浓度和比例，以满足不同植物生长阶段的需求。同时，需要设计合适的循环系统，确保营养液能够循环使用，减少浪费，同时保持稳定的养分供应。

2. 水质与环境监控问题

水质直接影响到植物的生长和品质。因此，需要建立水质监测系统，及时检测水中的 pH 值、电导率、溶解氧等指标，并根据监测结果调整水质，确保其符合植物生长的要求。同时，需要监控环境因素，如温度、湿度等，以保持合适的生长环境。

3. 自动化控制与智能化管理问题

人工光利用型植物工厂通常需要大规模种植，并且需要全天候监控和调控。因此，需要设计并实现自动化的控制系统，通过传感器和执行器实时监测和调节营养液水肥一体系统，以实现对植物生长环境的智能化管理，提高生产效率和质量。这里就涉及营养液中营养元素的调配技术与装备研制。

解决这三个关键问题将有助于提高人工光利用型植物工厂的生产效率、节约资源、保障植物健康生长，进而推动现代农业的发展。

（五）营养液水肥一体化系统调控策略

1. 营养液中营养元素的调配技术

对封闭式无土栽培系统而言，在植物吸收营养液利用后，其养分组成会发生明显变化，系统中营养元素的数量及比例已不再适宜于所栽培植物的需求，必须进行养分的补充和调配。一般是通过检测 EC 和 pH 值等相关参数，按照营养液的调节和控制技术的方法来进行。近年来，随着营养元素专用传感器技术的发展，在线检测技术取得了很大进展，部分营养元素已经可以实现在线检测与实时调配，预计在不久的将来，植物工厂有望实现对各种单一营养元素的在线检测与智能化调配。

2. 微生物去除技术

营养液微生物的去除技术是封闭式无土栽培系统的核心，目前，国内外营养液微生物去除方法主要有臭氧杀菌、紫外线杀菌、高温消毒等消毒方法，但多数物理方法，如臭氧杀菌、紫外线杀菌和高温消毒等不仅杀死了有害微生物，也杀死了有益微生物，因此应针对不同需要加以选用。

①臭氧杀菌。臭氧是一种非常强的氧化剂，几乎可以与所有活体组织发生氧化反应。如果有足够的曝气时间和浓度，臭氧可以杀灭水中的所有有机体。因此，国内外在利用臭氧对营养液消毒方面，进行了很多研究，但臭氧消毒也存在速度慢、效果不稳定等缺点。

②紫外线杀菌。紫外线杀菌是通过紫外线对微生物进行照射，以破坏其机体内蛋白质和 DNA 的结构，使其立即死亡或丧失繁殖能力。紫外线消毒的使用剂量因杀灭对象的不同而异。紫外线消毒的效果受营养液中透射因子的影响，隐藏在悬浮颗粒背后的病菌难以被杀死。

③高温消毒。加热消毒方法具有消毒彻底、栽培风险小等优点，但也存在设备及运行成本高等缺点。研究表明将营养液加热到 85 ℃并滞留杀菌 3 min，或加热到 90 ℃滞留杀菌 2 min，可以实现对营养液的彻底消毒。

④联合消毒。单独采用臭氧或紫外线的方法对营养液进行灭菌，都存在一定的缺陷，因此，也有采用“臭氧 + 紫外线”来处理营养液，扬长避短，发挥各自优势，从而达到更好的灭菌效果。

3. 自毒物质去除技术

营养液长期循环使用，根系分泌及根系残留物分解释放的自毒物质累积于营养液中，对植物的生长会产生抑制作用，造成植物减产、品质下降。因此，为了使植株健康生长，保证作物的高产优质，营养液中自毒物质的去除显得尤为重要。目前，营养液自毒物质的去除主要有更换营养液法、活性炭吸附法、膜分离技术法、生物降解技术法、氧化还原反应等方法。

①更换营养液法。更换营养液法是指在营养液利用一段时间后，通过更新营养液的方法去除原来营养液中的自毒物质。很明显，此方法不适合封闭式无土栽培方式。

②活性炭吸附法。活性炭具有较大的比表面积和吸附能力，可以有效地吸附营养液中的自毒物质。将活性炭直接添加到营养液中，通过静置或搅拌一段时间后，再将活性炭过滤或离心去除，可去除部分自毒物质。活性炭在吸附有机物质的同时也会吸附一部分养分

（尤其是磷），造成营养液中养分比例失衡，加剧了营养液智能控制的难度。

③膜分离技术法。利用膜的选择渗透性，通过营养液与膜之间的质量传递，将自毒物质从营养液中分离出来。常用的膜分离技术包括超滤、逆渗透等。

④生物降解技术法。通过添加特定的微生物或酶，促进自毒物质在营养液中降解和转化为无毒物质。这种技术适用于一些有机污染物的处理。

⑤氧化还原反应。通过添加氧化剂或还原剂，促使自毒物质发生氧化还原反应，将其转化为无毒物质。常用的有氯酸钠、过氧化氢等。

需要根据具体的自毒物质成分和含量，结合以上技术进行选择和组合，以达到对营养液中自毒物质的有效去除。同时，还需要在使用这些技术的过程中注意操作条件和对废水的处理，以避免对环境造成污染。

二、材料准备

（一）植物工厂营养液水肥一体化系统及调控的分析

调查、查阅营养液水肥一体化系统相关的资料，并做好记录与分析，为在植物工厂中正确调控营养液水肥一体化系统奠定坚实的理论基础。

（二）搜集相关案例资料

通过网上以及实地调研采访等途径，搜集相关案例资料，进行整理，为策划小型植物工厂营养液水肥一体化系统调控方案提供借鉴。

三、工具准备

笔记本和笔、笔记本电脑、网络资源、模拟实验工具（水培栽培模拟软件，如HydroBuddy等，用于模拟营养液的配方和水肥一体化系统的设计；虚拟实验平台，如Virtual Grower，可用于测试不同水肥管理方案对植物生长的影响；植物生长模拟软件，如Plant Simulation等，用于模拟不同水肥一体化系统的设计和管理方案）、图书和学术文献等；水培设备和材料，如水槽、水泵、氧气供应装置、营养液配制工具等；实验室设备，如pH计、电导率计、光照度测量仪等。

四、人员准备

人员分组，每组4人。明确职责分工。

人员分工

任务角色	任务内容
组长：	任务：
组员1：	任务：
组员2：	任务：
组员3：	任务：

任务实施

步骤一：了解植物工厂的营养液水肥一体化系统的组成和工作原理。

步骤二：掌握植物工厂营养液的配制原则，学习营养液的配制技术，包括母液稀释法的具体步骤和操作技巧。

步骤三：研究营养液水肥一体化系统的调控方法和策略，包括营养液的配制、pH 值和电导率的调节、肥料供应的控制等。调查植物对不同营养元素的需求和吸收规律，以及如何通过水肥一体化系统来满足植物的营养需求。

步骤四：实地参观考察当地小型植物工厂，搜集已有的营养液水肥一体化系统建设和使用案例，以及使用注意事项和调控策略的实践经验，分析其效果和适用性，为策划合适的调控方案提供参考。

步骤五：制定小型植物工厂营养液水肥一体化系统调控方案。

步骤六：任务总结。

任务检测

请扫码答题。

任务评价

工作任务完成过程评价

班级：________ 组别：________ 姓名：________

项目	评分标准	分值	自我评价	小组评价	教师评价
基本素质	学习态度良好，学习积极性高	10			
	积极主动与老师、同学交流，相互尊重、理解。与老师、同学间能保持多向、丰富的信息交流	10			
理论知识	了解植物工厂营养液水肥一体化系统的组成和工作原理	10			
	了解植物工厂营养液的管理，营养液水肥一体化系统的使用注意事项和调控策略	10			
	了解小型植物工厂如何调控使用营养液水肥一体化系统	10			

（续表）

项目	评分标准	分值	自我评价	小组评价	教师评价
实操技能	能够有效利用网络、图书资源查找有用的相关信息，能将查到的信息有效地运用到学习中	10			
	能够在老师的带领下，按照预先准备的问题完成对当地小型植物工厂营养液水肥一体化系统的实地调研学习	10			
	能够通过查阅的资料和调研的结果制定小型植物工厂营养液水肥一体化系统调控方案	10			
思政表现	能从全局上筹划相关事项或行动的具体安排	10			
	能够树立良好的环境保护和生态保护意识。	10			
合计		100			
自我评价与总结					
教师点评					

任务四　植物工厂的维护与管理

任务导入

某农业企业的植物工厂建造运营后，管理人员发现栽培的作物生长状态总不是那么良好，相对于其他植物工厂同类作物栽培的效果差强人意。管理人员分析了各种可能导致的因素，最后总结出可能是平时没有做好植物工厂使用的维护和保养所致，请你结合所学知识，为管理人员制定一份针对植物工厂的使用维护保养及管理方案，为解决他们的问题做参考。

任务工单

班级:____________ 姓名:____________ 学号:____________

<table>
<tr><td>任务名称</td><td colspan="4">对植物工厂进行使用维护保养与管理</td></tr>
<tr><td>任务描述</td><td colspan="4">根据实际情况，填写本任务的内容、目的、流程和方法。
任务内容：

任务目的：

任务流程：

任务方法：</td></tr>
<tr><td>获取信息</td><td colspan="4">要完成任务，需要掌握相关的知识。请收集资料，回答以下问题。
1. 植物工厂的结构布局和作物栽培工艺流程是怎样的？

2. 植物工厂是如何对作物生长进行监测和调节的？

3. 植物工厂的营养液水肥一体系统是如何维护和管理的？

4. 植物工厂的病虫害是如何防治维护的？</td></tr>
<tr><td>制订计划</td><td colspan="4">根据学习任务，制订工作计划。</td></tr>
<tr><td rowspan="6">任务实施</td><td colspan="4">按照预先制订的工作计划，完成本任务，并记录任务实施过程。</td></tr>
<tr><td>序号</td><td>完成的任务</td><td>遇到的问题</td><td>解决办法</td></tr>
<tr><td></td><td></td><td></td><td></td></tr>
<tr><td></td><td></td><td></td><td></td></tr>
<tr><td></td><td></td><td></td><td></td></tr>
<tr><td></td><td></td><td></td><td></td></tr>
</table>

任务准备

一、知识准备

（一）植物工厂的重点区域与结构

在植物工厂中从事作物栽培前，一般先要熟悉植物工厂内部的四大重点区域，即组培播种区、育苗区、生产收获区和包装储藏区。例如京鹏植物工厂，主体结构为南北排跨，平面设计像艘远洋巨轮，如图 8-12 所示。内部分区包含一个小型人工光利用型植物工厂，引入 LED 栽培箱。组培播种区北侧区域由西向东依次为：控制室、催芽室、闭锁型育苗室、人工光利用型植物工厂。组培播种区南侧区域由西向东依次为化验室、接种组培室、LED 栽培箱、精密播种育苗、移栽生产线、人工光灌溉施肥首部区等。

1—接待控制室；2—催芽室；3—密闭型育苗室；4—人工光利用型植物生产车间；5—气闸室；6—施肥首部；7—气闸室；8—包装区；9—成品菜库；10—种子库；11—果菜生产车间；12—叶菜生产车间；13—炼苗车间；14—移栽机；15—育苗生产线；16—水处理间；17—培养室；18—药品室；19—接种室；20—化学分析室；21—更衣室；22—缓冲间。

图 8-12　植物工厂平面结构示及实景外观

（二）植物工厂作物生产工艺流程

若按照作物从种子到收获、上市全过程的生产要求，其基本工艺流程包括：播种前对栽培床进行消毒、种子处理、播种与催芽、育苗、炼苗、移栽定植、收获、包装与贮藏、上市等，这些流程都是在人工可控的环境下进行的，而且还必须保证蔬菜洁净无污染工艺的要求，其系统结构将围绕这一目标来设计（表 8-2、表 8-3）。

表8-2 植物工厂作物生产流程及说明

序号	流程	具体说明
1	播种前对栽培床进行消毒工作	如采用基质栽培，在播种前选择甲醛（福尔马林）消毒。每平方米用40%福尔马林30~50 mL加水1.5~2.5 L，即将40%的原液稀释50倍，用喷雾器将基质均匀喷湿，所需药液量一般为20~40 L/m^{3}基质。最后用塑料薄膜覆盖封闭24~48 h后揭膜，将基质摊开，风干2周或暴晒2 d后，达到基质中无甲醛气味后方可使用。要求工作人员戴上口罩，做好防护工作。 和自然水体类似，营养液中可能出现的有害生物包括病原微生物（细菌、真菌）、浮游动植物（藻类、原生动物）、线虫等，可通过种子、水、空气、基质、器具、人工操作等途径进入栽培系统。与藻类相比，病原菌对植物影响较大。如采用营养液栽培，则要对营养液管槽以及营养液本身进行消毒处理。使用Oxytech/奥克泰士消毒剂对水培液进行消毒，以防止植物根腐病和其他病害，其主要成分过氧化氢作用后分解成水和氧气，对植物没有任何伤害和残留。痕量的银离子，具有长期的抑菌作用
2	对种子进行处理	种子播种前，先对种子进行温汤浸种处理。把种子放在阳光下暴晒3~5 h，然后再将种子放入一个干净的玻璃烧杯瓶子，先放入20 ℃常温水浸泡15 min，再往瓶子倒入45~50 ℃温开水，瓶内水温要保持在55 ℃，水量是种子量的5~6倍，然后要不断搅拌，并及时补充热水，使水温维持在所需温度之内达10~15 min。随后让水温逐渐下降，浸泡5 h让种子充分吸收水分，沉在瓶子底部的都是一些颗粒饱满的好种子。通常瓜类种子依种壳薄厚相应调整浸泡时间，像黄瓜、南瓜和甜瓜种子浸泡8~12 h，生菜种子浸泡3~4 h。可参照表8-3
3	播种催芽	如果采用穴盘育苗，就需要准备好消毒过的穴盘，并把消毒好的基质提升装料，把穴盘接连不断地送到机器的传送带上，把处理过的种子放到播种机，播种机能自动给穴盘填充基质并刷平，在穴盘的每个穴位中央压出一个浅坑，同时把基质压实。受光电感应控制，播种机精确在每个穴中央点播一粒种子，再覆盖薄的一层基质，最后把穴盘多余基质刮平并第一次浇水，穴盘底孔刚刚有水为宜。把播了种的穴盘送催芽室。 水培一般先准备种植海绵块，将种植海绵垫浸泡在有营养液的箱板内，使种植海绵垫吸饱营养液。播种操作可以人工完成，将种子放入到每个海绵垫的穴孔内，一般根据海绵垫的尺寸，计划N行N列切割海绵播种，人工操作特别要注意播种的深度。也可以通过操作专用机械即板式育苗播种机播种，板式播种机由两层漏种板交叉而成，先将种子撒在上层板上，一孔一粒，多余流到板子边缘。将漏种板与育苗箱对齐。播种后，将吸足营养液的海绵垫苗盘，置放在多层栽培床上，最顶层的一盘要加上盖子以遮光，送催芽室。 送到催芽室后，催芽2~5 d后，有50%左右种子“露白”即可出催芽室。要密切注意催芽室内的环境条件，各种蔬菜种子的发芽，对温度都有一定的要求，还要吸收足量的水分才能发芽，因此要注意温湿度。不同种类种子发芽对光照的反应是有差异的，有些需要光照，有些又需要黑暗无光。如蔬菜种子属于需光型，茄果类种子属于嫌光型

（续表）

序号	流程	具体说明
4	育苗	在催芽室2~5 d后，种子有“露白”，就可以将穴盘移动至育苗间，整个育苗过程而言，就是在保证育苗间环境条件准备就绪下，使苗绿化。育苗就是培育幼苗的意思。俗话说“苗壮半收成”。育苗是一项劳动强度大、费时、技术性强的工作，整个育苗期是工厂最重要的时期。在幼苗期，只有做好对种苗的环境调控、肥水控制、控制徒长、病虫害防治等方面的工作，才能培育出高质量的商品种苗。 前期育苗管理的目标在于控制秧苗的株高，培育均匀分布的根系。利用植物工厂的环境控制系统、水肥控制系统来控温、控水、使用抑制剂、较高的肥料浓度等，不同的季节、不同的蔬菜需要的温度和植物生长调节剂的数量不同。前期要注意控制植物株高。 中后期育苗管理的目标是在保证花芽分化良好的基础上充分利用光热资源，提高秧苗的生物量，尽快成苗。此期的措施就是提高温度、保证供水供肥。在秧苗生长中期，要继续每天检查秧苗的根系情况和基质湿度，按需要浇大水或中度浇水。苗床的边行容易缺水，这时要经常调换穴盘的位置。摸到叶片发软时，可用花洒桶补水，不要等到茎秆发软歪倒。后期的浇水量较大，具体的水量更主要的是看秧苗的需水量，无法再考虑根系的分布。随着秧苗的生长，逐渐增加肥料的浓度，以秧苗的颜色为基本依据
5	炼苗	在传统育苗情形下，当种苗长出3~6片真叶时，即可进行种苗移植，但种苗移植前应进行炼苗。由于穴盘种苗生长的整个过程都是在温室环境下，这样的种苗又脆又嫩，不耐运输，如果直接移植到条件多变的自然环境中，则会因为种苗生长环境变化大而无法适应，造成幼苗缓苗期长甚至死亡。因此，穴盘种苗在出圃前必须进行炼苗。 在这个阶段，主要是为种苗的移栽或包装、运输作准备，使种苗通过炼苗而能适应新的环境。炼苗的基本方法是：逐渐加强通风频率，炼苗时应加强光照和通风，对水肥进行适度的控制，控制幼苗高度，防止叶斑病的发生，叶面喷施钙镁肥料，使叶面浓绿，提高幼苗抗性。通过1~2周的炼苗，让种苗逐渐适应长途运输和大田的自然生长环境，以达到炼苗的目的。经过炼苗后的种苗能适应长途运输，并能提高种苗移植后的成活率。夏季育苗，还要逐渐缩短遮阳时间，降低遮阳强度，让种苗适应强光照等自然条件
6	移栽定植	炼苗结束后，将植株连同穴盘一同移植到新的工厂进行定植，通过人工将小植株定植于带孔的栽培浮板上，在人工光环境下经过3周左右的培育，叶菜类蔬菜就可以收获。如果研究采用人工光源进行补光作业，目前主要为荧光灯或发光二极管（LED），属于冷光源范畴，不仅可以使栽培层的间距缩小（仅为40 cm左右），提高栽培空间利用率，而且还不会烤伤作物造成伤害。在这些冷光源下，植物工厂的栽培层数一般设计为3~4层，也有些达到8~10层。叶菜类蔬菜从定植到收获期的栽培密度一般设计为每个栽培板（58 cm × 88 cm大小）种植12株（4株 ×3列），即23.2株/m^2
7	收获	经过3周左右的栽培后，将成熟期的叶菜类蔬菜种植槽移动到收获室进行采收、包装和贮藏等作业，收获过程中采用人工或机械手协助，一边切断作物根部，一边清洗种植槽，随后将蔬菜放置在塑料箱内用手推车搬运到包装车间，进行包装、冷藏

（续表）

序号	流程	具体说明
8	包装与贮藏	蔬菜收获后被搬运到收获与贮藏室，采用塑料袋进行包装。包装好的蔬菜送到保鲜库进行预冷，预冷是蔬菜运输或贮藏前进行适当降温处理的有效措施。通过预冷可以降低活体温度，抑制蔬菜采后的生理生化活动，减少微生物的侵染和营养物质的损失，提高保鲜效果。预冷室温度控制在 4~5 ℃，相对湿度接近 100%，常年不变
9	上市	植物工厂的蔬菜上市都是按计划完成的，在生产进行之前，一般应有一定的销售计划，通过与有关批发商达成供销协议，对产品的数量、规格、上市日期等应有详尽的合同，整个产品将围绕这些合同来进行。出售时一般都是每天用保鲜冷藏车运货。有时也通过专递公司运送。送货地点包括拍卖中心、批发市场，有些直接送到超市、宾馆、饭店等

表8–3 主要蔬菜种子浸种、催芽的温度、时间

蔬菜种类	浸种时间 /h	催芽温度 /℃	催芽天数 /d
水果黄瓜	8~12	25~30	1~2
南瓜、西葫芦	8~12	25~30	2~3
番茄	10~12	25~27	2~3
乐都长辣椒	8~16	25~30	2~3
红秀 2 号茄子	12~24	30	2~3
甘蓝、花椰菜	3~4	18~20	1.5
茼蒿	8~12	20~25	2~3
芹菜	12~24	20~22	2~3
菠菜	24	15~20	2~3
生菜	3~4	20~25	2~3

（三）植物工厂的植物生长监测与调节

1. 植株高度

在监测指标表中，列出各个植物的编号或名称，并设置一列用于记录植株的高度。定期测量每个植株的高度，并记录在相应的列中。

2. 叶片颜色

在监测指标表中，同样列出各个植物的编号或名称，并设置一个列用于记录叶片颜色的状态。根据叶片颜色的变化，设定几个常见状态，如绿色（健康）、黄色（缺氮）、红色（缺光）等，并记录在相应的列中。

3. 果实大小

如果植物工厂种植的是果蔬类植物，可以在监测指标表中添加一列用于记录果实的大小。根据果实的实际情况，设定几个常见大小的状态，如小、中、大，并记录在相应的列中。

4. 使用生长记录表、生长速率计等工具

①生长记录表。生长记录表是用来记录植物生长情况的工具，通常包括日期、植株编号、植株高度、叶片颜色等信息。在每次监测时，将监测得到的数据填写到生长记录表相应的位置，并保持记录的连续性。

②生长速率计。生长速率计是用来测量植物生长速率的工具，通常包括一个标尺和一个可移动的测量标记。在监测植株的生长情况时，将生长速率计放置在植株旁边，并根据标尺上的刻度记录植株的生长情况。每隔一段时间，可以移动测量标记，以测量一段时间内植物的生长速率，并记录在生长记录表中。

（四）植物工厂的营养液水肥一体化系统维护

营养液水肥一体化系统是植物工厂中用来供给植物所需养分的重要设备，由水泵、管道、水箱、肥料槽、pH 调节器等组成。系统通过调节水和肥料的比例，为植物提供适宜的营养液。

1. 维护前的准备

在进行系统维护前，需要做好以下准备工作：确保所有操作人员具备相关维护操作的培训和指导。准备好所需的维护工具和消毒剂。

2. 维护步骤

（1）检查系统运行状态

定期检查水泵、管道、阀门等设备的运行状态，确保其正常运转。检查水箱水位，及时补充水分。检查肥料槽肥料的存量，及时补充或更换。

（2）清洁和消毒系统设备

定期清洁水泵、管道、水箱等设备，去除附着物和污垢。使用消毒剂对系统进行彻底消毒，保证营养液的卫生和稳定性。

（3）调节营养液配比

根据植物生长阶段和需求，调节营养液中水和肥料的比例，确保植物获得所需的养分。

3. 常见故障及维护措施

植物工厂营养液水肥一体系统在使用过程中可能会遇到一些常见故障，需要采取相应的维护措施来确保系统的正常运行。以下是一些常见故障及维护方法。

（1）常见故障

①管道堵塞。原因：管道内可能进入杂物、微生物或藻类，导致堵塞。维护方法：定期对管道系统进行冲洗和排水，防止污物堵塞和腐蚀。首次使用前应进行管道冲洗，确保杂物排出。同时，注意管道铺设的平整性，避免滴管无法出水。

②水泵故障。原因：水泵可能因阻塞物、空气滞留或电机问题导致不出水或水流不足。维护方法：检查水泵是否有阻塞物，及时清理；打开泵上盖或排气阀排出内部空气；检查电机转向和密封环、叶轮等部件，必要时进行更换。

③传感器失灵。原因：传感器可能因损坏、污垢覆盖或连接问题导致数据不准确或无数据。维护方法：定期检查传感器的工作状态，清理污垢，确保连接正常。如发现损坏，

及时更换相应的传感器。

④施肥不均匀。原因：施肥设备可能因肥料溶解性差、管道堵塞或施肥机设置不当导致施肥不均匀。维护方法：使用溶解性好的肥料，定期清洗施肥设备和管道，确保肥料均匀分布。根据作物需求调整施肥机的设置。

⑤系统控制问题。原因：控制器元件损坏、电源问题或软件故障可能导致系统控制失灵。维护方法：检查控制器元件和电源是否正常，及时更新软件版本。如发现损坏，及时更换相应的元件。

（2）维护措施

①日常运行维护。确保系统的日常运行正常，包括检查田间气象、土壤、作物生长等信息的采集与传输是否正常。

②硬件保养。定期对系统中的硬件设备如传感器、水泵、阀门等进行保养和维护，确保设备性能稳定。特别是水泵和施肥机等核心部件，需要定期检查和更换易损部件。

③冬季保养。在冬季或非使用季节，注意设备的防寒保暖措施，避免因低温导致的设备损坏或管道冻裂。同时，进行系统的清洗和排水工作，防止残留水分结冰膨胀损坏管道和设备。

④安全操作。操作人员应严格按照设备使用说明书操作，避免不当操作导致设备损坏或安全事故。

⑤专业维护。建议建立设备使用和维护制度，进行科学规划设计和专业维护保养，以延长设备使用寿命并提高生产力。必要时可联系公司售后服务，由公司技术人员提供售后远程指导或到场维修。

综上所述，植物工厂营养液水肥一体系统的维护和保养工作至关重要。通过定期检查和维护，可以确保系统的正常运行，提高生产效率和作物产量。

（五）植物工厂病虫害防治维护

病虫害防治是植物工厂管理的重要环节，包括定期检查病虫害、采取防治措施和落实防治措施等步骤。

在进行病虫害防治维护前，需要做好以下准备工作：确保所有操作人员具备相关防治操作的培训和指导。准备好所需的防治工具、药剂和防护装备。

1. 维护步骤

定期巡查植物工厂内的植株和设施，发现病害和虫害的迹象。根据苗株生态习性合理控制温度、光照、水分、通风、肥分等环境因素，培育壮苗，增强苗株抗病虫侵害能力。注意观察植物的叶片、茎部和果实，发现异常现象及时报告。

2. 采取防治措施

根据病虫害的类型和程度，选择合适的防治方法，如物理防治、化学防治、生物防治等。猝倒病是整个苗期防治的关键，主要采取以下措施：基质消毒要彻底，在温室管理过程中要定期施用杀菌药液进行防治。根据不同的季节出现的害虫需选用适当的杀虫剂进行防治，如温室白粉虱是温室内四季均可发生的害虫，它为刺吸式口器，在防治时应选用内吸型药剂为好。在温室放置黄色的粘虫板或安装紫外线灯以诱杀。根据防治需求，选用适当的药剂进行喷洒或施用。植物工厂内病虫害防治措施可参见“项目七”。

3. 落实防治措施

定期对已施行防治措施的植株和区域进行监测，确保防治效果。如有必要，及时调整防治策略，加强防治力度。

二、材料准备

（一）查阅植物工厂使用维护保养与管理方面的资料

通过网络、媒体报道收集各地和植物工厂使用出现问题，导致生产损失的信息资料，收集植物工厂结构布局、生产工艺流程和对作物生长监测调节的相关资料。

（二）植物工厂使用维护保养与管理的内容

通过查阅文献资料，实地调研走访，了解植物工厂为了满足作物高效栽培，需要进行定期维护与保养的内容，比如结构的维护与保养、水肥一体机的检修、病虫害的预防等。

（三）了解植物工厂的日常维护与保养

通过查阅文献资料，实地调研走访，了解植物工厂日常的使用维护保养与管理，可能出现的问题及解决办法。

三、工具准备

笔记本和笔、笔记本电脑、网络资源、维护手册和操作指南。图书和学术文献等。安全设备和装备，例如手套、护目镜、防护服等。

四、人员准备

人员分组，每组 4 人。明确职责分工。

人员分工

任务角色	任务内容
组长：	任务：
组员 1：	任务：
组员 2：	任务：
组员 3：	任务：

任务实施

步骤一：进行广泛的文献调研，收集与植物工厂维护与管理相关的学术期刊论文、专业书籍和研究报告。了解植物工厂内结构与布局、遵循的生产工艺流程，以及如何监测和调节作物生长环境因素。

步骤二：案例分析：收集植物工厂维护与管理的案例资料，包括成功案例和失败案例。对不同案例进行分析，探讨维护与管理中的关键问题、挑战和解决方法，总结经验教训。

步骤三：专家访谈：联系植物工厂维护与管理领域的专家或从业者，进行专家访谈，了解他们的经验、见解和建议。探讨维护与管理中的技术难点、创新方向和发展趋势，获取专业指导和实践指导。

步骤四：实地考察：安排实地考察活动，参观植物工厂或相关设施，了解实际的维护与管理工作流程和操作方法。观察设备的运行状态和维护情况，了解现场管理的具体情况和挑战。

步骤五：数据分析：收集植物工厂维护与管理的相关数据，包括设备运行数据、维护记录等。进行数据分析，分析设备故障频率、维护周期等，优化维护计划和管理策略。

步骤六：制定植物工厂使用维护保养和管理方案。

任务检测

请扫码答题。

任务评价

工作任务完成过程评价

班级:________________ 组别:________________ 姓名:________________

项目	评分标准	分值	自我评价	小组评价	教师评价
基本素质	学习态度良好，学习积极性高	10			
	积极主动与老师、同学交流，相互尊重、理解。与老师、同学间能保持多向、丰富的信息交流	10			
理论知识	了解植物工厂结构布局、生产工艺流程，及作物生长的监测与调节	10			
	了解植物工厂的营养液水肥一体化系统和病虫害防治的维护与管理	10			
	了解植物工厂维护与管理可能遇到的问题及解决方法	10			

（续表）

<table>
<tr><th>项目</th><th>评分标准</th><th>分值</th><th>自我评价</th><th>小组评价</th><th>教师评价</th></tr>
<tr><td rowspan="3">实操技能</td><td>能够有效利用网络、图书资源查找有用的相关信息，能将查到的信息有效地运用到学习中</td><td>10</td><td></td><td></td><td></td></tr>
<tr><td>能够在老师的带领下，按照预先准备的问题完成对当地植物工厂使用维护与管理实践经验的调研</td><td>10</td><td></td><td></td><td></td></tr>
<tr><td>能够通过查阅的资料和调研的结果制定植物工厂使用维护保养与管理方案</td><td>10</td><td></td><td></td><td></td></tr>
<tr><td rowspan="2">思政表现</td><td>能从全局上筹划相关事项或行动的具体安排</td><td>10</td><td></td><td></td><td></td></tr>
<tr><td>能够树立良好的环境保护和生态保护意识</td><td>10</td><td></td><td></td><td></td></tr>
<tr><td colspan="2">合计</td><td>100</td><td></td><td></td><td></td></tr>
<tr><td colspan="2">自我评价与总结</td><td colspan="4"></td></tr>
<tr><td colspan="2">教师点评</td><td colspan="4"></td></tr>
</table>

参考文献

崔兴林，陈全胜，陈血红，2013. 设施园艺技术［M］. 成都：西南交通大学出版社 .

古在丰树，2014. 人工光型植物工厂：向世界传播的日本农业革命［M］. 北京：中国农业出版社 .

古在丰树，2010. 太阳光利用型植物工厂［M］. 北京：中国农业出版社 .

郭世荣，孙锦，2020. 设施园艺学［M］.3 版 . 北京：中国农业出版社 .

韩世栋，黄晓梅，2011. 设施园艺［M］. 北京：中国农业大学出版社 .

胡晓辉，2016. 园艺设施设计与建造［M］. 北京：科学出版社 .

李本鑫，李静，2018. 园艺植物病虫害防治［M］. 北京：机械工业出版社 .

李光聚，刘天英，李秀欣，等，2019. 寿光日光温室的发展历程及创新点［J］. 中国蔬菜，2019（10）：14–18.

李天来，2011. 设施蔬菜栽培学［M］. 北京：中国农业出版社 .

刘文科，2022. 植物工厂 LED 照明理论与应用［M］. 北京：中国农业科学技术出版社 .

鲁传涛，2021. 蔬菜病虫诊断与防治彩色图解［M］. 北京：中国农业科学技术出版社 .

缪旻珉，汪李平，2022. 蔬菜栽培学［M］. 北京：科学出版社 .

申海香，2015. 园艺植物病虫害防治［M］. 西安：西北工业大学出版社 .

王移山，2013. 园艺设施使用与维护［M］. 北京：中国农业大学出版社 .

杨其长，魏灵玲，刘文科，等，2022. 植物工厂系统与实践［M］. 北京：化学工业出版社 .

杨其长，2019. 植物工厂［M］. 北京：清华大学出版社 .

张福墁，2010. 设施园艺学［M］.2 版 . 北京：中国农业大学出版社 .